贵州省财政厅、贵州省教育厅 2024 年支持高等教育改革发展省级补助资金资助成果

生态文明和乡村振兴双驱下的基础生态学课程教学改革与实践

孙月华◎著

中国纺织出版社有限公司

图书在版编目（CIP）数据

生态文明和乡村振兴双驱下的基础生态学课程教学改革与实践 / 孙月华著. -- 北京：中国纺织出版社有限公司，2025.5. -- ISBN 978-7-5229-2790-9

Ⅰ. Q14

中国国家版本馆 CIP 数据核字第 2025V779L8 号

责任编辑：房丽娜　　责任校对：王花妮　　责任印制：储志伟

中国纺织出版社有限公司出版发行
地址：北京市朝阳区百子湾东里 A407 号楼　邮政编码：100124
销售电话：010—67004422　传真：010—87155801
http://www.c-textilep.com
中国纺织出版社天猫旗舰店
官方微博 http://weibo.com/2119887771
河北延风印务有限公司印刷　各地新华书店经销
2025 年 5 月第 1 版第 1 次印刷
开本：710×1000　1/16　印张：19.25
字数：315 千字　定价：98.00 元

凡购本书，如有缺页、倒页、脱页，由本社图书营销中心调换

作者简介

孙月华（1982—），女，山东济宁人，42岁，中共党员，副教授，贵州省昆虫学会安顺地区理事，现任安顺学院农学院实验科科长。

目前主要从事植物病虫害绿色防控、植物源农药等方面的研究，同时积极参与实施乡村振兴战略。该同志先后主持省级项目1项（已结题），地厅级科研项目3项（已结题2项）；在国际、国内权威学术杂志期刊发表研究论文16篇；获得授权发明专利1项，实用新型专利9项，外观专利1项；指导学生获得国家级大创项目2项、省级大创项目3项、"互联网+"大学生创新创业大赛省级铜奖；先后获得安顺学院"第二批中青年学术骨干"、安顺学院"第三批中青年学术骨干"、贵州省2017年度高层次创新型人才（"千"层次）、2021年度贵州省"三区"人才支持计划科技特派员、安顺市第六批市管专家、2022年度贵州省"三区"人才支持计划科技特派员等荣誉称号，曾受邀参加第二届IPM会议、全国生物农药与生物防治年会、中国昆虫学会年会、全国害虫生物防治年会等重大国际和国内会议。

前　言

　　生态文明是人类文明发展的产物，是人类社会在生产建设过程中协调处理与自然环境关系的体现。生态文明建设关乎着民族的未来及人民的幸福生活。新时期背景下，随着乡村振兴战略的持续深化推进，乡村振兴与生态文明建设之间形成了紧密的耦合关系。生态文明建设的稳步推进，有效地促进了乡村振兴的全面发展，显著提升了乡村居民的生活水平；乡村振兴战略所取得的显著成果，也为生态文明建设的深入推进创造了条件。生态文明建设与乡村振兴战略相互促进、协同发展，这对人才培养提出了更多、更高的要求。然而，当前生态学教学及人才培养与满足社会需求及提升学生专业素质之间尚有一定的距离，存在对生态文明的认识和理解不足、教学缺乏实践性和参与性等问题。本书将围绕生态文明建设和乡村振兴战略的重要背景，针对基础生态学课程教育的改革与实践展开论述。

　　本书的第一章为新时代背景下的生态学课程，其中，第一节为生态学的研究动态与分支学科，分别介绍了六个方面的内容，依次为生态学基本概念的演变历程，生态学的发展阶段，经典生态学的学科体系，生态学的分支学科，生态学课程开展的必要性以及生态学与生态文明、乡村振兴有关的理论；第二节为新时代背景下生态学课程的新要求，分别介绍了三个方面的内容，依次为生态文明视域下的生态学课程新要求、乡村振兴理念下的课程新要求和新时代背景下切合贵州省情的生态学课程改革。第二章为生态文明教育与生态学，其中，第一节为生态文明的概念及基本理论，分别介绍了生态文明的概念、中国生态文明的发展史和国外生态文明的发生与发展；第二节为新时期生态文明教育与生态学，依次介绍了新时期生态文明教育的重要性、新时期生态文明教育的指导思想、新时期生态文明教育的目标、新时期生态文明教育与生态学以及新时期生态文明教育的内容；

第三节为生态学课程中的生态文明教育，依次介绍了生态学课程中的生态文明教育目标、生态学课程中的生态文明教育内容和生态学课程中的生态文明教育途径。第三章为乡村振兴与生态学课程改革，其中，第一节为乡村振兴概念的提出与基本理论，依次介绍了乡村振兴战略的提出与历史沿革、乡村振兴战略的理论基础、生态学原理与乡村振兴战略目标以及乡村振兴战略实施现状；第二节为乡村振兴理念教育的进展，依次介绍了乡村振兴理念教育的背景、大学生乡村振兴理念教育的现状和乡村振兴理念教育面临的挑战；第三节为乡村振兴理念教育的目标与内容，介绍了生态学课程的乡村振兴教育目标及生态学课程的乡村振兴理念教育模块；第四节为生态学课程与乡村振兴教育，依次介绍了生态学课程与乡村振兴战略的关系、生态学教学中乡村振兴教育内容分析和生态学课程中乡村振兴教育途径分析。第四章为新时代背景下生态学课程体系构建，其中，第一节为新时代生态学课程体系构建背景与方向，分别介绍了新时代生态学课程体系构建背景、新时代生态学课程体系构建原则和新时代生态学课程体系构建导向；第二节为新时代生态学课程体系设计，分别介绍了八个方面的内容，依次为课程目标设定、课程内容与结构安排、教学方法、教学资源、师资队伍建设、教学评价体系、课程管理和第二课堂拓展。第五章为生态学与高校生态化课堂的构建，分别介绍了生态化课堂教学框架的理论基础、高校生态化课堂构建的必要性与目标、生态学原理赋能生态化课堂构建、生态化课堂构建的路径、教学效果评价与反馈和生态化课堂的深远意义与未来展望。

  在撰写本书的过程中，笔者参考了大量的学术文献，得到了许多专家学者的帮助，在此表示真诚感谢。本书内容系统全面，论述条理清晰、深入浅出，但由于作者水平有限，书中难免有疏漏之处，希望广大同行及时指正。

孙月华

2024 年 11 月

目 录

第一章 新时代背景下的生态学课程 ... 1

 第一节 生态学的研究动态与分支学科 ... 2
  一、生态学基本概念的演变历程 ... 2
  二、生态学的发展阶段 ... 6
  三、经典生态学的学科体系 ... 9
  四、生态学的分支学科 ... 10
  五、生态学课程开展的必要性 ... 14
  六、生态学与生态文明、乡村振兴有关的理论 ... 15

 第二节 新时代背景下生态学课程的新要求 ... 33
  一、生态文明视域下的生态学课程新要求 ... 33
  二、乡村振兴理念下的课程新要求 ... 37
  三、新时代背景下切合贵州省情的生态学课程改革 ... 40

第二章 生态文明教育与生态学 ... 45

 第一节 生态文明的概念及基本理论 ... 46
  一、生态文明的概念 ... 46
  二、中国生态文明的发展史 ... 47
  三、国外生态文明的发生与发展 ... 63

第二节　新时期生态文明教育与生态学 ·· 78
一、新时期生态文明教育的重要性 ·· 78
二、新时期生态文明教育的指导思想 ·· 79
三、新时期生态文明教育的目标 ·· 80
四、新时期生态文明教育与生态学 ·· 82
五、新时期生态文明教育的内容 ·· 83

第三节　生态学课程中的生态文明教育 ·· 104
一、生态学课程中的生态文明教育目标 ·· 104
二、生态学课程中的生态文明教育内容 ·· 107
三、生态学课程中的生态文明教育途径 ·· 135

第三章　乡村振兴与生态学课程改革 ·· 139

第一节　乡村振兴概念的提出与基本理论 ·· 140
一、乡村振兴战略的提出与历史沿革 ·· 140
二、乡村振兴战略的理论基础 ·· 141
三、生态学原理与乡村振兴战略目标 ·· 142
四、乡村振兴战略实施现状 ·· 145

第二节　乡村振兴理念教育的进展 ·· 147
一、乡村振兴理念教育的背景 ·· 147
二、大学生乡村振兴理念教育的现状 ·· 148
三、乡村振兴理念教育面临的挑战 ·· 150

第三节　乡村振兴理念教育的目标与内容 ·· 153
一、生态学课程的乡村振兴教育目标 ·· 153
二、生态学课程的乡村振兴理念教育模块 ·· 154

第四节　生态学课程与乡村振兴教育 ·· 158
一、生态学课程与乡村振兴战略的关系 ·· 158
二、生态学教学中乡村振兴教育内容分析 ·· 159
三、生态学课程中乡村振兴教育途径分析 ·· 172

第四章　新时代背景下生态学课程体系构建·····177

第一节　新时代生态学课程体系构建背景与方向·····178
一、新时代生态学课程体系构建背景·····178
二、新时代生态学课程体系构建原则·····180
三、新时代生态学课程体系构建导向·····184

第二节　新时代生态学课程体系设计·····189
一、课程目标设定·····189
二、课程内容与结构安排·····192
三、教学方法·····198
四、教学资源·····203
五、师资队伍建设·····204
六、教学评价体系·····205
七、课程管理·····207
八、第二课堂拓展·····208

第五章　生态学与高校生态化课堂的构建·····211
一、生态化课堂教学框架的理论基础·····212
二、高校生态化课堂构建的必要性与目标·····213
三、生态学原理赋能生态化课堂构建·····214
四、生态化课堂构建的路径·····217
五、教学效果评价与反馈·····220
六、生态化课堂的深远意义与未来展望·····222

参考文献·····223

附录·····233

第一章

新时代背景下的生态学课程

第一节 生态学的研究动态与分支学科

一、生态学基本概念的演变历程

"生态",是生态学的研究对象。在目前我国建设生态文明的大背景下,了解"生态"一词的科学内涵具有重要的意义。

"生态"一词最早见于德国生物学家恩斯特·海克尔(Ernst Haeckel)于1866年提出的生态学概念里,其源于古希腊文 Oikos,意指住所或者栖息地,即生态为生物之生存空间的表现特征,生态学即研究生物与其周边生存环境关系的科学。《辞海》中解释"生态"为生物圈内的生物,不论是同种还是异种,彼此间都会相互影响。当"生态"作为生态学研究的对象时体现为名词属性,指"自然界中生物与生物、生物与环境所构成的具有一定结构、功能和动态特征的综合体,具有整体性、稳定性、动态性及服务功能等特征"[①]。简而言之,"生态"是生物与环境的有机组合体,是具有明显地域特征的"生物+环境"结构功能单元。

生物是基础教育中的常识性概念,那么,环境又是如何被定义的呢?《中国大百科全书》对"环境"的定义是:"围绕着人群的空间及其中可以直接、间接影响人类生活和发展的各种自然因素和社会因素的总体。按环境主体可分为以人作为主体的人类生存环境和以生物为主体的生物界生存环境。"[②] "环境"常因研究的主体不同而不同:"环境"一词最早是从环境学科中产生的,其研究内容主要围绕以人为主体的人类生存环境,进而形成了当前环境问题中对环境污染控制、环境保护与治理的线性思维方式;而在生态学中,通常认为"环境"是以生物(包括人类)为主体的生物界生存环境,"环境"的主体可以是任何一种生物,"生态学"

---

① 辞海编辑委员会. 辞海[M]. 上海:上海辞书出版社,2001.
② 《中国大百科全书》总编辑委员会. 中国大百科全书[M]. 北京:中国大百科全书出版社,1986.

的研究为人类深入剖析"环境"问题提供了全新的视角和独到的见解。环境主体的划分亦是生态伦理中"人类中心主义"和"生态中心主义"的争论点之一。

"生态学"一般定义为:"研究有机体与其周围环境(非生物环境和生物环境)相互关系的科学。"[①]它是德国生物学家恩斯特·海克尔1866年定义的一个概念,也是目前认可度最高的概念。目前,我国各生态学教材通用的定义为:生态学(Ecology)是研究生物与环境之间关系的科学。这个定义最初是在生态学作为生物学二级学科(或主干方向)的框架下被赋予的。但自改革开放以来,我国在实现经济快速发展的同时,水体、大气和土壤环境均遭受了前所未有的破坏,引发了一系列严重的生态和环境问题,亟需一个专门学科来研究这些问题产生的根源,并为解决这些问题提供坚实的理论支撑。因此,生态学作为全面诊断、解决包括人类在内的所有生物生存问题的学科体系,引起了广泛关注。

基于上述背景,2011年中国教育界将生态学从生物学中独立出来,提升至与数学、物理学、化学、生物学、地理学等同等地位,列为一级学科。至此,生态学成为一门相对完整且独立的学科,有其自身的研究对象、任务和方法。

回顾生态学概念的历史沿革(表1-1),可以说它始终伴随着人类文明的发展史而存在。它在渔猎社会的原始文明时代体现为"人类敬畏与服从自然"的生态观;在以农业为主的农业文明时代体现为"利用自然并尝试改变自然"的生态观;在工业文明时代体现为"以人类为中心,疯狂利用与掠夺自然"的生态观。然而,随着社会经济与现代工业化的迅猛发展,人口膨胀、资源枯竭、粮食短缺和环境恶化等全球性生态问题日益凸显。这迫使人类深刻反思自身行为,重新审视人与自然之间的关系。由此,人类正迈入一个新的文明发展阶段——生态文明时代。

生态学作为生态文明理论的基础学科,在培养学生综合素养与创新能力方面至关重要。长期以来,生态学是各大高校生物科学、农学、林学及相关专业的核心基础课程,被列为必修考试科目。随着我国对生态文明重视度的提升及对生态文明建设投入的加大,很多高校在把生态学设为生物、环境类专业必修课的同时,还面向全校各专业学生开设生态学通识课程,并与实践相结合以提升大学生的生态文明素养和生态道德水平。

---

① (德)恩斯特·海克尔.自然界的艺术形态[M].张则定,译.北京:北京大学出版社,2016.

表 1-1　生态学概念的发展

生态学的概念沿革	文献来源
生态学是研究生物在其生活过程中与环境的关系，尤指动物有机体与其他动植物之间的互惠或敌对关系。这里的环境在广义上指生存条件，分为有机环境和无机环境	Haeckel，1866
植物生态学：植物社会—生态植物地理学的基本特征，主要研究了影响植物生活的外在因子等。最早在大学里主讲生态学课程，并界定生态学概念的意义与内容	Warming，1909
指出生态学是"科学的自然历史"，研究生物（动物和植物）怎样生活和它们为什么按照自己的生活方式生活的科学	Elton，1927
生态学是所有生物与它们的所有环境所发生的所有关系的科学	Taylor，1936
生态学研究包括生物的形态、生理和行为的适应性，即达尔文的生存斗争学说中所指的各种适应性	Кашкаров，1945
生态学是研究生物与环境（包括物理和生物环境）之间相互作用的科学，强调种间和种内关系	Allee et al.，1949
广义：生态学研究植物和动物之间及其与环境之间的相互关系，它包括生物学、生物化学和生物物理学的大部分内容；狭义：生态学指关于植物和动物群落的研究	Clarke，1954
生态学是研究生物与其环境相互关系的科学，是一种生物界用自然过程来诠释的思想体系	Woodburry，1954
生态学是研究生态系统的结构与功能的科学	E.P. Odum，1956
生态学是与生物体（包括植物和动物）及其环境内在关系相关的科学	Macfadyen，1957
研究有机体分布和多度的科学	Andrewartha，1961
研究动物和植物之间及其与环境之间关系的科学	Kendeigh，1961，1974
研究类型、功能和因子相互作用的科学	Misra，1967
生态学是研究个体、一些物种的种群和种群形成的群落对其变化响应方式的科学	Lewis and Taylor，1967
生态学是研究控制生物的福利、调控其分布、丰度、生产及进化的环境相互作用的科学	Petrides，1968
生态系统的生物学	Margalef，1968
研究生态系统（或广义的自然）的结构或功能的科学	Odum，1971
研究生态系统、生物与其物理环境之间相互作用的科学	Clark，1973
研究生物与其影响和被影响的所有生物环境、物理环境相互关系的科学	Pinaka，1974
研究生物与生物之间、与环境之间相互关系的科学	Southwick，1976
关于生物和生境的多学科的科学，主要研究生态系统层面	Smith，1977

续表

生态学的概念沿革	文献来源
研究决定生物分布和丰度的相互作用的科学	Krebs，1978
研究生命系统与环境系统之间相互作用规律及其机理的科学	马世骏，1980
研究影响生物分布和丰度的过程、生物之间的相互作用以及生物与能量和物质转换和流动之间相互作用的科学	Likens，1992
生态学是综合研究有机体、物理环境与人类社会的科学	F. P. Odum，1997
有关生物的经济管理的科学（自然经济学）	R. E. Ricklefs，2001
生态学是研究宏观生命系统的结构、功能及其动态的科学	方精云，2022

2022年，中国科学院院士、中国首位"惠特克杰出生态学家奖"获得者、云南大学校长、北京大学教授方精云借用生命系统（Living System）的概念，基于前人对生态学的认识和新时期生态学的特点，为生态学赋予了新的定义："生态学是研究宏观生命系统的结构、功能及其动态的科学，它为人类认识、保护和利用自然提供理论基础和解决方案，也是生态文明建设的重要科学基础。"[①] 方精云院士（2022）认为："生命系统是指由生物有机体及其环境所组成的复杂系统，它包含细胞、器官、有机体、群落、区域等多个等级层次。生物学与生态学都是研究生命系统的科学，但前者主要研究有机体及其内部的生命活动，核心层次是从分子到个体水平，而生态学则主要针对比有机体层级更高的生命系统，主要聚焦于从个体、种群、群落、生态系统到景观、生物圈等生命层次。"[②]

方精云院士对生态学的定义主要涵盖了三个层面：其一，生态学的研究对象是自然界中的宏观生命系统，其研究内容围绕宏观生命系统的结构、功能及其动态变化展开；其二，生态学研究的核心在于剖析宏观生命系统与环境系统之间的关联，此二者相互作用、相互依存、互为因果，从而促使生命系统达到相对稳定的状态；其三，人类作为具有主观能动性的生物，既是自然界的有机组成部分，又具备改变自然的能力，人类应该基于生态学研究成果来认识、保护和利用自然。方精云院士所定义的生态学，实际上是人类认识和改造世界的一种自然观，体现了人类对大自然认识论与实践论的有机统一。

[①] 方精云. 对构建新时期生态学学科体系的思考[EB/OL].（2022-02-12）[2024-09-10]. https://news.sciencenet.cn/htmlnews/2022/2/473905.shtm.

[②] 同上。

二、生态学的发展阶段

生态学的发展历程大致可分为四个阶段：萌芽期、建立与发展期、巩固期以及现代生态学时期。

（一）生态学萌芽期

从公元前至公元 16 世纪，一般认为是生态学的萌芽阶段。这一时期，古人在长期的农牧渔猎生产实践中，通过对自然现象的观察总结，积累了大量朴素的生态学知识，并逐步形成了淳朴的生态观。中外古代的贤哲凭借其无穷的智慧与探索精神，对人类自身与自然的关系进行了深入思考，并对人类自身的起源、天地万物的来源与组成、自然现象及其活动规律（如作物生长与季节气候、土壤水分之间的关系，以及常见动物的物候习性等）进行了极具智慧的总结。这些积极的思考与总结，成为生态学萌芽的重要源泉。

公元前后，相继涌现了一批介绍农牧渔猎知识的专著，如古罗马老普林尼所著的《博物志》、中国农学家贾思勰的《齐民要术》等，这些著作均记录了朴素的生态学观点。自 15 世纪起，众多科学家通过科学考察，积累了丰富的宏观生态学资料，进一步促进了生态学在萌芽阶段的发展。

（二）生态学的建立与发展期

公元 17～19 世纪，通常被视为生态学的建立与发展阶段。这一时期，生态学研究呈现出鲜明特征：生态学家开始从生物个体和群体两个层次研究生物与环境之间的相互关系。随着欧洲文艺复兴的兴起，欧洲科学家对科学调查与科学实验的追崇极大地推动了生态学学科的创立与发展。该时期的研究重点聚焦于生物的多度、分布规律，以及动物种群相关研究。

18 世纪初，现代生态学的雏形初现。瑞典博物生态学家林奈（Linnaeus）创造性地将物候学、生态学以及地理学科融会贯通，综合描述外界环境条件对动植物的作用与影响，创立了动植物命名的双名法；法国博物学家布丰（Buffon）着重强调了生物变异源于环境因素的影响；德国植物地理学家洪堡（Humboldt）率先明确了等温线与等压线概念，并绘制了全球等温线图，同时作为研究动植物群落与地球环境关系的开拓者，创新性地将气候与地理因子相结合来阐释物种的分布规律。

19世纪，随着农牧业的蓬勃发展，人们开始进行环境因子对作物和家畜生理影响的实验研究，推动了生态学的进一步发展。在这一阶段，诸多关键概念和规律得以确立，包括植物的发育起点温度、动物的温度发育曲线、以光照时间与平均温度的乘积作为衡量光化作用的"光时度"指标、植物营养的最低量律，以及光谱结构对动植物发育的效应等。

（三）生态学的巩固期

20世纪初至50年代被视作生态学的巩固阶段。这个时期的生态学研究广泛渗透至生物学领域的各个学科，形成了植物生态学、动物生态学、生理生态学、生态遗传学等多个分支学科。

19世纪中叶至20世纪初，人类所关注的农业、渔猎以及与人类健康直接相关的环境卫生等问题，有力地推动了农业生态学、野生动物种群生态学以及媒介昆虫等领域的研究。亦由于当时开展的远洋考察普遍重视对生物资源的调查，显著充实了对水生生物学和水域生态学的研究。

到了20世纪30年代，诸多生态学著作和教科书相继问世，对食物链、生态位、生物量、生态系统等一系列生态学基本概念和论点进行了系统阐述。这一时期，生态学理论体系逐步构建，植物群落研究不断深化，不同生态学派蓬勃兴起。至此，生态学已基本发展成为一门拥有特定研究对象、研究方法及理论体系的独立学科。

（四）现代生态学时期

自20世纪60年代至今，这一时期通常被称为现代生态学时期。伴随着工业文明的迅猛发展，经济呈现高速增长态势，自然科学研究取得了显著进展，科学理论实现了重大突破。数理化方法、精密灵敏的仪器、发达的电子信息以及全球大数据的广泛应用，使得生态学工作者能够更加广泛和深入地探究生物与环境相互作用的内在关系，从而对复杂的生态现象进行精准的定量分析。在这一时期，生态学不断吸纳融合现代数学、物理学、化学、电子信息工程技术等学科的前沿研究成果，朝着精确定量的方向迈进，并逐步构建起完善的理论体系。

现代生态学呈现出以下显著特点：生态系统生态学的研究成为该领域的主流方向；生态学从传统的描述性科学逐步向实验性、机理探究以及定量研究转变；

研究视角由静态描述逐渐趋向动态分析；研究尺度向宏观和微观两个维度不断拓展；应用生态学发展势头强劲，其实践应用性更为突出；人类生态学开始兴起，推动了生态学与社会科学的交叉融合，催生出一系列新兴的研究领域。

2022年，方精云院士对新时期生态学与其他学科的联系展开了深入论述。他指出，生态学作为一门多学科交叉的理学（Science）门类，在自然科学体系中占据着重要地位，与生物学、地理学、气候气象学、土壤学、环境科学、资源科学、信息与遥感技术、数理科学等众多学科存在着紧密的联系，如图1-1所示。

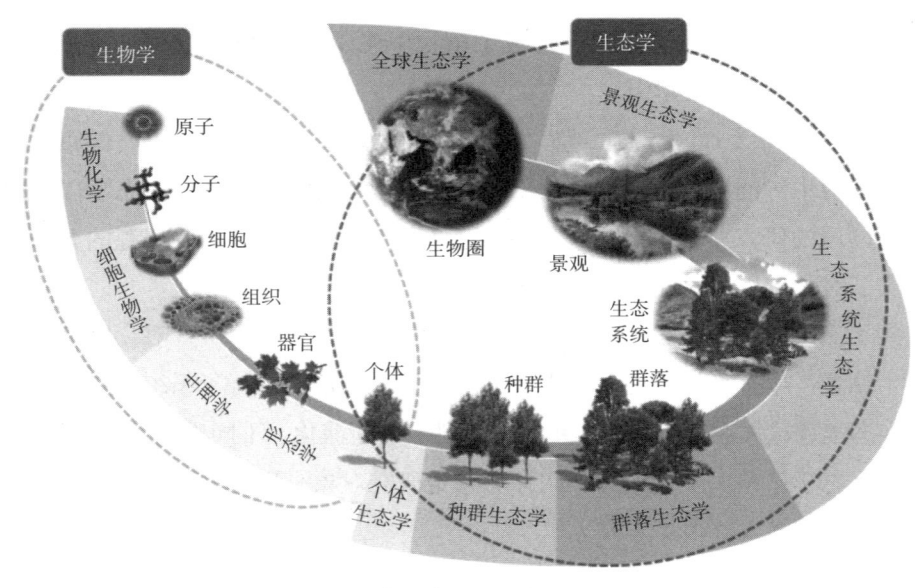

图1-1 生态学在生命系统研究中的位置及与生物学的关系
（方精云，2022）

综上所述，从人与自然关系的维度审视，生态学是自然科学与社会科学、哲学的交汇点（如生态伦理学已发展成为一门独立的学科）。在纯理论层面，生态系统层面的研究广泛涉及地理学、植物学、生理学、营养学等多个学科知识体系；而对于生态系统的物质循环、能量流动和信息传递这三大核心功能的研究，则是由物理学、生物化学、分子生物学、生理学、生态学以及社会经济学等多个学科协同发展而构建起来的研究体系。在方法论层面，探究个体与环境的作用机制，离不开生理学、物理学以及化学技术的支撑；在群体调查与系统分析过程中，数学模型与数学分析技术则发挥着关键作用。

三、经典生态学的学科体系

传统生态学学科体系包含个体生态学、种群生态学、群落生态学、生态系统生态学四个核心部分，生态学基础课程就是在这四个不同层次的基本原理的基础上研究生物和环境的相互关系。现代生态学的研究领域不断向宏观和微观层面扩展，涉及全球生态系统、分子生态学等范畴。

2018年，方精云院士基于对学科体系的系统性、独立性、稳定性和逻辑性的综合考量，经与生态学科评议组成员进行多次研讨后，提出了当下中国生态学科体系的构建方案：生态学包含七个分支学科（主干学科方向），即植物生态学、动物生态学、微生物生态学、生态系统生态学、景观生态学、修复生态学和可持续生态学。在该划分体系中，植物生态学、动物生态学和微生物生态学依据研究对象进行划分，涵盖了几乎所有的生物物种。每个学科进一步细分为更具体的次级分类：植物生态学包含了植物种群生态学和植物群落生态学等；动物生态学包含了动物行为生态学、鸟类生态学等；生态系统生态学整合了植物、动物和微生物的相关理论，并纳入了全球变化生态学、生态系统生理学等学科；景观生态学则完美融合了生态学与地理学理论，运用生态系统原理和系统方法，重点研究城市景观、农业景观等人类活动影响下的景观问题，其研究焦点在于较大的空间和时间尺度上生态系统的空间格局和生态过程；修复生态学侧重于应用研究，主要涵盖污染生态学和恢复生态学的相关内容，旨在探讨和解决环境污染及其治理问题；可持续生态学则注重研究和解决与生态文明建设相关的生态学问题。

2022年，国务院学位委员会生态学科评议组召集人方精云院士在《大学与学科》和《人民日报》理论版上撰文，在梳理和分析生态学的发展历史、新时期自然科学，特别是生命科学发展趋势的基础上，系统阐述了新时期生态学学科的科学内涵、特点、学科体系等，重构了新时期社会主义的生态学学科体系。方精云院士指出，现代生态学在研究层次上向宏观和微观两极拓展。在宏观层面上，从生态系统水平延伸至生物圈生态学和全球生态学，研究视角从局部升至全部；在微观层面上，分子生物学手段已应用到生态学的不同层次，催生了分子生态学、基因组生态学等新领域，可从分子与基因水平洞察生物的生态响应机制。生命世界涵盖了原子、分子、细胞、组织、器官、个体、种群、群落、生态系统、景观、生物圈的多个层次，因此，生态学的研究内容也涵盖了从分子、基因到地球生物圈的所有生命层次。但生态学的研究核心仍是聚焦于个体、种群、群落、生态系统和景观这五个层次的研究，而生物学研究的核心层次则是从分子到个体水平，这使得生态学与生物学在研究层次上有了交集与边界，"个体"就是生物学与生态学之间的交集。

方精云院士构建的生态学学科体系，既全面覆盖了现代生态学的主要研究范畴，又具有相对独立的知识体系和科学内涵。该体系不仅能满足生态学基础理论研究的需要，还能为推动经济社会可持续发展和生态文明建设提供坚实的学科支撑。作为我国目前最新的生态学学科体系，它充分体现了我国生态学与时俱进、积极响应时代召唤的丰富内涵。

与此同时，借助信息技术、电子技术、分子技术等领域的进步，生态学课程的开展方式也由原先单一的课堂讲授模式，逐步演变为线上线下混合式教学法、案例教学法、探究式教学法、体验式教学法以及情境教学法等多种将理论与实践相结合的教学模式。

四、生态学的分支学科

生态学按照不同的分类依据形成了不同的分支学科，如按生命层次分、按所交叉的学科分、按生物栖居的生境类型分、按动植物行为与功能分、按产业与应用分、按组合和叠加的学科分、按人文社会与人体健康分等，分别形成了不同的学科类别。生态学的分类与分支学科如表1-2所示。

表1-2 生态学的分类与分支学科

生态学名称	外文生态专著举例	中文生态专著举例
1. 生命层次		
分子生态学（Molecular Ecology）	Freeland, 2005	祖元刚等, 1999
种群生态学（Population Ecology）	Begon et al., 1996	徐汝梅, 1987（注：昆虫种群生态学）
空间生态学（Spatial Ecology）	Tilman & Kareiva, 1997	—
集合种群生态学（Metapopulation Ecology）	Hanski, 1999	—
群落生态学（Community Ecology）	Diamond & Case, 1986	赵志模和郭依泉, 1990
植被生态学（Vegetation Ecology）	van der Maarel, 2009	姜恕和陈昌笃, 1994
系统生态学（System Ecology）	Odum, 1983	蔡晓明, 2000
流域生态学（Watershed Ecology）	Naiman, 1992	—

续表

生态学名称	外文生态专著举例	中文生态专著举例
景观生态学（Landscape Ecology）	Forman & Godron, 1986	傅伯杰, 2011
全球生态学（Global Ecology）	Rambler et al., 1989	方精云, 2000
2. 学科交叉		
生理生态学（Physiological Ecology）	Townsend & Calow, 1981	蒋高明, 2004（注：植物生理生态学）
营养生态学（Nutritional Ecology）	Slansky & Rodriguez, 1987	—
营养（级）生态学（Trophic Ecology）	Mbabazi, 2011	—
代谢生态学（Metabolic Ecology）	Sibly et al., 2012	—
生物物理生态学（Biophysical Ecology）	Gates, 1980	—
化学生态学（Chemical Ecology）	Sondheimer & Simeone, 1970	阎凤鸣, 2003
进化生态学（Evolutionary Ecology）	Pianka, 1978	王崇云, 2008
地理生态学（Geographical Ecology）	MacArthur, 1972	
地生态学（GeoEcology）	Huggett, 1995	
古生态学（PaleoEcology）	Dodd & Stanton, 1981	杨式溥, 1993
第四纪生态学（Quaternary Ecology）	Delcourt & Delcourt, 1991	刘鸿雁, 2002
环境生态学（Environmental Ecology）	Freedman, 1989	金岚等, 1992
污染生态学（Pollution Ecology）	Hart & Fuller, 1974	王焕校, 1990
水文生态学（Hydro-Ecology）	Wood et al., 2007	—
历史生态学（Historical Ecology）	Crumley, 1994	—
稳定同位素生态学（Stable Isotope Ecology）	Fry, 2006	易现峰, 2007
理论生态学（Theoretical Ecology）	May, 1976	张大勇, 2000
数学生态学（Mathematical Ecology）	Pielou, 1977	陈兰荪, 1988
数字生态学（Numerical Ecology）	Legendre & Legendre, 1998	—
数量生态学（Quantitative Ecology）	Poole, 1974	张金屯, 2004
统计生态学（Statistical Ecology）	Young & Young, 1998	
实验生态学（Experimental Ecology）	Resetarits & Bernardo, 2001	—
3. 生物类别		
植物生态学（Plant Ecology）	Warming, 1895	张玉庭和董爽秋, 1930
作物生态学（Crop Ecology）	Loomis & Connor, 1992	韩湘玲, 1991
动物生态学（Animal Ecology）	Elton, 1927	费鸿年, 1937
昆虫生态学（Insect Ecology）	Speight et al., 1999	邹钟琳, 1980
鸟类生态学（Avain（Bird）Ecology）	Perrins & Birkhead, 1983	高玮, 1993
鱼类生态学（Fish Ecology）	Wootton, 1992	易伯鲁, 1980
渔业生态学（Fisheries Ecology）	Pitcher & Hart, 1982	陈大刚, 1991（注：黄渤海渔业生态学）

续表

生态学名称	外文生态专著举例	中文生态专著举例
野生生物（动物）生态学（Wildlife Ecology）	Moen，1973	陈化鹏和高中信，1992
杂草生态学（Weed Ecology）	Radosevich & Holt，1984	—
寄生虫生态学（Parasite Ecology）	Huffman & Chapman，2009	—
微生物生态学（Microbial Ecology）	Alexander，1971	夏淑芬和张甲耀，1988
疾病生态学（Disease Ecology）	Learmonth，1988	—
4. 生境类型		
森林生态学（Forest Ecology）	Spurr & Barnes，1973	张明如，2006
草地生态学（Grassland Ecology）	Spedding，1971	周寿荣，1996
海洋生态学（Marine Ecology）	Levinton，1982	李冠国和范振刚，2011
河口生态学（Estuarine Ecology）	Day et al.，1989	陆健健，2003
潮间带生态学（Intertidal Ecology）	Raffaelli & Hawkins，1996	—
海岸生态学（Coastal Ecology）	Barbour et al.，1974	—
淡水生态学（Freshwater Ecology）	Macan，1974	何志辉 2000
湖泊生态学（Lake Ecology）	Scheffer，2004	—
河流生态学（River Ecology）	Whitton，1975	—
溪流生态学（Stream Ecology）	Allan，1995	—
湿地生态学（Wetland Ecology）	Keddy，2010	陆健健等，2006
水库生态学（Reservoir Ecology）	Tundisi & Straškraba，1999	韩博平等，2006
城市生态学（Urban Ecology）	Bornkamm et al.，1982	于志熙，1992
道路生态学（Road Ecology）	Forman，2003	—
廊道生态学（Corridor Ecology）	Hilty et al.，2006	—
土壤生态学（Soil Ecology）	Killham，1994	曹志平，2007
5. 动植物行为与功能		
行为生态学（Behavioral Ecology）	Krebs & Davies，1997	尚玉昌，1998
扩散生态学（Dispersal Ecology）	Bullock et al.，2002	—
繁殖生态学（Reproductive Ecology）	Bawa et al.，1990	张大勇，2004
摄食生态学（Feeding Ecology）	Gerking，1994	—
认知生态学（Cognitive Ecology）	Friedman & Carterette，1996	—
功能生态学（Functional Ecology）	Packham et al.，1992	—
6. 环境扰动与胁迫		
扰动生态学（Disturbance Ecology）	Johnson & Miyanishi，2007	—
火生态学（Fire Ecology）	Wright & Bailey，1982	—
胁迫生态学（Stress Ecology）	Steinberg，2011	—
7. 产业与应用		
工业生态学（Industrial Ecology）	Graedel & Allenby，2002	邓南圣和吴峰，2002

续表

生态学名称	外文生态专著举例	中文生态专著举例
农业生态学（Agricultural Ecology）	Azzi，1956	曹志强和邵生恩，1996
资源生态学（Resource Ecology）	Prins & van Langevelde，2008	—
恢复生态学（Restoration Ecology）	Jordan III et al.，1990	赵晓英和陈怀顺，2001
应用生态学（Applying（or Applied）Ecology）	Beeby，1993	何方，2003
8. 组合或叠加		
传粉与花的生态学（Pollination and Floral Ecology）	Willmer，2011	—
陆地植物生态学（Terrestrial Plant Ecology）	Barbour et al.，1989 or 1999	—
理论系统生态学（Theoretical Ecosystem Ecology）	Ågren & Bosatta，1998	—
微生物分子生态学（Molecular Microbial Ecology）	Osborn & Smith，2005	张素琴，2005
鸟类迁移生态学（The Migration Ecology of Birds）	Newton，2008	—
应用数学生态学（Applied Mathematical Ecology）	Levin et al.，1989	—
应用野外生态学（Practical Field Ecology）	McLean & Ivimey Cook，1946	—
数量植物生态学（Quantitative Plant Ecology）	Greig-Smith，1957	—
9. 人文社会与人体健康		
深生态学（Deep Ecology）	Devall & Sessions，1985	雷毅，2001
人类生态学（Human Ecology）	Hawley，1950	陈敏豪，1988
社会生态学（Social Ecology）	Alihan，1964	丁鸿富，1987
人口生态学（Population Ecology）	Davis，1971	潘纪一，1988
政治生态学（Political Ecology）	Cockburn & Ridgeway，1979	刘京希，2007
组织生态学（Organizational Ecology）	Hannan & Freeman，1989	刘桦，2008
文化生态学（Cultural Ecology）	Netting，1986	邓先瑞和邹尚辉，2005
嵌套生态学（Nested Ecology）	Wimberley，2009	—
道教生态学（Toaism Ecology）	—	乐爱国，2005
语言生态学（Linguistic Ecology）	Mühlhäusler，1996	—
健康生态学（Health Ecology）	Hunarī et al.，1999	—
药物生态学（Pharma-Ecology）	Jjemba，2008.	—
生态伦理学（Ecological Ethics）	Aldo Leopold，1933	叶平，1994

这些分支学科的形成和发展，不仅在理论上丰富了生态学的内涵，也在实践

中推动了生态学在各个领域的应用，为解决人类面临的环境问题提供了科学依据和方法，为人类社会的可持续发展提供了重要的科学支撑。

五、生态学课程开展的必要性

经济全球化深刻地改变了人们的生产与生活方式，同时也引发了一系列严重的生态与环境问题，如全球气候变暖、臭氧层破坏、生物多样性持续下降、气候性灾害（如酸雨、雾霾、沙尘暴、暴雨、干旱等）频繁发生、森林草地锐减、土地荒漠化不断蔓延、污染（包括大气、水体和土壤污染等）日益加剧、危险性废物跨境转移等，使得人类与环境的关系问题愈发突出。生态学必须直面并深入探究这些问题，其内涵亦需与时俱进。方精云院士认为，生态学内涵的发展由以下三个因素所决定：

（1）生命科学的发展趋势发生了重大变化。现代生物学或生命科学的发展越来越趋向微观，一些传统的宏观生物学方向逐渐萎缩，甚至消亡。这对生命科学乃至整个自然科学的发展都是不利的，但为生态学科的发展提供了重要机遇。

（2）全球生态问题的解决迫切需要生态学拓展其学科内涵。在全球化进程中，一系列全球性的生态与环境问题伴随而生。传统生态学仅关注生物与环境之间的关系，已无法满足现代社会发展的需求。生态学必须与时俱进，深入研究并解决这些新出现的生态与环境问题，以支撑社会进步并满足国家战略需求。

（3）我国的社会发展和国家需求已发生显著变化。"生态文明建设""五位一体"发展总布局、"新发展理念"等战略的提出与实践，均需生态学科作为坚实的理论支撑；而"山水林田湖草生命共同体""绿水青山就是金山银山"等理念，不仅是现代生态学的重要研究内容，更体现了国家和社会对生态学科的新要求与新期盼。生态学必须积极回应这一时代需求，并发展成为生态文明建设的核心支撑学科和理论基础。

因此在当前形势下，掌握并利用生态学理论来调整人与自然、资源以及环境的关系，协调社会经济发展和生态环境的关系，促进可持续发展成了刻不容缓的课题，生态学教育成了高校生物、环境类专业教育以及全体学生生态文明教育必不可少的部分，生态学课程的开展、优化、改革迫在眉睫。

六、生态学与生态文明、乡村振兴有关的理论

（一）巴里·康芒纳——生态学四条法则

1971年，美国著名生物学家、生态学家及教育家巴里·康芒纳（Berry Commoner）出版了《封闭的循环——自然、人和技术》一书。该书深入探讨了自然、人与技术之间的复杂关系。作者以生物学家的专业视角，秉持严谨的科学态度，以美国本土环境问题为例，提出了生态学的四条基本法则，概括为：事物皆相连、万物皆有去向、自然最通晓和没有免费的午餐。巴里·康芒纳的生态学四条法则的具体表述如下：

（1）事物皆相连。巴里·康芒纳认为："生物系统是因其活动的自我补偿的特性而赖以稳定的，如果超过了负荷，就可能导致急剧的崩溃；生物网络的复杂性和它自身的周转率决定着它所能承受的负荷大小以及时间的长短；生态网是一个扩大器，因此，在一个地方出现的小小混乱就可能产生巨大的、波及很远的、延缓很久的影响"[①]。该原则反映了生物系统中内部精密联系网络的存在，探索了生态系统中普遍联系的法则。

（2）万物皆有去向。即在生态系统中，一切事物都必然有去向，在自然界中没有"浪费"，没有东西可以抛出"消失"。巴里·康芒纳指出："当然，这不过是对物理学基本法则——物质不灭定律的一种通俗表达。将其应用于生态学领域，这一法则强调的是，自然界中并不存在所谓的'废物'。在每个自然系统中，一种有机体排出的被视为废物的东西，往往会被另一种有机体作为食物吸收。例如，动物呼出的二氧化碳虽是呼吸的废物，却正是绿色植物所需的基本养分。植物释放的氧气则被动物利用。动物的有机粪便为分解细菌提供养料。而这些细菌的代谢产物，如硝酸盐、磷酸盐和二氧化碳等无机物，又成为藻类的营养来源……持续探究'物质去向'，能揭示许多关于生态系统的惊人且有价值的信息……当前环境危机的一大主因在于，大量物质成为地球上的冗余，它们被转化为新形态，并被允许进入尚未遵循'一切事物必有去向'法则的环境中，结果造成大量有害物质常在不适宜其存在的自然环境中累积。"[②]

[①]（美）巴里·康芒纳.封闭的循环——自然、人和技术[M].侯文蕙，译.长春：吉林人民出版社，1997.
[②] 同上。

（3）自然最通晓。即"自然界所懂得的是最好的"。人类创造技术来改善自然，但是，技术对自然的干涉、技术使自然发生的变化，可能对自然系统是有害的。巴里·康芒纳指出："坦率而言，生态学的第三法则认为，任何主要由人为因素引起的自然系统变化，都可能对该系统产生负面影响……人类逐渐构建了一个复杂的、由相互兼容的各个部分组成的组织，那些无法与整体共存的可能安排，在漫长的进化过程中被淘汰。因此，现存的生物结构，或是已知的自然生态系统的结构，按常识来看，似乎是'最优的'，因为它们经过了对有害成分的筛选。否则，任何新的生物体都可能比现有生物体更糟……生态学的第三法则还认为，一种非天然产生而是人工合成的有机化合物，若在生命系统中发挥作用，可能极具危害性。"① 在此，康芒纳似乎发现了自然界自组织、自调节、自我和谐的能力，这些理念在自组织理论中得到了广泛探讨。

（4）没有免费的午餐。巴里·康芒纳认为，"天下没有免费的午餐"，人们开发自然、利用自然，不可避免地把有用的物质形式转化为无用的物质形式。巴里·康芒纳说："根据我的经验，这一思想在阐述各类环境问题时显得极为有用，因此我将其从其源头——经济学中借鉴过来。无论是在生态学还是经济学领域，这条法则都主要警示人们，每一次收获都伴随着一定的代价。从某种角度看，这条生态学法则实则涵盖了前三条法则。由于地球的生态系统是一个相互关联的整体，在这个整体中，没有任何东西是可以单独获取或失去的，它不受任何改进措施的操控。任何因人类力量而从其中抽取的物质，最终都必须回归原位。付出代价是不可避免的，尽管有时可能被延后。当前的环境危机正警示我们：拖欠的时间已然过长。"②

巴里·康芒纳提出的生态学四法则，对生态学、环境科学的研究有重要意义，其作用甚至还影响到了国家、政府的政策与行为，如"没有免费的午餐"原则会让政府在权衡经济发展与环境保护时，意识到任何发展行为都有相应的生态成本，从而推动可持续发展政策的制定与实施，力求经济、社会与环境的协调共进。

---

① （美）巴里·康芒纳.封闭的循环——自然、人和技术[M].侯文蕙，译.长春：吉林人民出版社，1997.
② 同上。

（二）小米勒——生态学三大定律

美国科学家小米勒（G. T. Miller）总结出生态学三大定律：多效应原理、相互联系原理、勿干扰原理。

（1）多效应原理。称为生态学第一定律。这一定律是哈定（G. Hardin）提出的，该定律认为：人类的任何行动都不是孤立的，对自然界的任何侵犯都具有无数的效应，其中许多是不可预料的。

（2）相互联系原理。称为生态学第二定律。该定律认为：每一事物无不与其他事物相互联系和相互交融。

（3）勿干扰原理。称为生态学第三定律。该定律认为：人类所生产的任何物质均不应对地球上自然的生物地球化学循环有任何干扰。

在这三个定律中，第一定律（多效应原理）和第三定律（勿干扰原理）主要定位于人和自然的关系层面，可以说是以人为中心思考人类对自然的作用和反作用，从产生后果（多效应）和生态期望（勿干扰）方面提出了人对自然的应用指南。第二定律（相互联系原理）偏重于分析生态系统中的各因子的关系，既包含马克思主义中的"世界万物是联系的、发展的，并且这种联系是客观的、多样的、普遍存在的"哲学思想，又包含了贯穿生态学学者们所有研究成果的实践理论（如生态因子的作用规律、种群生态学的竞争排斥原理、生物链和生物网理论、群落的干扰与演替、生态系统三大功能理论等）。但需要明确的是，生态学意义上的"联系"是指事物存在意义上的关联（植物的生长与繁殖离不开阳光、氧气、水分等多种因素，并受到动物行为的影响；动物的发育、成长与繁殖依赖于上一营养级生物的能量输入；人类则离不开自然环境所提供的各类物质生活资料，也无法脱离人类社会环境独立存在）。而哲学中的"联系"更多是指事件发生的相关性，即事物之间以及事物内部各要素之间的相互依赖、相互影响、相互制约和相互作用的关系。但生态伦理学范畴的研究，则整合了哲学和生态学的"联系"观点，从相关性原则出发，对人类在万物存在的合理性、平衡性等层面进行了道德和行为的指导。

（三）中国《环境与资源保护法》——生态学的六大基本规律

我国《环境与资源保护法》从环境和资源保护角度总结了生态学的六大基本

规律作为指导原则,分别为:"物物相关"律、"相生相克"律、"能流物复"律、"负载定额"律、"协调稳定"律、"时空有宜"律。现根据《环境与资源保护法》内容对六个定律简单做一描述。

(1)"物物相关"律。在自然界中各种事物之间有着相互联系、相互制约、相互依存的关系,改变其中的一个事物,必然会对其他事物产生直接或间接的影响。该规律要求人们在开发利用环境时,必须充分考虑改变某一事物所引发的连锁反应及其后果,注重开展调查研究和统筹规划,避免顾此失彼。

(2)"相生相克"律。在生态系统中,每一种生物都占据着特定的位置,发挥着独特的作用,它们相互依赖、彼此制约、协同进化。为了保护和改善环境,维护生态平衡,不能随意向某一生态系统引入原本没有的物种,也不应随意从生态系统中移除某一物种。这两种做法都可能导致某些物种的种群爆发或灭绝,进而危及整个生态平衡。

(3)"能流物复"律。该定律主要描述的是生态系统中的能量流动和物质循环的规律。即生态系统中的植物、动物、微生物和非生物成分通过生物、化学信息传递,借助能量的流动,通过生产者—消费者—分解者系统不断地从自然界摄取物质并合成有机物,又随时分解为无机物,由此形成不停顿的物质循环。该定律要求人类在改造自然时遵循物质代谢规律,在生产中因势利导、合理开发生物资源,严控环境污染,确保污染程度不超过生态系统和生物圈的降解与自净能力,避免破坏人与其他生物的生存环境。

(4)"负载定额"律。任何生态系统都有一个大致的负载(承受)能力上限,包括生物产出、污染物消解、耐受外界冲击等能力。为保护生态系统,一方面需确保其供养的生物数量不超过其生物生产能力,另一方面则需保证污染物排放量不超出其自净能力,且外界冲击的周期应长于系统的恢复周期。因此,在《环境与资源保护法》中制定了以产定供、控制污染物排放量和关于限制冲击周期的规定。

(5)"协调稳定"律。生态系统仅在结构与功能协调时,才处于稳定状态。即自然形成且稳定成熟的生态系统,若无人类活动干扰,生物与环境间物质的输入和输出始终维持相对平衡。然而,在改造自然的进程中,人类有意或无意地做出诸多违背自然规律的行为,打破了原有的输入输出平衡,致使生态系统的稳定与协调遭受破坏。该规律在《环境与资源保护法》中具体体现为保护物种多样性、维护森林和植被、保障生态系统免受干扰，以及确保构建结构和功能相对协调的人工系统等相关规定的制定。

（6）"时空有宜"律。该定律是指每个地区都有特定的自然条件与社会经济条件组合，共同构成独特的区域生态系统。并且，这种区域性的生态系统会随时间推移而发生动态变化。该规律充分考量了生态系统在空间维度的区域性以及时间维度的变化性。因此，面对具有特殊地域性和时间性的问题，需因地制宜、因时制宜，采取恰当方式予以解决，必要时实施优先性原则。在环境管理的实际操作中，区域性原则应用广泛。例如，省级人民政府有权依据本区域实际状况，制定并颁布比国家标准更为严格的地方污染物排放标准，并在特定地区针对性地实施。

在以上六大规律中，"物物相关"律属于个体生态学和群落生态学层面的研究范畴，而"相生相克"律、"能流物复"律、"负载定额"律、"协调稳定"律以及"时空有宜"律，则均是从生态系统生态学的角度进行归纳总结的。这些规律主要服务于环境和资源保护，旨在培养公民的环保意识，并为其环保行为提供指导。而环境保护和资源利用，是生态文明建设和乡村振兴的重要内容。

事实上，巴里·康芒纳提出的"生态学四条法则"、小米勒提出的"生态学三大定律"，以及中国《环境与资源保护法》所依据的"生态学六大基本规律"，在诸多方面都存在共通之处。这些理论皆将"事物间的相互联系"置于重要地位，从不同角度反映出生态系统成分的统一性、整体性、关联性、物质能量运行规律等特征，都以人类对自然的影响为研究切入点，在深入剖析人类对自然环境过度干预与破坏现象的基础上，总结提炼出正确的生态思维模式和行为导向。

（四）现代生态学教材常见生态学规律

2019年3月5日，习近平总书记在参加十三届全国人大二次会议内蒙古代表团审议时强调，生态保护和环境治理"必须遵循生态系统内在的机理和规律"[①]。2020年4月27日，总书记在主持召开中共中央全面深化改革委员会第十三次会议时进一步指出，要"从自然生态系统演替规律和内在机理出发，统筹兼顾、整

---

① 新华社.习近平参加内蒙古代表团审议[EB/OL].（2019-09-15）[2024-09-15]. https:www.gov.cn/xinwen/2019-03/05/content_5371037.htm.

体实施，着力提高生态系统自我修复能力，增强生态系统稳定性，促进自然生态系统质量的整体改善和生态产品供给能力的全面增强"[①]。

习近平总书记所阐述的"生态系统内在的机理和规律"，内涵深远，构成了生态文明思想的核心要素。本书在此基础上，依据当前生态学的四大基础研究层次——个体生态学、种群生态学、群落生态学、生态系统生态学，对一些广为认可且应用于实践的基础生态学规律进行详细阐述。

1. 个体生态学层面

（1）耐受性定律。1913年，美国生态学家谢尔福德（V. E. Shelford）提出了耐受性法则。该法则最早是基于个体生态学层面提出的。谢尔福德认为，生物对生存环境的适应存在生态学意义上的最小量和最大量界限，只有处于这两个限度之间，生物才能生存。生态因子处于最低量时，极有可能成为限制生物生存与发展的限制因子；而当该因子过量，超出生物体能够耐受的程度时，也一样会转变为限制因子。对单一环境因子，生物有特定适应范围，即生态幅，从能忍受的最小值到最大值，就是对该因子的耐受范围。生物能否生存繁衍，取决于综合环境里所有因子的共同作用。任一因子量或质不足、过量，超出生物的耐受限度，都可能致使物种生存受到威胁甚至灭绝。这一定律清晰地反映出生物对环境的适应存在耐性限度。

谢尔福德提出该法则后，众多学者对其进行了深入研究，并拓展了该定律的适用条件。研究发现，每种生物对不同生态因子的耐受范围不同，且会因年龄、季节、栖息地等改变。同种生物个体在发育过程中，对环境因子的耐受限度在变化；不同物种对同一生态因子耐受性也有差异；而且，生物对某一生态因子处于非最适状态时，对其他生态因子的耐受限度也会降低。

随着生态学的发展，生态学家将耐受性定律从个体生态学范畴拓展至生态系统乃至生物圈层面。他们指出，从个体生物到整个地球，都存在耐受性；在耐受范围内，存在最适点与较适区间，一旦超出这一耐受范围，系统便会走向崩溃。以人类开发利用自然资源为例，若开发强度逾越了地球生态系统的耐受范围，必

[①] 新华社. 习近平主持召开中央全面深化改革委员会第十三次会议强调：深化改革健全制度完善治理体系 善于运用制度优势应对风险挑战冲击 [EB/OL].（2020-04-27）[2024-09-15]. https://www.gov.cn/xinwen/2020-04/27/content_5506777.htm.

然会引发生态失衡，进而招致自然界强烈的反噬。届时，人类将不得不付出更为高昂的代价，去弥补曾经造成的破坏。

该定律在特色农产品的引种和生产、濒危动植物保护、乡村生态与经济的平衡发展、生态环境治理、生态景观设计等多个领域发挥着关键作用，同时也为生态文明建设和乡村振兴过程中，以"分析多元因子，识别限制因子"的思路解决具体问题提供了坚实的理论支撑。

（2）生物与环境的协同作用。地球环境的演变推动了生命的形成与进化。任何生物在其生命活动中，始终与环境进行着物质、能量及信息的交换，改变环境的同时，又受环境影响与筛选，二者总是朝着相互适应的协同方向发展。当前的地球生物圈，就是生物与地球环境长期相互影响、协同作用的结果，且始终处于动态变化与协调之中。地球环境中的水源、光照、空气等条件变化决定了生物发展的方向；生物的存在和活动也不断对地球环境进行着改造。因此，生物的起源与发展，本质上是生物与环境相互作用、彼此塑造的产物。基于此，生态学唯有依据进化论，将生物与环境置于漫长的演化进程中进行剖析，才能被深入理解与阐释。

拉马克（J. B. Lamarck）在1809年出版的《动物学的哲学》中提出：外界环境条件对生物的影响有两种形式：对植物和低等动物，环境影响是直接的；对于具有发达神经系统的高等动物则是间接的。在生物与环境的研究层面，人类作为特殊物种，对环境的影响是巨大的。目前面临的大部分生态危机，都是人与环境交互作用的结果，是大自然受破坏后所产生的一种反作用。人类应对一系列的环境问题，必须从生物和环境的角度考虑，合理利用生物和环境的协同作用，促进生态文明建设。

（3）生态因子的作用规律。生态因子是指对生物生长、发育、生殖和分布有直接影响的要素，是个体生态学研究层面的一个概念，用来衡量环境和生物之间的相互作用。目前生态学界广泛认同的生态因子作用规律有以下五点：

①综合性规律。在自然界中，生物体总是身处多种生态因子交织的复杂网络中，受诸多生态因子共同影响，且任一因子变化都会引发其他因子不同程度的改变。"蝴蝶效应"的理论基础就是生态因子的综合性规律：在一个动态环境系统中，一个生态因子的微小变化，将能带动整个系统长期而巨大的链式反应，导致

最终的结果有很大的差异。"牵一发而动全身"就是该规律的生动写照，也是生态文明与乡村振兴实践必须考量的因素。

②非等价性规律。在任何特定的生态关系中，影响生物的环境因素并非等价的。在稳定状态下，如果某一生态因子的可利用量与生物所需要量差距很大，从而限制生物生长发育或存活，这一生态因子就称为主导因子（或称为限制因子）。主导因子的改变常会引起其他生态因子发生明显变化或使生物的生长发育发生明显变化。

该规律包含了另外两个定律：利比希最小因子法则和限制因子定律。德国著名化学家利比希（J. V. Liebig）研究了营养物质对植物生存、生长和繁殖的影响，提出了最小因子法则："植物的生长主要取决于那些处于最少量状态的营养元素"[①]。后续的研究者们发现这个法则对于多种生态因子都是适用的，于是对该法则进行了进一步的拓展：当一个过程的速率被若干个不同的独立因子所影响时，这个过程的具体速率受其最低量的因子所限制。英国科学家布莱克曼（F. F. Blackman）于1905年研究环境因子对光合作用影响时提出了限制因子定律："限制因子决定生物生理过程的速度或强度的定律"[②]。

目前，限制因子一般表述为："在诸多生态因子中使生物的耐受性接近或达到极限时，生物的生长发育、生殖、活动以及分布等直接受到限制甚至死亡的因子"[③]。生态因子的非等价性原则，在生态文明建设与乡村振兴进程中发挥着关键指引作用。该原则能帮助精准找出影响事物发展的主导因子或限制因子，通过主导因子法则，把制约乡村发展的"卡脖子"难题转化为独特优势与特色，由此激发经济活力，改善生态环境，推动多维度协同发展，助力乡村迈向繁荣新征程。

③生态因子的补偿性和不可代替性。在自然界，当部分生态因子的量无法满足生物需求时，会制约生物的生存与发展。然而在特定条件下，某生态因子量的不足可由其他因子补偿，仍可获得相似的生态效应，这被称为生态因子间的补偿性（可调剂性）。例如，在植物光合作用中，光照不足时可适当增加二氧化碳量进行补偿。但这种补偿存在限度，仅能在一定范围内部分补充，无法因某一因子量的调节而取代其他因子，体现了生态因子的不可代替性。

---

① 陈天乙. 生态学基础教程 [M]. 天津：南开大学出版社，1995.
② 牛翠娟，等. 基础生态学 [M]. 2版. 北京：高等教育出版社，2007.
③ 吴志强. 农业生态学基础 [M]. 福州：福建科学技术出版社，1986.

在生态文明建设和乡村振兴实践中，生态因子的补偿性和不可代替性的意义可体现为：有些制约事物发展的因素可以用另外的因素予以补偿（如某偏远乡村水果知名度不高可通过营销手段、人文手段、装潢手段予以包装），有些因素则不可用其他因子替代（如水果的质量问题）。

④直接因子和间接因子。在诸多生态因子中，那些能够直接作用于生物生理过程，或参与生物新陈代谢活动的因子被定义为直接因子；而通过影响直接因子，进而间接作用于生物的因子则被称为间接因子。例如，与植物直接接触的其他生物、光照、温度、水分条件等，能对植物类型、生态及空间分布产生直接影响的因子，被称为植物的"直接因子"；而大陆、海洋、沙漠、地势起伏、地质构造等，不直接干预植物新陈代谢，却通过影响降水量、温度等直接因子间接作用于植物生长的因子，就是植物的"间接因子"。

在生态文明建设与乡村振兴的实践进程中，直接因子往往具有较高的可察觉性，能够相对迅速地被发现并予以应对处理，如秸秆焚烧所引发的大气污染问题；而间接因子通常具有较强的隐蔽性，往往需要较长时间才会显现出影响，如重金属在生态系统中的富集及其引发的生物中毒现象，需要比较专业的知识和实践才能及时发现并处理。尽管直接因子和间接因子在表现形式与发现难度上存在差异，但二者紧密相连、相互影响。在实际操作过程中，面对特定生态问题时，不仅要针对直接因子进行深入分析提出解决方案，还要以长远的、联系性的、发展性的眼光看问题，深挖与之相关联的深层次的因子，防患于未然，以最小的代价发展最长远的利益。

⑤生态因子的阶段性。生态因子的阶段性是指在生物个体发育的不同阶段，生态因子对其作用和影响具有显著差异。了解生态因子的阶段性，有助于农民和农业生产者精准选择适合本地气候条件和生长季节的作物品种。同种农作物在生长发育的各个阶段，对光照、温度、水分等生态因子的需求和耐受程度不同。例如，在北方地区，春小麦适合在春季播种，因为春季的低温可以满足其春化阶段对低温的需求，而后随着气温升高、光照时间增长，满足后续生长阶段对生态因子的要求；相反，冬小麦则需在前一年秋季播种，利用冬季低温完成春化，若种植时间不当，错过低温春化阶段，将严重影响产量。因此，乡村在发展种植业时，必须依据当地生态因子的季节性变化规律，科学安排作物种植时间，实现作物与

环境的最佳匹配，从而提高农作物产量和质量。

（4）局部生境效应。局部生境效应，俗称"花盆效应"，指的是在空间上存在极大局限性的半人工、半自然小生境中，人为营造出极为适宜生物生长发育的环境条件。在此环境下，作物和花卉短期内能够茁壮成长，然而一旦脱离人的悉心照料，便会迅速走向衰败甚至灭亡。

这一效应在教育生态学领域有着典型表现：学校教育若采用封闭或半封闭的教育体制，会致使学生如同生长在"花盆"中，进行着封锁式的小循环，与现实环境严重脱节。这种脱离现实生存环境的教育模式，极易让学生滋生以自我为中心的价值观、是非观与荣辱观，经不起挫折。

鉴于此，生态学课程教学应极力规避局部生境效应，鼓励学生走出校门，促使他们认识自然、了解社会，明确个人在社会大系统以及人类在生物圈中应有的地位、肩负的责任与发挥的作用，从而形成正确的生态观、自然观和宇宙观。与该效应理念相似的概念还有种群生态学层面的"片段化生境"理论。

2. 种群生态学层面

（1）片断化生境理论。片断化生境（Fragmentation Habitat）是指由于人为或自然因素，原本大面积连续分布的生境被分割成空间上相对隔离的小生境现象。例如，原本广袤的森林、草原等生境，现常被道路、农田、城镇等人类活动场地切割成小块。生境片段化后，生境中的生物因子和非生物因子均发生一系列变化。最显著的表现是物种种群被分割成若干小种群，生境面积缩减，生物种群规模减小，这制约了物种的迁入和迁出，导致基因流动受阻，遗传变异性显著降低，加速了物种灭绝的进程。

总而言之，无论是"局部生境效应"还是"片断化生境"都不利于生物的生存和发展，是我们在生态文明教育和乡村振兴实践中需要尽可能避免的雷区。

（2）种群增长规律。种群数量在理想环境下（即食物与空间充足、气候适宜、无天敌和致死性疾病时）呈指数增长，以数学曲线（"J"型曲线）表示为指数函数，此即"J"型增长，常见于优势物种入侵初期的爆发式增长。

然而，因为环境空间和资源有限，所以只能承载一定数量的生物（即环境容纳量 K）。在有限资源环境中，种群初始增长缓慢，随后增速加快，数量达 K/2 时增长最快；随着资源消耗，环境阻力与种群增长成正比，增长速度逐渐放缓，直至停止，此时种群数量达到环境的满载量 K。这个过程的增长曲线呈"S"型，即逻辑斯蒂曲线。环境稳定时，种群数量趋于稳定。接近 K 值后，若种群继续增长，增长率就会下降甚至为负，数量减少；减少到一定程度，增长率回升，最终种群数量在该环境中达到动态稳定。

对种群增长及调节规律的研究，能有效指导生产实践。在野生动植物资源开发中，基于种群增长规律，数量达 K/2 时增长最快、再生能力最强。当种群数量大于 K/2，可猎取超出部分，既能收获最大量，又利于资源再生，但猎取后留存数量不得低于 K/2，否则会影响资源再生与可持续发展。因此在水产养殖中，捕捞、放养种苗时将种群数量维持在 K/2 附近，能获得最大持续经济效益。

种群变化规律对控制人口增长、解决环境危机意义重大。人类生存危机源于种群快速增长与有限环境资源的矛盾。尽管科技进步提升了地球对人类的承载量 K，但资源终归有限，科学控制人口增长率才是解决环境问题的关键。

（3）种群的密度效应。密度效应（Density Effect）是指在一定时间内，当种群内部个体数量增加时，邻近个体之间相互影响的效应。这一效应主要用于探究生物种群内部同种个体间的关系，即种内关系。在生态学领域，该概念多应用于植物种群，以及营固着生活、扩散能力较弱的动物种群（如珊瑚）。种群的密度效应一般认为是由种群内部矛盾决定的。生物种群的密度效应主要有两个规律：最后产量恒定法则和 -3/2 自疏法则。

①最后产量恒定法则。在一定范围内，若条件相同，不论种群密度如何变化，最终产量往往趋于一致。这一规律的根源在于环境资源的承载能力有限，导致产出量受限。物种个体数量的增加，必须以个体重量的减少为代价，以维持种群与环境之间的平衡。

该法则对衡量世界人口问题具有一定的参考价值。根据该法则，某地区或整个地球能承受的最大人口数量是有一定限度的，但对于世界最佳人口数量的估算一直是热点话题，最后产量恒值法则无疑是其中一个重要的参考理论。

② -3/2 自疏法则。该法则是指在植株种群或年龄相等的固着性动物群体中，竞争个体不能逃避，竞争结果也是使较少量的较大个体存活下来，这一过程叫做自疏。自疏导致密度与生物个体大小之间的关系，该关系在双对数图上具有典型的 -3/2 斜率，这种关系叫做 Yoda 氏 -3/2 自疏法则（Yoda's -3/2 Law），简称 -3/2

自疏法则。这个法则反映了种内竞争的结果不仅影响到生物个体生长发育的速度，也影响到生物的存活率。该法则对于指导园林绿化、农业种植等具有很好的参考意义。

（4）生态位法则与竞争排斥原理。生态位概念和生态位法则是 J. Grinnel（1917，1924，1928）在研究生物物种间的竞争关系中提出的，反映了一个种群在生态系统中的时间空间尺度上所占据的位置，及其与其他相关种群之间的功能关系。生态位（Niche）是传统生态学中的一个基本概念，主要指在生物群落或生态系统中每一个物种的角色和地位，即每个生物都占据一定的空间、发挥一定的功能。生态位现象对所有生命现象都具有普适性，不仅适用于生物界的动物、植物、微生物，也适用于人类种群（如城市、社会、国家、世界）。

生态位法则与竞争排斥原理就是在生态位理论的基础上提出的。

生态位法则认为："具有同样生活习性、利用相同资源的物种，不会在同一地方竞争同一生存空间。"[1] 竞争排斥原理是由俄国生物学家高斯（Gause）提出的，是指"在一个稳定的环境内，两个以上受资源限制但具有相同资源利用方式的物种，不能长期共存在一起，也即完全的竞争者不能共存"[2]。

竞争排斥原理可以说是对生态位法则的完善和发展，这两个规律对整个生态学的发展都有举足轻重的作用。生态位法则与竞争排斥原理在生态文明建设和乡村振兴实践中具有显著的实用价值。例如，在作物引种和天敌引进工作中，引入的物种与原有的物种如果生态上完全相似，必然发生激烈的竞争，而新物种的种群还未成熟，缺乏竞争力，所以常常被排斥掉，造成引种失败。所以，如要提高引种成功率，要么一次性引入大量的具有与原有物种相似生态位的物种个体（以便在竞争中占优势，排除掉原来的物种），要么引入适生于当地"空生态位"（未被占领的生态位）的物种。将自然界的竞争排斥原理应用于乡村振兴体系的范例之一就是"一村一品"策略。其原理就是：两个在同一地区完全相同的定位品牌不可能同时同地"和平共处"，久而久之一个品牌必然排斥另一个品牌；而如果要实现两个相似品牌在同一地区的共存，那么它们之间必然存在市场定位上的差

---

[1] 杨婧，常春. 基于生态位法则的概念稳定性研究[J]. 图书情报工作，2016，60（13）：27-32.
[2] 彭卓群，吴志强. 高斯与高斯假说[J]. 生物学通报，2024，59（5）：89-91.

异（即生态位分离）；如果两个品牌有较为相近的生态位，那么它们必然分布在不同的区域。这也是乡村振兴策略里"一村一品"的理论依据所在：走特色品牌，避免同类品牌的生态位竞争。

（5）捕食作用与觅食理论。捕食是指某种生物通过摄取另一种生物身体的全部或部分，直接获取营养以维持自身生命的现象，其中前者被称为捕食者，后者则称为被捕食者。捕食者与被捕食者（或猎物）的关系是自然界中一种广泛存在的种间关系类型，在调节猎物种群数量的过程中起重要作用。对猎物而言，在捕食过程中被捕食个体多为种群中体弱患病的个体，淘汰了不利于种群生存的基因，促进了种群更新与进化；对捕食者而言，它也需保留利于捕食能力的基因，以应对更进化的猎物。在长期的捕食过程中，捕食者与被捕食者形成了协同进化关系。此外，捕食降低了被捕食者的种内资源竞争，促使其种群数量维持在较高水平，保持了被捕食者的多样性。

E. L. Charnov 和 G. H. Orians（1973）提出了觅食理论，该理论认为：更有效地收集食物的动物将比低效率收集食物的动物达到更高的适应度水平；而最优觅食（Optimal Foraging）行为是以最少的努力获得最大的能量摄取率的过程。

从生态学的角度来看，人类作为自然界的顶级捕食者，遵循捕食规律与觅食理论，践行"精明捕食者"策略，具有显著的生态学进步意义。"精明捕食者"是指那些凭借智慧合理利用环境资源，精准识别食物源、调控食物消耗速度、规避风险，并制订高效危机管理策略，以实现"最优觅食"行为的特定捕食者。这种捕食行为通过改变食物链、优化食物网结构，实现生物多样性的有效调控，精准管控资源消耗，从而有效地控制食物链上和植物上的群落数量，进而精细调节食物链各层级及植物群落的数量规模，拓展生态系统的有利条件，保护和恢复物种多样性，使整个生态系统的密度、群落结构和稳定性得到显著改善。简言之，人类秉持"精明捕食者"理念，对推动环境可持续发展至关重要。

3. 群落生态学层面

（1）中度干扰假说。1978 年，美国生态学家 J. H. Connell 等人提出中度干扰假说。该假说认为，一次干扰后少数先锋种入侵断层，干扰频繁时先锋种无法发展到演替中期，干扰间隔长会使之演替至顶级期，这两种情况的生物多样性都不高，只有中等干扰程度能维持最高多样性，让更多物种入侵定居，使演替早晚期物种共存，即"中等强度物理干扰的栖息地中物种多样性最大"[①]。

中度干扰是促进生物多样性的有效手段。群落中的断层、斑块状镶嵌和新小群落，可能成为维持和增强生态多样性的重要动力。该假说在自然保护、农业、林业以及野生动物管理等领域得到了广泛应用。研究和实践表明，适度的草地干扰措施，如放牧和刈割，能够刺激牧草再生，促进补偿性生长，消除植被冗余，从而提高草地的生产力和稳定性。陈功（2018）指出，正确认识和理解中度干扰假说，对于适时监测草地生态系统、科学制订草地利用方案以及评估退化草地植被恢复效果具有重要意义。2020 年，廖金宝研究员带领团队构建了新型集合种群理论框架，通过数学模型与实地观测数据的结合，揭示了在不同干扰强度下，物种如何调整定殖策略及竞争行为，维持或改变集合种群的组成与结构。这一研究成果在生态学领域引起了广泛的关注，为后续的生态保护和恢复工作提供了重要的科学依据。

该假说在生物多样性保护与管理等方面具有重要的应用价值，已成为解释生物多样性产生与维持的教科书式的现代生态学理论之一。

（2）生态演替和逆行演替。生态演替是生物群落与环境随时间推移相互作用，进而导致生境变化的过程。演替是生物所处的空间生态位、时间生态位及信息生态位三者综合交织的结果，其最高表现形式为生态系统中的群体进化。按演替走向，可分为进展演替（Progressive Succession）与逆行演替（Retrogressive Succession）：从先锋群落向顶极群落，由简单到复杂的演替称为进展演替；反之，从顶极群落向先锋群落的演替称为逆行演替。

自地球诞生生命以来，各类群落和生态系统一直处于不断的发展、变化和演替之中。由于生物与环境的相互作用，导致群落环境不断地改变，群落内的生物组成亦随之发生相应的变化，进而影响到生态系统结构与功能的改变。从旧平衡的打破到新平衡的建立，往往需历经数万年的漫长过程。进化亦是环境变迁与生物自身生命周期的内外因素共同作用的结果。进展演替使群落多样化增大，而逆行演替则使群落朝结构简单、稳定性下降的方向退化，导致环境利用率和生产力降低，群落旱生化。

[①] 田爽，刘钢.辽河流域大型底栖动物群落调查检验中度干扰假说[J].江西：水产科技，2022（1）：48-50.

群落演替的研究在理论和实践层面均具有极其重要的意义。在生态文明建设和乡村振兴的实践中，生物资源的开发利用、森林采伐与更新、牧场管理以及农田耕作制度的改革等方面，均与群落演替规律密切相关。在过去较长时期内，石油农业的迅猛发展和化学农药、化肥的广泛使用，导致乡村的生态环境出现严重的逆行演替问题。解决乡村环境的逆行演替问题需要系统而又复杂的理论支撑，生态演替理论不仅有助于对自然生态系统和人工生态系统进行有效的控制和管理，而且还是退化生态系统恢复与重建的重要理论基础。在乡村振兴战略的背景下，因地制宜地运用群落演替规律，秉承生态文明理念推进环境治理与生态修复，是实现农村可持续发展的关键路径。

4. 生态系统生态学层面

（1）层次性和系统性原理。生态系统呈现出清晰的层次结构。从微观到宏观，涵盖了个体、种群、群落、生态系统以及景观等多个层次，每个层次都具有独特的结构、功能和动态变化规律，在生态系统的运行中发挥着不同的作用，彼此之间相互影响，共同维持着生态系统的稳定和平衡。同时，不同层次的研究对象均为生命系统，均具备系统的典型特征，每一个层次的系统均可细分为多个子系统进行深入研究。生态系统内各组成部分之间存在着紧密的联系，通过物质循环、能量流动和信息传递等过程，形成一个高度复杂且有序的网络结构，其功能大于各组成部分功能之和。

该原理运用到生态文明和乡村振兴方面，体现在既要服从国家战略层面的层次性原则，又要有系统性的大局观。根据具体情况，将生态文明和乡村振兴理念从国家层面逐级推进至地方，不同研究层次呈现出不同的关键特征，必须具体问题具体分析。不应仅着眼于一时一地的得失，而应从生态文明和乡村振兴的整体系统层面进行审视。整个系统牵一发而动全身，每个子系统都是其中不可或缺的一环，既具备其特殊性，又承载着作为系统一部分的成分性。

（2）稳定平衡与反馈调节原理。稳定平衡原理是指在生态系统中，生物种类、群落结构以及环境变化在统计学上呈现出趋于稳定的形势，且各生态因子处于动态平衡的状态。此原理即生态系统拥有自我维持稳定的能力，生物间的关系能够通过动态调节，以应对无机环境在一定范围内的变化。在一定程度上，各个层次的生命系统均表现出稳定性，其稳定平衡状态可通过相应指标进行衡量。

生态系统的稳定平衡主要依赖于反馈调节机制。反馈调节分为正反馈（Positive Feedback）和负反馈（Negative Feedback）两种类型，正是正负反馈的相互作用与转化，确保了生态系统能够达到并维持一定的稳态。在此过程中，负反馈调节对于生态系统保持稳定平衡起着不可或缺的作用。各级生命系统与周边的生命系统或环境系统紧密相连、协同变化，其间存在着相互作用与反作用，并引起自身的加速或反向变化，这一现象称为反馈调节原理。反馈调节原理映射了巴里·康芒纳四法则中的"事物皆相连"法则、小米勒的相互联系原理，以及《环境与资源保护法》所提出的"物物相关"律和"协调稳定"律。

不同生态系统的自我调节能力是不同的。一个生态系统的物种组成越复杂，结构越稳定，功能越健全，生产力越高，其自我调节能力就越强。物种多样性低往往会使整个生态系统的生产效率降低，抵抗自然灾害、外来物种入侵和其他干扰的能力减弱；而物种多样性丰富的生态系统，能够借助反馈调节，更好地适应环境变化，维持生态系统各项功能的正常运转。

作为兼具自然、经济和社会特征的地域综合体，乡村是一个特殊的生态系统，拥有其特定的稳定平衡规律与特征。生态学的稳定平衡与反馈调节原理能够有效地指导乡村生态系统建设和生态文明建设。例如，深入研究反馈调节规律，能够精准指导农业生产实践，科学制订渔业捕捞量、作物收获量及林业采伐量，可保证在不破坏生态系统稳定平衡的前提下取得最佳产量。

（3）多样性原理。1995年，联合国环境规划署（UNEP）发表的《全球生物多样性评估》（GBA）将全球"生物多样性"定义为："生物多样性是生物和它们组成的系统的总体多样性和变异性"[①]；而"生态系统多样性"（Ecosystem Diversity）是指生物圈内生境、生物群落和生态系统的多样性以及生态系统内生境差异、生态过程变化的多样性。1992年，全球150个国家以保护生物多样性和促进可持续发展为明确目标，签署了《生物多样性公约》。

生物多样性的意义主要体现在其具有直接使用价值、间接使用价值和潜在使用价值。直接使用价值体现为为人类提供食物、纤维、建筑和家具材料、药物及其他工业原料等；间接使用价值主要体现在生物多样性的生态功能方面，即生物间相互依存与制约，共同维系生态系统的结构和功能，也间接影响着人类生存环

---

① 段晓梅. 城乡绿地系统规划[M]. 北京：中国农业大学出版社，2017.

境；潜在使用价值在于自然界中尚未被发掘的野生生物资源所蕴藏着的巨大应用价值。生态系统多样性是衡量地区生态多样化程度的指标，涵盖丰富性和均一性。部分学者还认为生物多样性有美学和文学价值，能带来精神满足并激发文学艺术创作的灵感。

生物多样性是遗传多样性、物种多样性和生态系统多样性三个层次的统一。美国著名系统哲学家欧文·拉兹洛（Ervin Laszlo）《决定命运的选择》一书中提到："没有生物多样性，生命个体和生态子系统就不会形成能生长、发展、自我修补和自我创造的整体；没有整合，不同的组成部分就不能结合成动态的功能性结构；多样性是整合的重要条件，是系统稳定性的基础。"[①]

生物多样性在城市建设、乡村振兴和农业生产实践中均具有深远的意义。它不仅是衡量城市绿化水平完善与否的关键指标，更是评判城市环境质量优劣的重要标准。在城市规划、建设及管理过程中，通过充实、调整和重建城市生物多样性，能够有效促进城市生态系统的协调发展，构建绿色、和谐、可持续的高级生态城市。在乡村振兴和农业生产实践中，生物多样性可用在生态产业园（如橡胶生态多样性种植林、生态茶园等）的设计、绿化项目的实施和作物病虫害的绿色防控等方面，如贵州的生态茶园经常会在茶树间增加香樟树、樱桃树、玫瑰、熏衣草、鼠尾草、香茅等其他物种，该环境里生长出来的茶不仅品质非常好，还可以吸引天敌来消灭害虫，减少了农药的使用量；同时，生态茶园的植被多样性吸引了多种动物定居，成就了农业与生物多样性相互支持、融合共进的关系。

在中央系列文件中提出的"推进农业绿色发展"，是保护和恢复乡村物种多样性、生态系统多样性的有效策略。在我国传统农业中的桑基鱼塘、稻鱼共生、间作套种、农林牧复合系统等农业生产方式的实质就是生物多样性的有效实践；现代农业的绿色发展是乡村振兴和生物多样性保护的共同目标。陶思明（2023）在《中国环境报》中指出："乡村是人民生产生活的依托，也是生物多样性的幸福家园，二者融合一定会开创农业绿色发展、和美乡村建设和生物多样性保护的新局面。"

（4）动态性与开放性原理。自然生态系统是一个开放的动态系统，始终随

[①] （美）E.拉兹洛.决定命运的选择 21世纪的生存抉择[M].李吟波，等译.北京：生活·读书·新知三联书店，1997.

时间变化而变化,并持续与外界进行物质、能量和信息的交流。生态系统的开放性使得其内部各生态要素不断进行交换,促使系统内各要素间的关系始终处于动态变化之中。处于生态系统外的阳光所提供的能量,驱动着物质在生态系统内持续循环流动(既包括环境中的物质循环、生物间的营养传递、生物与环境间的物质交换,也包括生命物质的合成与分解等物质形式的转换),在此过程中,能量被固定,环境中的大量无机物质被合成为生命物质。伴随着生物与生物、生物与环境间的相互作用,系统在输入、输出过程中不断适应和调节,最终形成了动态且平衡的生态系统,这是生态系统动态性和开放性原理综合作用的结果。

当前,伴随着科技进步与人类活动的不断加剧,生态系统在组成和结构上的时空动态变化愈发剧烈且复杂,导致众多生态系统呈现出明显的退化态势。全球变化背景下的生态系统动态性和开放性原理既是生态学的基础理论问题,也是生态系统修复和保护中亟需认识的关键应用规律。人们在生态系统管理实践中运用动态性原理,以可持续发展的眼光看待问题,从而进一步丰富和完善该领域的基础理论及应用实践。

第二节　新时代背景下生态学课程的新要求

一、生态文明视域下的生态学课程新要求

生态文明作为人类社会继农业文明、工业文明之后的全新文明形式，标志着人与自然关系进入新的阶段。这一文明形态，是人类在保护和建设美好生态环境的过程中，所取得的物质、精神与制度成果的总和。它贯穿于经济、政治、文化、社会建设的全方位与全过程，彰显着一个社会的文明进步程度。2018年，新修订的《宪法》正式将生态文明确立为一种新的文明形态，并将其定位为现代化建设的关键内容。

自党的十八大提出"尊重自然、顺应自然、保护自然"的生态文明理念起，以习近平同志为核心的党中央便将生态文明建设纳入统筹推进"五位一体"总体布局和协调推进"四个全面"战略布局的核心范畴，开展了一系列具有根本性、开创性、长远性的工作，并提出诸多新理念、新思想、新战略。习近平总书记指出："生态文明建设已经纳入中国国家发展总体布局，建设美丽中国已经成为中国人民心向往之的奋斗目标。"同时，习近平总书记及党中央多次强调："坚持人与自然和谐共生，建设生态文明是中华民族永续发展的千年大计。"党的二十大报告，在充分肯定生态文明建设所取得成就的基础上，全面且系统地阐述了我国持续推动生态文明建设的战略思路与方法，为生态保护和修复与生态文明建设指明了新方向。

在新时代背景下，生态文明建设已提升至国家战略高度，成为实现中华民族伟大复兴中国梦的关键要素。依据《中共中央国务院关于全面推进美丽中国建设的意见》，到2027年，我国将全面推动绿色低碳发展，主要污染物排放量持续减少，生态环境质量稳步提升；到2035年，绿色生产生活方式将广泛普及，碳排

放量达峰后稳步下降，生态环境实现根本性改善，美丽中国建设目标基本达成。毫无疑问，生态文明建设已成为二十一世纪社会发展的重要主题。习近平生态文明思想为新时代生态学的发展提供了明确的指导原则和方向，其进程与生态文明教育的广度和深度密切相关。

（一）传统生态学的局限性

在新时代背景下，传统生态学理论显现出诸多局限性，主要表现在以下三个方面：

（1）理论更新滞后。当今全球环境变化呈现出显著的加速态势，然而传统生态学理论的迭代进程却未能与现实发展需求同频共振。过往传统理论着重聚焦于生态系统的静态平衡状态，却在很大程度上忽视了生态系统所固有的动态演变特征与主动适应能力。例如，在面对全球气候变暖引发的物种分布范围改变、物候期提前等现象时，基于静态平衡的传统理论难以提供有效的解释与应对策略。

（2）跨学科整合欠缺。传统生态学理论体系长期以来主要局限于生物学的单一学科范畴，在与经济学、社会学、环境科学等其他关键学科的交叉融合方面存在显著不足。然而，在当前背景下，生态问题日益呈现出高度的复杂性与综合性，单一学科的知识体系已难以满足人类对生态问题的全面剖析与解决需求。以生态补偿机制的构建为例，不仅需要生态学对生态系统服务功能进行科学评估，还需借助经济学原理确定合理的补偿标准，并依靠社会学方法确保政策的有效推行。

（3）应用范围受限。在处理具体的环境问题时，传统生态学理论的应用范围与实际效能存在较大局限，难以对复杂的环境管理与生态修复工作提供全方位、系统性的理论指导。依据世界自然保护联盟（IUCN）与联合国生物多样性和生态系统服务政府间科学政策平台（IPBES）所发布的相关报告内容，在生物多样性保护实践中，即便应用了传统生态学理论，采取了政策和行动，但生物多样性丧失的速度并未显著减缓。在生物多样性丧失、生态系统服务功能精确评估等复杂议题上，传统生态学理论在实践指导方面呈现出显著的不足。

（二）生态文明背景下生态学课程的新要求

《全国环境宣传教育工作纲要（2016—2020年）》明确要求：在2020年要"形成与全面建成小康社会相适应，人人、事事、时时崇尚生态文明的社会氛围"①。2020年12月,中共中央宣传部、教育部印发《新时代学校思想政治理论课改革创新实施方案》,提出新时代中国特色社会主义理论与实践课程要深入分析生态环境等热点问题。该文件重点阐述了包含生态文明教育的思政工作课程体系建设要求,指明了课程建设在新时代思政工作和生态文明教育中的重要意义。

生态兴则文明兴,生态衰则文明衰。生态文明理论的发展,离不开生态学基本规律的支撑;生态文明建设更是以生态学为理论指南,生态学为其提供了坚实的科学依据。生态学理论在环保、资源开发利用及生物多样性保护等领域,发挥着不可或缺的作用。借助生态学理论与方法,深入探索自然界规律,解决生态破坏、环境污染、生物多样性保护及生物资源开发利用等问题,是生态文明建设的关键内容。作为生态文明的理论基石及生态文明建设体系的关键组成部分,生态学课程体系建设在生态文明教育的整体战略中具有重大意义。

大学生是未来生态文明建设的中坚力量,推动工业文明向生态文明迈进,是当代青年义不容辞的历史使命。生态文明教育作为新时代德育的关键内容,要求高校以习近平生态文明思想为指引,结合国家生态文明建设需求与生态学学科发展,着力培养具备系统生态学理论知识、生态文明意识及生态文化素养的人才。这些人才需能践行生态文明理念,拥有较高科学素养、生态学实践技能、创新与批判性思维,以满足国家生态建设和可持续发展需求。因此,大学生作为未来生态文明建设的主力军,系统学习生态学课程,掌握生态学规律,并将其创新性地应用于实践,具有重要的现实意义。

在生态文明建设视域下,生态学课程正面临着一系列新的挑战和要求,作者认为包括但不限于以下几个方面:

1. 与时俱进,适应新时代中国的发展需求

《中共中央国务院关于全面推进美丽中国建设的意见》所设目标的达成,关键在于开展系统的生态学教育,培育具备扎实专业知识与技能的人才队伍。且随着信息技术的迅猛发展,各类新技术、新工具层出不穷。因此,生态学课程必须紧密对接国家发展目标,重点培养既能满足生态文明建设需求,又熟悉现代技术(如GIS、遥感技术及生态模型等)的学术型与应用型人才,使其在生态监测、评

---

① 中华人民共和国生态环境部. 关于印发《全国环境宣传教育工作纲要(2016—2020年)》的通知[EB/OL].(2016-04-06)[2024-9-20]. https://www.mee.gov.cn/gkml/hbb/bwj/201604/t20160418_335307.htm.

价、规划、修复及教育等领域具备专业特长，切实为国家的绿色发展战略提供有力支撑。

2. 培养公民新时代背景下的生态价值观

在新时代背景下，生态文明教育的重要目标之一是培育具备新时期生态价值观的公民。生态学课程改革应紧密围绕《中国教育现代化2035》提出的八大核心理念，强调"以德为先"的教育导向，将生态价值观深植于教学各环节，以培养德智体美劳全面发展的社会主义建设者和接班人。

生态环境部环境与经济政策研究中心发布的《公民生态环境行为调查报告（2020年）》和《公民生态环境行为调查报告（2022年）》显示，我国公众生态文明意识呈现认同度高、知晓度低、践行度不够的状态。这表明，尽管生态文明建设已获广泛认可，但在具体知识普及与行动落实上，仍有较大提升空间。因此，生态学课程肩负着提升公民生态文明意识的重任，需通过教育引导公民形成正确的生态价值观，使其内化于心、外化于行。

在此背景下，新时代的生态学课程应着重凸显生态文明的重要性，将生态文明理念全方位融入教学过程。一方面着重培养学生的生态价值观，引导他们深入理解生态平衡、环境保护与可持续发展之间的内在联系；另一方面通过案例研讨、项目参与式学习等多样化的教学方法，促使学生将理论知识与现实生态问题紧密结合，切实提升其解决实际生态问题的能力。

3. 培养学生的国际视野和创新能力

在全球化背景下，生态文明建设往往具有跨国界的特性。因此，生态学课程必须注重培养学生的国际视野，通过国际案例研究、国际合作项目、海外交流机会等手段，使其深刻理解全球生态问题及国际合作的重要性。

生态文明建设是一个不断探寻新理论、新技术与新方法的长期过程。因此，课程应鼓励学生进行创新思维训练，积极引导他们开展创新性研究，全面培养科研能力和探索精神，充分激发其创新潜能，使其能够在未来的工作中提出新的解决方案，推动生态文明建设的持续发展。

4. 促进生态学的跨学科整合

生态学作为一个高度跨学科的领域，融合了生物学、地理学、气候气象学、土壤学、环境科学、资源科学以及信息与遥感技术等多学科的知识。在设计生态学课程时，应打破学科壁垒，促进各学科知识的交叉融合，以培养学生的综合分析能力；通过跨学科的课程设计，学生能够全面理解生态文明建设的复杂性与综合性，从而为未来在多领域开展生态工作奠定坚实的基础。

5. 与气候变化理论的融合

随着气候变化对生态系统的影响日益显著，生态学课程需要包含气候变化的相关内容，使学生了解气候变化对生态系统的影响，以及如何适应和缓解这些影响。具体可从四个方面展开：一是阐释气候变化的基本概念，如温室气体种类及升温原理，让学生明白气候变化的直接成因；二是探讨气候变化对不同生态系统的影响，借助海洋酸化影响珊瑚礁、干旱高温影响森林等案例分析，使学生了解气候变化对生物多样性、物种分布及生态平衡的作用；三是着重介绍人类适应气候变化的策略，包括生态恢复、物种保护和生态工程等；四是讲解缓解措施，如减少温室气体排放、发展可再生能源与提高能源利用效率，引导学生思考如何通过个人和集体行动减缓气候变化进程。融入气候变化相关内容后，生态学课程将帮助学生更为透彻地洞悉气候变化的科学原理及其生态影响，推动他们积极参与保护地球环境的实际行动，点燃其环保热情。

综上所述，生态文明视域下的生态学课程新要求，旨在培养具有全面知识结构、实践能力和创新精神的生态文明建设人才，为实现可持续发展和生态文明建设目标提供坚实的人才支持。

二、乡村振兴理念下的课程新要求

2021年7月，在庆祝中国共产党成立100周年大会上，习近平总书记向全世界宣告我国全面建成了小康社会，历史性地解决了绝对贫困问题。随着脱贫攻坚战的全面胜利，我国农村发展进入乡村振兴阶段，开启了乡村振兴新篇章。党的十八届五中全会提出了"创新、协调、绿色、开放、共享"五大发展理念；党的十九大则明确了实施乡村振兴这一重大战略部署。2018年中央一号文件进一步提出了"产业兴旺、生态宜居、乡风文明、治理有效、生活富裕"的二十字方针。这一方针使新时期乡村振兴战略的实施目标更加明确和具体，其核心在于，以全面建设乡村生态文明社会为着力点，系统性地应对并解决我国在新时期农业经济、环境和社会领域相互交织的复杂问题。

在生态学的视角下，乡村振兴的目标是构建一个兼具生物多样性和景观特色的可持续乡村生态系统。要实现这一目标，必须遵循生态学的"等级与尺度思维"，自上而下地妥善处理乡村生态系统中各个尺度下生物与环境之间的相互关系。习近平总书记在中共中央政治局第二十九次集体学习时强调"要推动污染治理向乡镇、农村延伸，强化农业面源污染治理，明显改善农村人居环境"[①]。如何实现乡村经济发展和农业农村生态环境保护的辩证统一，是当前研究的热点和重点。一方面，生态学的原理和方法可用来保护和改善乡村的自然环境，维护生态平衡，促进人与自然和谐共生；另一方面，生态学的研究成果为乡村振兴相关政策的制定和实施提供了科学依据。

我国在长期的农业发展历程中，对生态环境的破坏从未停止，因此全面贯彻绿色发展理念任重而道远。针对当前乡村振兴所遭遇的生态困境，通过乡村生态文明建设，转变农民的行为方式，将生态文明理念切实落地，进而推动农村生态文明建设不断向前发展，已成为当前的时代重任。生态学作为乡村生态化建设的理论基础和方法指导，发挥着不可或缺的作用。

当代大学生是实施乡村振兴战略的中坚力量，他们是有理想的奋进者、有本领的开拓者、有担当的奉献者。习近平总书记曾寄语广大学子要"以强农兴农为己任"，肩负起强农兴农的责任，服务于国家的乡村振兴战略。在实施乡村振兴战略的背景下，高校肩负着培育符合时代发展需求的高素质新人的重要使命。李林（2023）认为，从乡村经济发展、乡村政治建设、乡村文化繁荣、乡村治理能力、乡村生态文明五个维度来看，培育服务乡村振兴战略的时代新人，基础在于知识教育，关键在于能力培养，核心在于价值塑造。

因此，在乡村振兴的大背景下，生态学课程被赋予了新的时代使命。生态学课程需要根据乡村振兴背景下对人才的需求，对大学生有关乡村振兴方面的知识、能力、价值观方面进行针对性的培养，培养大学生在生态学系统理论的指导下探索促进乡村绿色发展的方向和道路，针对具体问题能提出自己的想法并论证解决办法的可行性，从而推动乡村绿色发展与生态文明建设相融合，共同建设美丽新农村。伴随着乡村振兴战略的深入推进，生态学课程的设置及其

---

① 新华社.习近平主持中央政治局第二十九次集体学习并讲话[EB/OL].（2021-05-01）[2024-9-21]. https://www.gov.cn/xinwen/2021/05/01/content_5604364.htm.

教学内容的更新显得尤为关键。作者认为，主要涉及以下几个方面：

（1）教学目标融入乡村振兴理念。在乡村振兴和绿色发展视域下，新的生态学课程目标需要充分考虑乡村发展对专业领域人才的需求及学校人才培养定位，以服务农村绿色发展为导向，尽快建立与当前形势相匹配的理论加应用型课程目标，将"乡村绿色发展""三农问题""山水林田湖草生命共同体"等核心内容和理念融入教学，充分发挥生态学的价值引领作用；更新和调整人才培养目标，与"乡村振兴"战略的要求相吻合，使大学生在具备生态学的基础知识、基本理论和基本技能的基础上，能从事生态循环农业、生态农业规划、农村生态环境保护与建设、农村生态旅游与生态管理等相关工作，毕业后可以更好地助力乡村振兴。

（2）课程内容对接国家重大战略需求。教育部办公厅发布的《新农科人才培养引导性专业指南》中提到，人才培养必须要对接粮食安全、乡村振兴、生态文明等国家重大战略需求，服务农业农村现代化进程中的新产业、新业态，促进专业设置与产业链、创新链、人才链深度融合、有机衔接。这就要求生态学课程亦要对接乡村振兴目标，培养学生的专业知识和实践能力，以满足国家战略需求和区域经济社会发展，如在生态学课程的理论教学过程中，融入与乡村振兴相关的前沿课程内容，及时将中共中央关于乡村振兴的政策、思想和文件精神传达给学生。

（3）乡村振兴产学研的科教融合体系。生态学课程要整合乡村振兴理念，以科教融合为纽带，以农村基层实践基地为载体，以农村现行运行机制为保障，多维驱动协同培养助力乡村振兴的专业人才；以科研项目带动教学改革，以科研促进教学，实现科研成果的教学资源化；依托与企业建立的合作模式，建立一系列有代表性的特色基地，进一步加强实践教学，完善基地实践实习的长效机制；建立有效的团队组织机制，形成科学管理的团队运行机制，构建国际化、协同化和集成化的多维驱动协同培养机制。

（4）课程考核内容融入乡村振兴理念。在日常考核和期末考试中，适当增加乡村建设和乡村发展相关内容；开设"乡村振兴第二课堂"专题学分，鼓励学生积极参与乡村振兴相关的学术交流活动，关注并深入了解乡村生态改造的成功案例，撰写调研分析报告，以此调动大学生的创新和科研积极性，营造良好的学术氛围。

综上所述，在新时代背景下，生态学与乡村振兴战略、生态文明建设密切相连，乡村生态文明建设更是国家生态文明战略尤其重要的一环。生态文明建设和乡村振兴战略密不可分，彼此渗透。但无论是乡村振兴中将生态资源变为财富的探索，是生态文明理念和生态文明建设的系统思维，还是采用科技的手段解决生态问题与绿色发展问题，生态学规律都是必不可少的理论依据，生态学课程的理论和实践都在乡村振兴战略、生态文明建设中起着不可取代的作用。所以，对传统的生态学课程体系进行完善、发展与改革具有重要的意义。

三、新时代背景下切合贵州省情的生态学课程改革

（一）贵州省生态环境与发展战略概述

作者所在的贵州省地处中国西南内陆地区，是长江、珠江上游重要的生态屏障，拥有丰富多样的生态系统，如喀斯特地貌生态、山地森林生态等，其生态环境现状具有显著的优势。根据2021年生态文明贵阳国际论坛数据显示，2020年贵州省森林生态系统服务功能价值达到8783亿元/年，其中涵养水源2520亿元/年、净化大气环境2450亿元/年、固碳释氧1413亿元/年。与2012年的4275亿元相比，贵州省森林生态系统服务功能价值增加了1.05倍。这一增长不仅凸显了贵州省在生态保护方面所做出的不懈努力，更彰显了其生态优势转化为经济价值的巨大潜力。根据2023年贵州省生态环境状况公报，全省生态环境质量保持优良水平。尽管贵州省在生态保护和乡村振兴方面取得了一定的成就，但仍面临着环境污染、生物多样性保护压力、气候变化影响以及生态补偿机制完善等挑战。

国务院印发的《关于支持贵州在新时代西部大开发上闯新路的意见》（国发〔2022〕2号）中，明确了贵州生态文明建设先行区的战略定位，强调支持贵州在新时代西部大开发上闯新路，在乡村振兴上开新局；文化和旅游部、国家文物局联合印发《支持贵州文化和旅游高质量发展的实施方案》中明确支持贵州发挥文化和旅游、文物资源的特点和优势，推动文化和旅游高质量发展。目前，在国家政策支持与指导下，贵州全面推进乡村振兴和新型城镇化建设，接续推进脱贫地区发展，深入开展乡村建设行动，大力发展现代山地特色高效农业。

近年来，贵州省在生态保护和乡村振兴方面取得了明显的成效。生态环境保

护责任制的落实、生态文明制度的创新、生态补偿机制的建立以及绿色金融政策的推动，都在不同程度上促进了贵州省生态环境的改善和农业农村的发展。这些政策的实施，不仅提升了贵州省的生态优势，也为乡村振兴提供了有力的政策支持。同时，贵州省也迎来了政策支持力度加大、生态旅游市场潜力提升、数字经济赋能乡村振兴以及农业产业结构优化升级等机遇。如何有效应对挑战、抓住机遇，将是贵州省未来实现生态优势与乡村振兴协同发展的关键。

目前，贵州省正大力推行大生态战略行动，秉持"生态产业化、产业生态化"的理念，推动生态经济的全面发展。例如，发展具有地方特色的山地农产品种植生态农业，以及依托丰富自然景观资源打造全域旅游新格局。在新时代生态文明建设全面铺开、贵州省积极推行生态优先和绿色发展的背景下，高校生态学课程作为培养生态专业人才的核心环节，迫切需要与省情紧密结合进行改革与创新，以满足地方生态保护和生态产业发展对人才知识与技能的特定需求。例如，占贵州省总面积一半以上的喀斯特地貌，其生态系统既脆弱又独特，对生态修复和生物多样性保护的技术人才需求尤为迫切。这就要求生态学专业的学生不仅要扎实掌握生态产业规划、生态价值评估等理论知识，还需具备相应的实践操作能力，以有效支持地方经济的绿色转型。

（二）当前生态学课程教学现状与问题剖析

作者所处的贵州中部的高校，百分之八十以上的学生都来自贵州山区，这些学生不仅拥有对家乡的深厚情感，而且具备在艰苦环境中磨练出的坚韧不拔的意志和勇于创新的精神。他们深知自身肩负着改善家乡面貌、推进生态文明建设的重大使命。在新时代的召唤下，贵州的大学生们正满怀热情、理想与抱负，积极迎接未来的挑战。

然而，当前贵州乃至全国多数高校生态学课程教学仍以课堂讲授为主，实践教学薄弱，对学生理论联系实际与创新创业意识的培养不足。一方面，授课多依赖通用教材，贵州本土生态案例及新兴生态产业知识融入少，知识体系滞后，如讲解生态系统演替未充分结合贵州喀斯特地区植被恢复案例，且未涵盖生态大数据应用等前沿内容。另一方面，虽部分高校开设了实验、实践课程，但问题突出，如实验多为验证性、与贵州复杂生态环境脱节、学生野外调查与生态修复技能锻炼不够、难以应对实际工作需要、实践课程常局限于"生态旅游"式参观调研、学生参与知识创新的机会少、创新能力提升受限、创新意识匮乏等。此外，还存在现代化教学手段运用不充分的问题，如 VR、GIS 等技术在展现贵州生态空间与资源监测方面应用缺失，学生只能从书本中的文字和二维图表中去想象复杂的生态场景，限制了知识的吸收与应用。同时，师资队伍建设存在短板，部分教师对贵州省情的了解与研究实践不足，与本地科研机构、企业交流合作有限，无法及时将前沿科研成果与行业动态融入教学。这些问题导致学生理论掌握不深入，实践操作能力不足，与社会对高校毕业生的能力期望存在差距。

传统的生态学教学模式已然导致了一系列问题：学生在实践中难以深入吸收和理解理论知识，导致对理论的掌握不够深入；课堂上学到的知识难以转化为实际操作技能，动手能力不足，导致了理论与实践的脱节。这与社会对高校毕业生的期望——不仅需要掌握专业技能知识，还应具备发现和解决问题的能力——形成了明显的差距。

故而，在高校生态学课程教学中融入生态文明思想、乡村振兴战略思想，对于培养贵州地方应用型人才，并使广大大学毕业生响应西部大开发战略，有意愿有能力深入基层、反哺家乡建设有良好的促进和指导作用。

（三）切合贵州省情的生态学课程改革策略

1. 课程目标的设定

生态学课程目标的设定须紧密结合贵州省的省情，响应贵州省作为国家生态文明试验区的战略需求，以培养具备生态保护意识、掌握生态农业技术、能够参与乡村生态治理的复合型人才为目标。课程内容应涵盖生态学基本原理、农业生态学、生态工程、环境监测与评价等，以满足乡村振兴对具有生态学知识和技能的人才的需求；强化学生的生态文明与绿色发展理念，并促进学生积极主动地参与贵州省生态文明实践。

实施新的课程目标，预期将达到以下成效：

（1）**提升生态保护能力**：学生能掌握生态保护的基本知识和技能，并能将其利用到贵州省的具体生态保护项目中（如喀斯特石漠化治理）。

（2）**强化绿色发展理念**：学生将深入领会生态文明建设的重要性，养成绿色低碳的生活习惯和可持续发展的经济思维，为贵州省的绿色发展贡献智慧和力量。

（3）促进生态文明实践：学生的实践活动将有助于推动贵州省生态文明建设的具体项目，如生态农业、生态旅游等，实现经济发展与生态环境保护的双赢。

生态学课程的实施将使大学生对贵州省乡村振兴产生如下助力：

（1）促进贵州现代农业可持续发展：通过应用生态农业技术，提高贵州省农业生产的可持续性，增加贵州省农民收入，推动农村经济的发展。

（2）改善农村生态环境：通过主持、参与生态保护项目的实施，改善贵州省农村生态环境，提升农村居民的生活质量，为乡村振兴提供良好的生态基础。

（3）培养乡村振兴人才：生态学课程将培养一批具备生态保护意识和技能的人才，为贵州省乡村振兴提供人才支持，推动乡村经济、社会和环境的协调发展。

本课程目标基于生态文明和乡村振兴两大战略背景提出，紧扣贵州省省情，旨在培养既具有扎实的生态学理论基础又具备实践能力的新时代应用型人才，为贵州省乃至全国的生态环境保护和可持续发展作出贡献。

2. 优化课程内容架构

积极组织贵州高校教师编写具有地方特色的生态学补充教材或案例集，内容可涉及喀斯特生态修复、贵州湿地保护及民族生态文化等，系统梳理贵州典型生态系统的形成、问题与治理措施，确保理论阐释紧密贴合本土实例；紧密跟随贵州生态产业的发展趋势，新增生态产业经济学、生态旅游规划与设计、生态农产品品牌打造等选修课程模块，拓展学生知识视野，为其投身地方生态产业奠定坚实的技能基础。

3. 创新教学方法体系

提高实践教学比重，构建多个省内生态实习基地，包括赤水丹霞地貌生态实习基地、梵净山生物多样性实习基地等，开展长期野外生态监测及生态修复工程实习项目，助力学生在实地操作中提升专业技能；融合信息技术赋能教学，借助VR技术构建贵州典型生态场景虚拟实验室，使学生能够沉浸式体验洞穴生态系统结构；利用GIS开展贵州生态资源空间分析实践教学，将抽象的生态数据可视化，以有效增强学生的空间分析与决策能力。

4. 提升师资队伍素养

定期组织教师参与贵州省生态调研活动，深入了解当地生态环境现状及存在的问题，积极鼓励教师投身地方生态科研项目，如喀斯特石漠化综合治理课题，以此积累本土研究经验，并反哺教学实践；搭建高校、科研机构与企业间的交流平台，邀请贵州省生态环境厅的专家及生态企业的技术骨干进校讲学，同时选派教师到企业挂职锻炼，以促进师资队伍的知识更新和实践转化能力的提升。

（四）改革成效预期与展望

通过上述课程改革举措实施，预期能培养出一批熟悉贵州省省情、精通生态学专业知识与技能的高素质人才。这些人才将在贵州生态保护一线，如自然保护区管理、生态环境监测部门，以及生态产业前沿，像生态农业企业、生态旅游规划公司等发挥关键作用，为贵州省新时代生态文明建设与绿色发展注入源源不断的智力支持，持续推动贵州生态优势向经济优势、发展优势转化，打造美丽中国"贵州样板"。

新时代为贵州省的生态学课程改革带来了新的使命。紧密契合省情，优化课程设置是提升人才培养质量、服务地方发展的关键。只有持续关注贵州的生态动态，并不断创新教学方法，在高校生态学课程体系中融入生态文明和乡村振兴战略的理念，才能有效培养出适应贵州地方需求的应用型人才。这不仅有助于激发大学毕业生响应西部大开发战略的热情，还能增强他们深入基层、回馈家乡建设的意愿和能力。

第二章

生态文明教育与生态学

第一节 生态文明的概念及基本理论

一、生态文明的概念

"生态文明"一词由"生态"和"文明"组合而成。"生态"一词（Eco-）源自古希腊字，通常是指生物的生存（或生活）状态，以及生物之间和生物与环境之间的关系，有时候也包括生物的生理特性和生活习性。"环境"概念的提出，最早仅是指自然环境，随着人类活动对自然环境的深度渗透，"环境"的范围已扩展到人类社会环境。而目前提到的"生态环境"是将人类还原为地球生命系统的物种之一，"生态"的概念就具有了包含人类在内的地球所有生物的普适性，在一定意义上突破了"人类中心主义"理念的局限。

"文明"一词的内涵具有中外文化差异性。英文中的"文明"（Civilization）一词源于拉丁文"Civis"，含义为人民生活于人类社会中（城市、集团等）的能力；而中国传统中的"文明"一词，最早出自《易经》的"见龙在田，天下文明"（此处的"文明"一词更倾向于是一个形容词），在现代汉语中，"文明"指一种社会进步状态（此处的"文明"一词兼具名词和形容词的属性），与"野蛮"相对应。在本书中，"文明"的含义融合了中西方文化，暂且定义为："文明"是指人类所创造的物质财富、精神财富的总和。马克思曾说："任何理论都不可能凭空出现，而是对现实的反映，植根于一定的社会历史条件，是对前人思想成果的继承发展。它是立足于当下的历史现实，并在继承前人思想理论的基础上所提出的。""生态文明"理论也是随着社会发展不断发展的，中外学者们从各自的研究领域、学科背景中给出了不同的回答。

对于"生态文明"的定义和内涵，目前尚无权威的说法。目前国内学者比较公认的生态文明的基本内涵包括生态文明意识、生态文明制度、生态文明实践三方面相辅相成、辩证统一的内容，其中生态文明意识包括生态价值观、生态道德观等生态理念，是生态文明建设的理念内核；生态文明制度包括生态法律、规范、政策等内容，是生态文明意识由理念走向实践的关键环节和基本途径，是生态文明意识和生态文明实践的制度保障；生态文明实践包括生态生产方式、生态消费方式、生态生活方式等方面的实践，是对生态文明意识的最终落实和具体体现。生态文明的产生是历史必然性和现实合理性的统一。

中国传统文化里的生态文明理念要求尊重生命、善待生命，这与现代西方的生态伦理学有许多契合点。环境与经济发展之间出现的尖锐矛盾，使得中外学者越来越关注中国古代的生态文明思想。本章试从现代生态文明的立场上来寻找与中外传统生态文明理念的契合之处。

二、中国生态文明的发展史

（一）中国传统文化中的"生态文明"

生态文明，是人类在与自然环境长期博弈的进程中逐步孕育发展起来的。回溯中国历史，在漫长的原始文明与农业文明时期，受限于生产力水平，人类的采集、狩猎、耕种等生产活动高度依赖自然环境，于是中国古人创造出土地神、风神、雨神、山神等自然神，以及丰富多彩的自然崇拜文化。这些崇拜不仅体现为意识形态上的信仰，更在保护自然、顺应自然方面发挥了重要作用，堪称人类早期生态文明思想与实践的雏形。随着自然崇拜的发展，"天命说"（又称"天命论"）应运而生。该思想将"天"奉为神明，认为"天"主宰自然变化、社会运行及人的命运，人类只能屈服顺从。"天命说"作为中国最早的环境观，可视为"生态文明"的萌芽意识。

中国传统文化蕴含着尊重、顺应与保护自然的生态文明思想。从神话传说到经典著作，从"盘古开天辟地""女娲造人"，到《周易》的"有天地，然后万物生焉"和《道德经》的"道生一，一生二，二生三，三生万物"，皆传递出万物源于天地、同根同源的生态观念。在生态意识文明方面，中国传统文化提出"天人合一""万物平等"（西方称"尊重生命"）、"道法自然"（遵循自然规律）等思想；生态实践文明层面，中国传统文化里的理论成果体现为"与天地相参""中庸""和合"思想;生态制度文明领域,"圣王之制"和"王者之法"等一系列律令是其重要体现。

诸多现代生态学和哲学学者在汲取传统文化精髓的基础上,融合新时代中国特色社会主义,拓展了生态文明的内涵,为中国传统生态文明思想注入了鲜明的时代特色,使其焕发出与时俱进的勃勃生机。

1. 中国传统文化里的生态文明意识

(1)"天人合一"思想。"人与自然界的和谐"是中国自古至今生态文明思想的哲学基石。这一理念自周代发轫,历经两千余年的中华文明洗礼,不断充实与完善,最终铸就了代表中国生态文明哲学独特的思想体系。

《周易》最早明确提出了"天、地、人"三才之道的伟大思想:"有天道焉,有人道焉,有地道焉。兼三才而两之,故六。六者非它也,三才之道也。"(《易传·系辞下》)所谓"三才之道",是指人与自然休戚与共、和谐共生的理念。盘古创世、共工怒触不周山神话体现的是天、地、人各行其道的理念;《易经》体现的是人可以向天、地学习,与天、地相通,通过"法天正己""尊时守位""知常明变",以"开物成务"改变命运的理念。

古人强调在天、地、人的关系中不仅要按自然规律办事,还要在遵从自然规律的条件下采取积极的态度,以谋求天、地、人"三才之道"的和谐,以天、地、人三才之理作为自然法则,建立有条理的世界体系。如《周易·系辞下传》中所言:"天地变化,圣人效之。"[①] 老子的"三生万物"思想,实质就是"三才之道"思想的延伸;而孔子认为天、地、人三才中每才都有两种变化可能:天有阴阳,地有柔刚,人有仁义。

"天人合一"思想亦始于《周易》:"夫大人者,与天地合其德,与日月合其明,与四时合其序,与鬼神合其吉凶。先天而天弗违,后天而奉天时。"[②] 老子在《道德经》中的"生而不有,为而不恃,长而不宰"[③],体现了人与万物平等相处、善待万物、不干预万物、顺应自然之道的理念;而庄子的"天人合一"思想更关注人的精神层面,如"天与人一也"(《庄子·秋水》)、"天地与我并生,万物与我为一"(《庄子·齐物论》)认定的"天人合一"理念就是人与自然相合、人与

---

① 杨天才. 周易 [M]. 北京:中华书局,2017.
② 同上。
③ (春秋)老子. 道德经 [M]. 陈徽,译注. 上海:上海古籍出版社,2023.

万物一体，庄周梦蝶正是庄子"物我合一"思想的体现。

道家秉持"道法自然""天人一体""以道观之，物无贵贱"的思想，强调人是自然的一部分，人与自然万物平等共生，主张人类在遵循自然规律的前提下，可积极发挥主观能动性，合理利用、改造自然。道家"天人合一"理论的思想境界跳出了"人类中心主义""经济中心主义"的功利性，呈现出超脱人类现实社会的道德美学。

儒家的"天人合一"主要是人与义理之天、道德之天的合一，对道家的"天人合一"思想进行了延伸和发展，作出了显著的贡献。关于何为"天"，儒家代表人物孔子说："天何言哉？四时行焉，百物生焉，天何言哉？"[1]儒家的"天人合一"思想主张人要认识自然运行规律："天行有常，不为尧存，不为桀亡。应之以治则吉，应之以乱则凶。"[2]倡导爱护自然、保护自然，人与自然和谐发展，不能因欲望破坏自然运行规律："君子惠而不费，劳而不怨，欲而不贪。"[3]"食之以时，用之以礼，财不可胜用也。"[4]孔子认为"昔者圣人之作易也，将以顺性命之理。是以，立天之道，曰阴阳；立地之道，曰柔刚；立人之道，曰仁义。"(《说卦传》)孔子推崇"天命论"，把"天"置于很高的地位，认为"谋事在人，成事在天，天命无处不在"，就连道德、文章都是"天"之所赐——"天生德于予""天之未丧斯文也，匡人其如予何？"孔子的"天人合一"思想由"天命"到了"人性"，主张人应该顺应天命，通过修养自身，实现与宇宙的和谐共处，这一思想对后世产生了深远的影响。

而孟子理念中的"天"主要指道德层面，因此，孟子的"天人合一"思想实质上是人与道德之"天"的融合。他认为，理解人性即可洞悉天意，故而天与人本质上是合而为一的。如其所说"尽其心者，知其性也；知其性则知天矣"(《孟子·尽心上》)，人性乃"天之所与我者"(《孟子·告子上》)以及"仁义礼智，非由外铄我也，我固有之也"。孟子以"诚"（即真实无妄）这一概念作为"天人合一"理论的指向："诚身有道，不明乎善，不诚乎身矣。是故诚者，天之道也；思诚者，人之道也。"(《孟子·离娄上》)《中庸》认为"诚者物之始也，不诚无物"，

---

[1] （春秋）孔丘. 论语[M]. 长沙：岳麓书院，2000.
[2] （战国）荀况. 荀子[M]. 上海：上海古籍出版社，2014.
[3] （春秋）孔丘. 论语[M]. 长沙：岳麓书院，2000.
[4] （战国）孟轲. 孟子[M]. 长沙：岳麓书院，2000.

把"诚"视为天地万物存在的根本,进而要求人以"诚"这一道德修养达到"天人合一"。汉代董仲舒认为"天地人万物之本也。天生之,地养之,人成之"(《春秋繁露》),即虽然天、地、人三者处于不同的位置,发挥着不同的作用,但是它们是"合而为一"的。程颢在《河南程氏遗书》认为,人与天地万物是一体的,因而人对天地万物要施以仁爱之德:"若夫至仁,则天地为一身,而天地之间品物万形为四肢百体。夫人岂有视四肢百体而不爱者哉?"[①]朱熹认为仁是"天地万物之心":"在天地则块然生物之心,在人则温然爱人利物之心。"(《朱文公文集》)明代王阳明认为"大人之能以天地万物为一体也,非意之也,其心之仁本若是,其与天地万物而为一也……是乃根于天命之性,而自然灵昭不昧者也,是故谓之'明德'"(《大学问》),即"天地万物一体",万物根源于"天命之性",人要施之"悯恤之心"和"顾惜之心"。

中国现代著名的哲学家、哲学史家、国学大师、北京大学哲学系教授张岱年先生(1985)认为"天人合一"的含义是:"人是天地生成的,人与天的关系是部分与全体的关系,而不是敌对的关系,人与万物是共生同处的关系。""《周易大传》主张'裁成天地之道,辅相天地之宜''范围天地之化而不过,曲成万物而不遗',是一种全面的观点,既要改造自然,也要顺应自然,应调整自然使其符合人类的愿望,既不屈服于自然,也不破坏自然。以天人相互协调为理想。"[②]季羡林(1994)提出,只有依托中国传统哲学的"天人合一"思想才能面对并解决日益深重的生态危机,"天人合一"思想非常值得当代学者进一步深入研究,发扬东方思想的有益价值关系到人类未来的命运。汤一介(2013)认为,"天人合一"思想作为一种哲学的思考,一种思维模式,能够为人们解决当前生态问题提供积极的思路。

中国传统文化中的"天人合一"思想丰富而复杂,精华和糟粕并存,我们需要理论联系实际,古为今用,正确地发掘"天人合一"的有益思想价值,以指导生态文明建设中存在的人与自然的冲突性问题。

(2)万物平等、尊重生命的思想。道家的"物无贵贱"、儒家的"仁民爱物"、佛家的众生平等等都表现出尊重生命的理念,墨家的兼爱思想也希望人们用关爱万物的"大爱"来处理人与自然、人与人的关系。

[①] 朱熹. 河南程氏遗书一册[M]. 北京:商务印书馆,1935.
[②] 张岱年. 中国哲学中"天人合一"思想的剖析[J]. 北京大学学报(哲学社会科学版),1985,(1):1-9.

道教认为:"道"即是生命本体,要追求和效法"道"就要做到尊重和善待生命;"物无贵贱",一切生命都是平等的。《庄子·秋水》说:"万物一齐,孰短孰长?……以道观之,物无贵贱,以物观之,自贵而相贱。"《庄子·马蹄》讲:"同与禽兽居,族与万物并。"《列子·黄帝》说:"然则禽兽之心,奚为异人?……禽兽之智,有自然与人童者,其齐欲摄生,亦不假智于人也……牝牡相偶,母子相亲。"即认为动物有着和人类一样的智慧与情感。以上这些都体现出了万物平等、尊重生命的生态文明思想。道教学者胡孚琛先生(1999)说:"道教将整个宇宙都看作生命体,地球也就是如同母亲的躯体。地球上的山林、树木、犹如毛发;星罗棋布的河流湖泊,犹如血管;水如血液,风如气息,日月如眼睛;地球上千万生灵,都是同一母亲的子女。"这和美国生态哲学家莱奥波尔德(Aldo Leopold)提出的大地伦理学(1949)概念殊途同归——"把大地上的山川河流、鱼虫鸟兽和花草树木视为一个有机体,人只是其中的一个不可分割的组成部分。"但大地伦理学提出该理念,比中国晚了几千年。以生命为中心的道教生态伦理,主张天人协调,认为对破坏自然、伤害生命的行为应给予严厉惩罚,倡导的是"慈心于物""守道而行"的人生宗旨,其深厚的文化底蕴对于解决当今面临的生态危机,恢复人与自然的和谐关系、重塑现代人的生命价值观具有非常大的促进作用。

儒家"仁民爱物"的生态文明观体现着众生平等、物无贵贱的生态思想。孔孟的"仁民爱物"关注的是人际道德,属于"人类中心主义"的范畴。孟子认为"爱"与"仁"是有区别的:他虽然主张爱护生命,但对生物不必讲"仁";物(主要是指六畜牛羊之类)由于它们可以养人,因而爱育之,这里爱物的目的是人。汉代董仲舒认为"质于爱民,以下至鸟兽昆虫莫不爱。不爱,奚足以谓仁?"(《春秋繁露·仁义法》),把道德范畴扩展到生命和自然界,完成了儒家"仁"从"爱人"发展到"爱物"的转变,即生态道德关心从人的领域扩展到生命和自然界,跳出了"人类中心主义"的范畴。宋代以后儒家的思想家把"仁"与整个宇宙的本质和原则相联系,把"仁"直接解释为"生",即解释为一种生命精神和生长之道。朱熹表达的"盖仁之为道,乃天地生物之心,即物而在"(《仁说》),就是指仁作为"天地生物之心"使万物生长发育、生生不息,是"众善之源"和"百行之本"。清代思想家戴震进一步提出"生生之德"就是仁,宣扬赞助天地的"生生之德",并把实行这种德行称之为"仁",大大发展了道德关怀的范围。

公元前 3 世纪的《吕氏春秋》明确提出尊重生命的思想，它比施韦兹提出的"尊重生命的伦理学"早两千多年。《吕氏春秋》提出了系统的有生态文明意义的生命观："所谓尊生者，全生之谓也"，即尊重生命也就是保全生命。《吕氏春秋·贵生》提出："天地大矣，生而弗子，成而弗有。故万物皆被其泽，得其利，而莫知其所由始。此三皇五帝之德也。"它的意思是说：天地是伟大的，它生育万物，却不把万物看成自己的儿子；它长养万物，却不据为己有；万物都受它的恩泽，得到它的利益，却不知道这些好处是从哪里来的，这就是三皇五帝的品德——这比上帝造物论中"上帝具有主宰和统治万物的权力"的思想走得更远。

传统文化思想和现代的生态文明建设一致认为，人与万物是共生共存的。人的利益或需要不仅受人类社会自身的制约，而且受自然规律的约束，只有遵循人与自然统一与协调的原则，才能维护好大自然的生态平衡。只有地球生物圈中的每个物种和谐共存，人类才能得以延续和发展。因此，作为自然界的一分子，人类应以平等的态度看待万物，尊重并善待生命，摒弃以人类为中心的自大狂妄心态，承认地球上所有生命都享有生存和发展的权力。尊重生命是人类最高的德行。

（3）"道法自然"思想。既然人是自然的一部分，万物又都是平等的，那么应该如何去处理人与自然的关系呢，道家提出了"道法自然"的主张。"道法自然"是基于宇宙整体性视角所提出的生态文明理念。老子把"道"提升到宇宙观的高度："道者万物之奥"即"道"先于天地存在，并产生了天地万物；"道常无为而无不为"即"道"是世界万物运行的基本规律，"道"虽无为，但世界上没有任何一件事物不是它所为，因而"人法地，地法天，天法道，道法自然"即"道"以自然的本性为法则；"以辅万物之自然而弗敢为"即"道"是人类追求的最高境界，顺应自然法则是人的最高的德行。

老子的"道生万物"思想从整体上构建了他对生态的认知：人与自然万物都是由"道"化生的，"道"是宇宙万物的本源，是万事万物运动的规律，是人们行动的准则。老子以"道"表述对世界的看法，并且从"道"到"德"："道生之，德畜之，物形之，势成之。是以万物莫不尊道而贵德。道之尊，德之贵，夫莫之命而常自然。故道生之，德畜之，长之育之，亭之毒之，养之覆之。生而不有，为而不恃，长而不宰，是谓玄德"。他认为所谓"德"就是合乎"道"（可理解为"自然万物的运行规律"）的行为，所谓"道"使万物得以生长，"德"使万物得以繁殖；

万事万物各自形成其形态并且成就其功能。生长万物而不据为己有，滋养万物而不自居其功，引领万物而不强加主宰，此乃道家所言至深至高的"道德"。

《庄子》主张，"道"乃万物生成与归宿的终极根源，既是自然万物的本源，亦为人类社会与人生的本源，揭示了万物诞生与演化的核心原理。《大宗师》认为"道"在时空上是无限的，在时间上、在逻辑上具有先在性，即"道"在宇宙万物之先。"道法自然"强调万物在"道"之中，"道"在万物之中——在自然界中，"通于天地者德也，行于万物者道也"（《天地》）；在微观层面，"道"无所不在，"在蝼蚁""在稊稗""在瓦甓""在屎溺"（《知北游》）；社会人生无处不有"道"。《老子》所论的"常道"与"可道"，揭示了"道"的双重属性：一方面，"道"是无边无际、不可穷尽的，体现了其不可知性；另一方面，蕴藏于天地万物之中的"道"却又具备可知的特性。"道法自然"不仅揭示了"道"自身的真实存在和意义，而且揭示了宇宙万物的真实存在和意义，这是我国传统文化中非常超前的生态宇宙观。

"天人合一""物无贵贱""道法自然"是中国传统文化中生态文明意识的代表思想，这种生态思想是中华文化的重要组成部分，亦是现代生态伦理的基石和思想源泉。中国传统文化中的生态文明意识虽然是在传统的小农社会孕育出的朴素观点，但蕴含在其中的生态道德和生存智慧成为支撑环境保护的重要因子，并长久以来逐步渗透在中国生态文明制度建设的理念之中。

2. 中国传统文化里的生态实践文明

（1）"自然无为"的实践观。老子的"自然无为"思想是从实践出发考虑生态问题的鼻祖。他的"自然无为"中"自然"的含义是指万物顺应本性、自由自在发展的过程和状态（生态规律），"无为"是指人类顺应自然规律而采取的相应行为（生态实践）。老子由"道法自然"推至而出的"无为而治"中的"无为"，不是无所作为、无所事事，也不是任意妄为，而是在不违天理、不违大道、不违自然、不违常恒、不违无性、不倒行、不逆势、不害物性条件下积极"有为"的实践方式，即在遵循自然规律和万物生长规律的基础上，顺应万物的本性发展规律，不以主观原因加以外力干涉、不因私欲而强制作为，要以"无为"的方式达到"无不为"的境界，顺应自然规律来解决各种生态问题。老子认为自然本身是无为的，世间万物都自动自觉地遵循其生存发展的规律，但人的"有为"却是一种以自我为中心、违背了事物原本状态的"妄为",因此要达到和谐的生态实践效果,就必须让人的"有为"效法自然的"无为",以"无为"的态度去"有为",不强加干预,不肆意妄为,从而使事物以其本性自然而然地生存和发展。

老子"自然无为"思想的重点在于：实践要尊重客观事物的运行法则,不以人的主观臆造去改变事物的发展规律,力图通过遵循自然规律来消除人的"妄为",从而保持人类与天地万物之间的和谐与平衡。老子的"无为而治"理念对现代生态文明实践具有极为深远的启示。但老子的这种主张过分地强调了人对自然的顺从性,认为自然万物应该保持没有完全发展的原始状态（即"自然高于人类文明"）,否定了人与万物的进步,忽视了人的主观能动作用的发挥,总体上呈现出一种消极无为的倾向——这也是中国古代对人类的科技发展作出了巨大贡献,但工业革命却没能在中国发生的思想根源之一。

道教的"无为而治"思想受到了国外生态学者的高度赞赏：英国学者李约瑟说："就早期原始科学的道家哲学而言,'无为'的意思就是'不做违反自然的活动',即不固执地要违反事物的本性,不强使物质材料完成它们所不适合的功能。""环境伦理学之父"霍尔姆斯·罗尔斯顿（Holmes Rolston）说："道教徒的方法是对自然进行最小的干涉,相信事物会自己照管好自己。如果人类对事物不横加干扰,那么事物就处在自发的自然系统中。"另外,以生命为中心的道教生态观,主张对破坏自然、伤害生命的行为给予严厉惩罚,也是非常具有现实意义的,对于解决当今面临的生态危机,恢复人与自然的和谐关系具有很好的参考价值。

（2）"与天地相参"的实践观。"与天地相参"是建立在"天人合一"思想基础上的生态实践观。《礼记·经解》云："天子者,与天地参,故德配天地,兼利万物,与日月并明,明照四海而不遗微小。"即天、地、人三者相互作用、兼利万物,这是和谐发展与协同进化思想的萌芽。《黄帝内经·灵枢》主张"人与天地相参也,与日月相应也",从生命科学的角度阐述了人类与自然互动的实践原则：我们应将人与自然视为一个有机的整体,而非孤立地看待自身；我们应如同日月一般,采取相应的行动和反应,以适应自然界的种种变化。"与天地相参""与日月相应"提醒我们要尊重自然、保护环境,同时也要从中找出认识自然规律和适应这些规律的法则以顺应自然的变化,从而调整自己的行为和反应。

（3）"和合"的实践观。张立文认为，"和合"是中国文化的精髓，亦是被各家各派所认同的普遍原则。无论是天地万物的产生，人与自然、社会、人际关系，还是道德伦理、价值观念、心理结构、审美情感，都贯通着"和合"。

"和合"两字最早见于甲骨文，意指和谐。西周末年思想家史伯提出"和实生物，同则不继"的深刻思想。史伯在《国语·郑语》里说："和实生物，同则不继。以他平他谓之和，故能丰长而物归之。"意为万物之间彼此和谐，则可生长发育；如果世间万物完全相同一致，则无法发展。"和"是指不同事物和因素结合却稳定平稳的状态，是差异性和多样性的统一，这个观念完美对应了生态学规律里的"生物多样性"原理；而"同"指完全相同的事物/因素组合，"同则不继"意指没有任何差异的万物组合是不能产生新事物的，这与"可持续发展"的思想是完全一致的。简而言之，史伯的观念是："和"能生生不息，"同"则不能持续发展，它对于现代生态文明实践的发展仍具有重要的参考价值。

"和合"思想在诸多文化经典中多有阐述。《周易》提出"保合太和"，倡导保持大自然的和谐，使万物各得其所、各得其宜；朱熹在《仁说》里提出"元亨利贞"四德，用以阐释事物遵循时序进行无限循环的运行规律，表达了世界的统一性；荀子在《荀子·富国》中说"若是则万物得宜，事变得应，上得天时，下得地利，中得人和"，体现的是自然协谐和合的理念；荀子的《天论》认为"万物各得其和以生，各得其养以成"，即万物因为各自和谐的环境而得以生存，因得到了各自需要的营养（生态学称之为"生态因子"）而成长；董仲舒的《春秋繁露·循天之道》中说"和者天地之所生成也"，认为"和合"是万物生成与发展的机制。

中国古代文化蕴含深刻的生态文明思想与实践，其内容久远且丰富。若能深入挖掘传统文化中更多有价值的生态文明实践内容，中国文化将为现代生态文明发展作出更大的贡献。

3. 中国传统文化里的"生态制度文明"

中华民族有博大精深的生态智慧，不仅把热爱土地、保护自然等生态文明理念融入我国的传统文化，而且将古代生态文明思想法制化，将生态文明行为与政治、法律相结合。周文王时期颁布的《伐崇令》旨在约束砍伐树木和破坏牲畜的行为；汉墓竹简《二年律令》中"春夏毋敢伐材木山林……燔草为灰"的规定，用以保护自然资源；《齐民要术》记载，魏晋时期人们甚至将种树植桑等环保措施提升至维护"国本"的高度；《隋书》等文献记载隋唐推行"均田制"；秦朝的《田律》涵盖了农业生产与山林保护的法律条款，充分体现了"以时禁发"、合理利用自然资源的原则；《唐律》不仅包含保护水土、植物、动物资源的法令，还严格规范了人们的日常耕种、渔猎活动，并详细规定了违反相关禁止性规定的惩罚措施。隋唐时期全面的生态文明法制，反映了这一阶段生态文明建设的显著进步。

中国古代不仅有着深刻而成熟的生态文明思想，也有付诸实施的环境保护工作和官职。世界上最早的环保部门，可追溯至中国三皇五帝时期，由大舜创设的中央环保机构——"虞"；秦朝的环保机构为少府，少府下设置有林官、湖官、陂官和苑官；大汉朝的环保机构改成了水衡都尉；魏晋以来，概称虞曹、虞部；隋代以后虞部属工部尚书；《唐六典》记载，虞部的主要职责为"掌管天下虞衡山泽事务，并辨明其时令禁制"，同时规定设立山林自然保护区，并根据物候等要素实施相应的环保禁令；明改为虞衡司，清末始废。

史载，大舜任命的第一任虞官伯益是中国最早的环保官员，后又设置大司徒和虞部下大夫；东汉设司空一职"掌水土事"，也是针对环境保护的官员；唐宋以后至清末，虞、衡都为环保官员职务。

（二）中国现代生态文明的发展

1. 中国环保意识觉醒及生态文明探索期、开创期

自中华人民共和国成立到改革开放前夕，是中国特色生态文明的探索期与开创期。中华人民共和国成立后，中国发展迅猛，仅用几十年便走过了发达国家历经数百年的工业化历程。然而，伴随科技进步与工业化发展，各类环境问题也接踵而至。在促进国家工业化与城镇化发展、提高民众生活质量的过程中，如何最大限度地减少对自然环境的损害，寻求二者之间的平衡，是中国亟待解决的关键问题。中华人民共和国成立初期，党的第一代领导人毛泽东同志发出了"绿化祖国"、使祖国"到处都很美丽"的号召，这一战略贯穿了自中华人民共和国成立至今70多年的生态文明建设历程中。1972年，我国政府派出代表团参加联合国人类环境大会；1973年在北京召开了第一次全国环境保护会议。"环境保护"成为20世纪中后期中国生态文明观的主流理念。

在这一时期,中国在继承传统文化中的生态文明理念的同时,积极吸收并借鉴西方发达国家在生态文明领域的先进理论,不断探索符合中国特色的生态文明思想体系。

2. 生态文明法制化起步期和完善期

改革开放之初,国家战略重心向"以经济建设为中心"转移,以邓小平同志为核心的党的第二代中央领导集体,将环境保护上升为我国的一项基本国策,更加注重组织机构建设,奠定了我国环境保护法制化、制度化和体系化的基础。邓小平同志将毛泽东同志"绿化祖国"的号召进一步丰富和拓展,提出了"植树造林,绿化祖国,造福后代"的新举措、新目标和新使命,并首次明确了"坚持一百年,坚持一千年,要一代一代永远干下去"的新要求。

以江泽民同志为核心的党的第三代领导集体,把推动"可持续发展战略"列为指导我国经济社会发展的重大战略。1994年3月,我国发布了《中国21世纪议程——中国21世纪人口、环境与发展白皮书》,明确了中国"走可持续发展道路";1995年9月,党的十四届五中全会《关于制定国民经济和社会发展"九五"计划和2010年远景目标的建议》,将"实现经济社会可持续发展"正式写入党的重大战略文件;1997年,党的十五大把"可持续发展"作为战略思想首次写入党代会报告,要求坚持保护环境的基本国策,正确处理经济发展同人口、资源和环境的关系;2002年11月,党的十六大提出要全面建设小康社会,正式将"可持续发展能力不断增强"设为全面建设小康社会的重要目标之一。

"可持续发展"是20世纪90年代以来中国生态文明发展的核心关键词。自20世纪90年代起,我国持续推进资源与环境立法工作,修改后的《刑法》将"破坏环境资源保护罪"列为犯罪,并明确了"环境保护监管失职罪"的规定。

在此阶段,中国积极回应联合国的生态保护与应对气候变化倡议,相继签署了《联合国气候变化框架公约》《生物多样性公约》等国际性文件,并对联合国千年发展目标及《2030年可持续发展议程》均给予了积极响应并郑重承诺。

3. 中国特色社会主义生态文明建设理念确立期

2003年10月,中共十六届三中全会上明确提出"科学发展观":树立和落实全面发展、协调发展、可持续发展的科学发展观,坚持在开发利用自然中实现人与自然的和谐相处;2004年3月,胡锦涛总书记在中央人口资源环境工作座谈会上指出，要实现自然生态与社会经济系统的良性循环，必须摒弃以牺牲环境和浪费资源为代价的粗放型增长方式，不能为一时经济增长、眼前或局部发展，损害长远与全局利益；2004年9月，党的十六届四中全会审议通过了《中共中央关于加强党的执政能力建设的决定》，首次提出了"构建社会主义和谐社会"的概念；2005年10月，党的十六届五中全会通过了《中共中央关于制定国民经济和社会发展第十一个五年规划的建议》，首次把建设"资源节约型"和"环境友好型"社会确定为国民经济与社会发展中长期规划的一项战略任务，提出大力发展循环经济，加大环境保护力度，切实保护好自然生态，认真解决影响经济社会发展特别是严重危害人民健康的突出环境问题，在全社会形成资源节约的增长方式和健康文明的消费模式；2007年10月，党的十七大首次将"生态文明"写入党代会报告，详细阐述了生态文明建设的若干路径、发展目标及表现方式等问题。此次大会首次将生态文明与社会主义物质文明、精神文明、政治文明并列，共同构成中国特色社会主义社会文明形态的重要组成部分。

自此，中国"生态文明建设"理念正式确立。这一理念针对当代中国如何科学统筹人与自然关系这一历史与时代命题，给出了理论解答，成为人类与自然关系史上的重要里程碑。它推动人类文明发展理念、道路与模式实现重大进步，引领人类社会迈向崭新的文明形态。

4. 新时代中国特色社会主义生态文明时期

党的十八大以来，以习近平同志为核心的党中央高度重视并大力推进生态文明建设，取得了显著成效。党的十八大报告明确提出要"加强生态文明宣传教育，增强全民节约意识、环保意识、生态意识，形成合理消费的社会风尚，营造爱护生态环境的良好风气"，从新的历史起点出发，宣示将生态文明建设与经济建设、政治建设、文化建设、社会建设并列，"五位一体"建设中国特色社会主义，大力推进生态文明建设，加强生态文明制度建设，努力建设美丽中国，实现中华民族永续发展。

在党的十九大报告中，生态文明建设被提到了新高度，其中蕴含的生态文明建设理论系统而全面，被纳入新时代坚持和发展中国特色社会主义的思想和基本方略中。党的十九大报告不仅从生态文明意识、生态文明实践、生态文明制度、生态文化建设等方面对生态文明建设提出了一系列新思想、新目标、新要求和新部署,还首次把"美丽中国"作为建设社会主义现代化强国的重要目标,其为中国特色社会主义新时代树立起了生态文明建设的里程碑,为推动形成人与自然和谐发展现代化建设新格局、建设美丽中国提供了根本遵循和行动指南。

在生态文明意识层面,报告强调要牢固树立社会主义生态文明观,推动人与自然和谐发展新格局。提出"绿水青山就是金山银山"等理念,明确环境保护与经济发展的关系,饱含尊重自然、谋求人与自然和谐发展的价值理念和发展理念。

在生态文明实践方面,报告以 2020 年、2035 年、21 世纪中叶为时间节点,制定订了"美丽中国"建设任务表。同时,构建了产业、能源、资源利用等多方面的体系,如清洁低碳的能源体系、政府主导的环境治理体系等,并统筹"山水林田湖草"的系统治理。此外,通过开展各类行动解决突出环境问题,如大气污染防治、农村人居环境整治等。

在生态文明制度方面,报告指出要实行最严格的生态环境保护制度,提供制度与组织保障。改革生态环境监管体制,设立相关监管机构,完善主体功能区配套政策等。国家出台制定了一系列的法律与政策,通过了生态文明体制改革总体方案和相关配套方案。国家出台系列法律法规,如《环境保护法》及污染防治行动计划等,管理方式实现了由 GDP 主义向生态化的转变,并将环境污染纳入地方政府和官员的业绩考核并终身追责。

在生态文化建设方面,报告倡导构筑尊崇自然、绿色发展的生态体系,推广生态文化教育,使生态文明理念深入人心,将"美丽中国"提升到人类命运共同体高度。同时,乡村振兴战略突出生态宜居,注重满足人民对优美生态环境的需求,强调提供优质生态产品以满足民生。

党的二十大报告进一步强调了人与自然和谐共生的理念,指出"中国式现代化是人与自然和谐共生的现代化",深刻揭示了我国新时代生态文明建设的核心使命,并强调"尊重自然、顺应自然、保护自然,是全面建设社会主义现代化国家的内在要求",这不仅体现出对自然的尊重与呵护,更是对可持续发展道路的深刻洞察。

在充分肯定生态文明建设成就的基础上,党的二十大报告从产业结构优化、污染治理强化、生态保护深化、应对气候变化等多个维度,全面系统地阐述了持续推进生态文明建设的战略蓝图与实施路径,提出了生态环境保护领域的新理念、新要求、新导向与新规划。其中，特别强调推动经济社会发展向绿色化、低碳化转型，这是实现高质量发展的核心环节。

5. 习近平生态文明思想

习近平总书记广泛吸收生态理论成果，在秉承和丰富中国古代生态观的基础上，借鉴马克思主义生态观，充分考虑国际环境并立足于中国不同阶段的社会主义建设实践经验，融合古今中外生态文明的思想成果，着眼于满足人民群众对生态环境的需求，从多个维度提出了具有中国特色的生态发展理念，并形成了系统的生态文明思想。

2021年5月，党中央批准生态环境部成立习近平生态文明思想研究中心，这是党中央着眼于推动全党全社会深入学习贯彻习近平生态文明思想作出的重大战略举措。2021年7月7日，习近平生态文明思想研究中心成立大会在京召开。会议指出，习近平生态文明思想作为习近平新时代中国特色社会主义思想的重要组成部分，是习近平总书记基于新时代生态文明建设实践形成的重大理论成果，是建设社会主义生态文明的科学指引和强大思想武器，其内涵丰富，意义深远。

习近平生态文明思想的核心内容包括以下几个方面：

（1）"生态兴则文明兴、生态衰则文明衰，人与自然和谐共生"的新生态自然观。这一理念不仅是对古老智慧的现代诠释，更是对未来发展路径的深刻洞察。在人类历史上，诸多文明古国因遭受生态破坏而走向衰落。自然界的万物彼此依存，人类作为其中的成员，其生存与发展离不开健康稳定的生态环境。因此，构建人与自然和谐共生的新生态自然观，是新时代的重要课题。习近平总书记的这一重要论断，深刻揭示了生态与文明之间不可分割的内在联系，并将生态保护的重要性提升至关乎国家和民族长远命运的战略高度。"天育物有时，地生财有限，而人之欲无极"，唯有遵循自然法则，方能避免在开发利用自然资源的过程中误入歧途。

（2）"绿水青山就是金山银山，保护环境就是保护生产力"的新经济发展观。这一理念深刻揭示了经济发展与环境保护之间的内在联系，为我们指明了可持续发展的道路。在新时代背景下，人类不仅要追求经济的快速增长，更要注重生态环境的保护和修复，决不能以牺牲生态环境为代价换取经济的一时发展，而应让经济发展与环境保护相互促进、相得益彰。

绿水青山与金山银山并非彼此对立，也可以相互促进，重点在于人的选择与思路。绿水青山本身便蕴含着巨大的经济与社会价值，要使绿水青山充分发挥其经济社会效益，关键在于树立科学合理的发展观念，并依据实际情况选择适宜的发展产业。我们坚决反对以牺牲环境、浪费资源为代价换取经济增长的做法，也拒绝在问题出现后再以更大的代价去弥补。相反，我们应当努力让经济发展与生态文明相互促进、相得益彰，使良好的生态环境成为提升人民生活质量的关键因素，真正让绿水青山转变为源源不断的金山银山。

（3）"山水林田湖草沙是一个生命共同体"的新系统观。2013 年 11 月，习近平总书记在党的十八届三中全会上作关于《中共中央关于全面深化改革若干重大问题的决定》的说明时指出"山水林田湖是一个生命共同体，人的命脉在田，田的命脉在水，水的命脉在山，山的命脉在土，土的命脉在树"；2017 年 7 月，习近平总书记在"中央全面深化改革领导小组第三十七次会议"上强调，必须坚持山水林田湖草作为一个生命共同体的理念；2021 年 6 月 17 日是第 27 个世界防治荒漠化与干旱日，中国的主题为"山水林田湖草沙共治，人与自然和谐共生"。这一生命共同体的理念，深刻揭示了自然界万物间紧密相连、相互依存的内在规律。

在此共同体中，山峦不仅是地理构造的基石，更是水源涵养的关键区域，其植被覆盖与岩石结构对下游水文循环及生态平衡具有深远影响；水，作为生命之源，其流动与循环机制维系着生态系统的蓬勃生机与稳定状态；森林，大地的绿色命脉，通过光合作用吸收二氧化碳、释放氧气，为全球气候系统提供了不可或缺的调节功能，是众多生物赖以生存与繁衍的重要栖息地，是地球生态系统不可或缺的一部分；农田，作为人类文明的基石，承载着丰收的希望与自然的恩赐，其耕作模式与作物种类深刻反映着人与自然和谐共生的关系；湖泊，是众多生物的庇护所，其水质状况直接关系到周边生态环境的健康与稳定；草原，不仅是畜牧业的物质基础，还为众多野生动植物提供栖息地，维护生物多样性；沙地，看似荒凉，实则蕴藏着丰富的地质资源与生态潜力，科学治理与合理利用沙地对于维护区域生态平衡具有不可估量的价值。

习近平总书记曾说，如果破坏了山、砍光了林，也就破坏了水，山就变成了秃山，水就变成了洪水，泥沙俱下，地就变成了没有养分的不毛之地，水土流失、沟壑纵横。人类在这样的自然环境下，怎么能正常生存下去呢。所以人和自然是一个生命共同体，如果我们只看到眼前的利益而忽视对自然环境的保护，那么人类的实践活动终将影响人类的命运。

因此，我们必须秉持尊重自然、顺应自然、保护自然的生态文明理念，将"山水林田湖草沙是一个生命共同体"的深刻认识融入经济社会发展的各个环节。在推动经济社会持续健康发展的同时，务必注重生态环境的保护与修复工作，努力实现经济发展与环境保护的双赢局面。唯有如此，方能确保这一生命共同体得以和谐共生、永续发展。

（4）"良好生态环境是最普惠的民生福祉"的新民生政绩观。这一新民生政绩观，深刻体现了生态文明建设与民生福祉的内在联系。全面小康社会的建成，生态环境质量是关键指标。长期以来，我国一直在探索经济发展与环境保护的平衡之道。良好的生态环境是最公平的公共产品，是最普惠的民生福祉。因此，在解决温饱问题之后，保护生态环境应当自然而然地成为发展战略的核心组成部分，同样是改善民生不可或缺的关键环节。"良好生态环境是最普惠的民生福祉"的新民生政绩观，是我们推动生态文明建设的重要指导思想。

习近平总书记的生态文明思想，不仅体现在他对理论的深刻洞察和广泛吸纳上，更体现在他将这些理念转化为具体的实践策略和政策措施上。

在实践中，习近平总书记亲自部署推动生态文明建设，提出一系列创新性举措，要求各地各部门牢固树立绿色发展理念，坚持节约资源和保护环境的基本国策，像对待生命一样对待生态环境，统筹山水林田湖草沙系统治理，实行最严格的生态环境保护制度，全面加强生态文明制度建设，为子孙后代留下美好家园。

同时，习近平总书记高度重视国际合作，倡导构建人类命运共同体，呼吁各国共同应对气候变化和生物多样性丧失等全球性环境问题，推动全球生态文明建设。

在这一思想指引下，全国各地积极响应，将生态文明建设纳入经济社会发展全局，积极探索绿色发展新模式。近年来，我国生态文明建设和生态环境保护工作取得历史性成就，生态环境质量持续改善，人民群众的生态环境获得感、幸福感和安全感显著增强。

习近平生态文明思想既传承了中华优秀传统文化中的自然观、生态观，又深刻洞察了现代社会环境保护理念。这一思想不仅适用于过去和现在，还将赋能未来。研究中国生态文明的发展历程和特点，不仅对未来的生态环境发展规划有重要启示，还有利于全球生态文明建设、全球生态治理和地球生命共同体的构建。

三、国外生态文明的发生与发展

（一）国外生态文明概念的提出和主要发展阶段

"生态文明"（Ecological Civilization）这一概念的提出及其相关论述，被视作人类思想史上的重大突破。然而，在相当长的一段时间里，这一理念主要局限于思想界和学术圈，鲜少获得外界广泛关注。1798年，英国古典政治经济学家托马斯·罗伯特·马尔萨斯（Thomas Robert Malthus）所著的《人口原理》，被视为近代以来首部涉及生态思想的著作。1978年，德国法兰克福大学政治学教授伊林·费切尔（Iring Fetscher）在其论文《人类生存的条件：论发展的辩证法》中首次提出"生态文明"这一概念，表达了对工业文明和技术进步主义局限性的深刻批判。

在20世纪80~90年代，中外学术界众多学者，在各自独特的文化背景下，几乎同步且独立地引入了"生态文明"这一概念，旨在深入剖析并阐述人与自然之间和谐共存的重大议题。"生态文明"一词首次正式使用是在1995年美国作家罗伊·莫里森（Roy Morrison）的著作《生态民主》中。莫里森率先指出全球动力机制正推动工业文明向生态文明转型，并明确了生态文明建设的三大支柱：民主、均衡与和谐。澳大利亚斯威本科技大学社会科学系教授阿伦·盖尔（Arran Gare）认为，生态文明是一种实际的理想，它为未来提供了一个鼓舞人心的蓝图，并可以动员人们共同创造这种未来。他批判了现代西方文化中征服和控制自然的观念，主张树立一种尊重自然、敬畏自然的新文化价值观，认为哲学应引导人们重新审视人与自然的关系，为生态文明提供思想指导。

美国生态马克思主义学者弗瑞德·马格多夫（Fred Magdoff）在《每月评论》的《生态文明》一文中，探讨了生态文明的概念，提出了超越资本主义对自然的异化观点；在生态文明的构建中，他提出了具有自我调节、多样性、自足及自我更新恢复力特征的"强生态系统"的概念。马格多夫着重强调了经济和政治层面的社会控制，主张培育和谐的道德观念，为深入洞察资本主义对生态系统的影响提供了深刻的见解，也为生态马克思主义的理论和实践作出了重要贡献。其"强生态系统"理论，可作为构建未来生态文明的理想框架。

国外的生态文明历程大致可划分为萌芽与探索、蓬勃发展及成熟完善三个阶段。

1. 萌芽与探索阶段（19 世纪末～20 世纪 60 年代）

国外生态文明的萌芽可追溯至 19 世纪末期。随着工业革命引发的环境污染问题日益严重，一些学者和思想家开始反思人与自然的关系，提出了一系列关于环境保护和可持续发展的初步理念。19 世纪中期，美国的亨利·大卫·梭罗（Henry David Thoreau）在其著作《瓦尔登湖》中表达了对简单生活和自然之美的崇尚，批判了当时社会对物质的过度追求和对自然的破坏，强调人类应该尊重自然、与自然和谐相处，这种思想体现了从传统的人类中心主义向更加注重自然价值的观念转变的萌芽；在 19 世纪 60 年代，德国的恩斯特·海克尔首次提出"生态学"（Ecology）的概念，从科学角度为人们认识生物与环境的关系提供了基础。这些早期的思想为后来的生态文明理论奠定了基础，并逐渐发展成为一种全球性的环保运动。1864 年，英国约塞米蒂国家公园的设立标志着人类在生态文明建设道路上迈出了坚定的第一步，象征着人类对自然环境保护的认识与实践探索的开始。

1948 年，托马斯·普瑞查（Thomas Pritchard）在巴黎首次提出"环境教育"理念，着重强调自然科学与社会科学的融合，提出通过教育手段有效应对环境挑战。这一理念逐渐赢得普遍认可，标志着环境教育领域的正式诞生。1949 年，联合国召开的"资源保护和利用科学会议"，推动了国际自然与自然保护联合会和国际环境教育委员会的成立；同年，英国政府倡导"基于生态学原理的行动哲学"，并成立了专门的自然保护局，致力于将环境保护理念切实转化为具体的实践行动。1958 年，英国自然协会成立，旨在提高公众对资源节约和环境保护的认识；1960 年，英国国家乡村环境学习协会成立，后发展为国家环境教育协会；同年，苏联颁布《自然保护法》，将环境教育纳入中等学校必修课。1962 年，美国生物学家卡逊的《寂静的春天》揭示了有机氯农药对环境的影响，引发了全球对生态环境危机的关注，掀开了全球生态文明建设探索的序章。一些发达国家政府纷纷制定法律法规，规范企业排污行为，要求企业承担环境责任。

2. 发展阶段（20世纪70～90年代）

自20世纪70年代起，西方学界对生态问题的探讨逐渐深入，他们运用"生态思维""生态意识"以及"生态智慧"等理念，揭示了生态科技所包含的创新观点与深邃洞察，为生态文明的理论体系构筑了坚固的基础。1972年，罗马俱乐部《增长的极限》研究报告的发表引起了人们对经济增长带来的环境污染的反思，进一步警醒了人们对人与自然关系的关注与认识，带动了一时的生态研究、运动热。1972年6月，联合国人类环境会议全体会议于瑞典斯德哥尔摩召开，来自113个国家的政府代表和民间人士就世界当代环境问题以及保护全球环境战略等问题进行了研讨，制定了《联合国人类环境会议宣言》，呼吁各国政府和人民为维护和改善人类环境、造福全体人民、造福后代而共同努力。1987年，联合国世界环境与发展委员会正式发布了《我们共同的未来》这一具有里程碑意义的报告，首次提出了"可持续发展"的定义：既满足当代人的需要，又不损害后代人满足其需求的能力的发展。这个定义强调了发展与环境保护的平衡，认为发展应当兼顾当前和未来的需求，不应对未来的发展构成威胁。这一极具远见的概念，随后逐步发展成为引领全球生态文明建设的核心指导思想。

1992年，联合国环境与发展大会提出了可持续发展战略，标志着生态文明理念的国际共识的形成；同时，会议发表了《里约宣言》和《21世纪议程》，提出了人类应与自然和谐一致，可持续地发展，并为后代提供良好的生存发展空间的理念。

除了国际社会制定的有关环境问题的国际公约及其议定书，各国也纷纷出台各自具体的环境保护法律法规与政策。

在亚洲，日本通过了《环境基本法》（1993年），确立了环境保护的基本原则和政策框架；韩国也颁布了《环境政策基本法》（1990年），强调预防污染和生态平衡的重要性；中国则实施了《环境保护法》（1989年），明确了国家、企业和公民在环境保护方面的责任和义务。在欧洲，主要有德国的《联邦森林法》（1975年）和英国的《环境保护法》（1995年）。在美洲，美国在1970年通过了《国家环境政策法》，建立了环境保护署（EPA），并实施了诸多环境监管措施；加拿大则在1988年成立了环境部，致力于保护国家的自然资源和生态系统。两国在应对气候变化、保护生物多样性以及推广可再生能源等方面都发挥了积极作用。拉丁美洲国家如巴西，也制定了《国家环境政策法》（1981年），强调了可持续发展和环境保护的重要性。

在此阶段，全球范围内的环保意识迅速提升，越来越多的非政府组织和民间团体参与到环境保护的活动中，通过组织各种形式的活动和倡议，加强社会对可持续发展的重视；国际社会在环境保护方面的合作也日益加强。

3. 成熟阶段（21世纪以来）

进入21世纪，基于全球对环境退化、气候变化等问题的深刻认识，以及应对这些挑战的共同需求，生态文明建设已成为全球共识，其核心内容包括保护和改善地球环境、推动可持续发展、合理利用自然资源，以及减少人类活动对环境的负面影响。在此背景下，可持续发展成为各国共同的目标，各国政府纷纷制定战略以应对气候变化、生物多样性丧失、资源枯竭等问题，国际组织和非政府机构也积极参与推动全球环境治理和绿色技术的创新。例如，欧盟通过了严格的环保法规，要求成员国减少温室气体排放，提高能源利用效率；非洲一些国家通过实施可持续农业和水资源管理项目，努力提高粮食安全和应对干旱问题；美洲国家则侧重于森林保护和生物多样性保护，通过建立自然保护区和实施生态补偿机制，来保护其丰富的自然资源。

在技术层面，清洁能源、循环经济及绿色交通等领域的突破性进展，为生态文明建设提供了新的动力，成为推动生态文明建设的重要力量。太阳能、风能、水能等可再生能源的广泛应用，正逐步取代传统化石燃料的主导地位；与此同时，电动汽车、节能建筑及循环经济等理念日益深入人心，逐渐成为民众日常生活的常态。这些技术革新不仅有助于减轻环境污染，更为经济发展开辟了全新的增长点。

在教育和文化领域，众多国家的学校已将环保教育纳入课程体系，致力于培养学生的环保意识和责任感。媒体与文艺作品亦纷纷聚焦环境问题，以多样化的形式传播绿色生活的价值观念。各国都已深刻地认识到，环境保护不仅是政府与企业的职责，更是每位公民义不容辞的责任。

当前，生态文明建设已成为全球的共同追求与目标。这不仅关系到地球未来的可持续发展，更与人类的命运息息相关。唯有尊重自然、顺应自然、保护自然，方能实现人类社会长远发展，而要达成人与自然和谐共生的美好愿景，必须依靠全球性合作、持续的技术创新以及深入的文化教育。

(二)国外生态文明理论的历史沿革

从理论上来讲,生态文明的概念在西方国家经历了生存主义理论—可持续发展理论—生态现代化理论的发展阶段。

1. 生存主义理论阶段

在工业革命之前,西方国家主要致力于解决基本的生存问题,生态环境问题尚未成为主要议题。随着工业革命的深入,人类对自然的掠夺性开发导致了严重的生态问题,如环境污染和资源枯竭。在此期间,生态环境问题开始受到关注,但往往被视为次要问题,且缺乏系统的理论框架和有效的解决方案。

2. 可持续发展理论阶段

尽管"可持续性"或"可持续"这些术语直到20世纪才出现,但相关概念的使用已有数百年历史。例如,1713年冯·卡罗维茨(Hans Carl von Carlowitz)在其专著《造林与经济》中系统讨论了可持续林业的问题;1972年,联合国人类环境会议发表的《人类环境宣言》是可持续发展理念的重要起点。1987年,世界环境与发展委员会在其发表的《我们共同的未来》报告中首次对可持续发展给出了明确的定义:一种既能够满足当代人的需求,又不损害后代人满足其需求能力的发展模式。2012年的"里约+20"峰会进一步强调了绿色经济是解决发展与环境冲突的关键,并将可持续发展从三个支柱(经济、社会、环境)扩展到四个,增加了治理。

"可持续发展"概念的提出,标志着国际社会开始将资源和环境因素纳入经济发展的考量范围。从最初聚焦于自然资源可持续利用的单一目标,逐步发展至联合国千年发展目标(MDGs),进而迈向更为全面且普适的联合国可持续发展目标(SDGs)。联合国可持续发展目标(SDGs)覆盖了17个领域,包含了消除贫困、零饥饿、良好健康、优质教育、性别平等、清洁饮水、清洁能源、体面工作、经济增长等169个目标,比千年发展目标(MDGs)更全面、具体、高标准,更加注重合作的双向性,并且强调数据革命和范式转变。

3. 生态现代化理论

生态现代化理论自20世纪80年代初由德国环境社会学家约瑟夫·胡伯(Joseph Huber)提出以来,经历了漫长的发展和演变。该理论强调经济发展与环境保护的双赢,认为现代化可以通过发挥生态优势来实现,从而推动现代化进程向符合生态学原理的发展模式转变。

理论家们坚信,经济发展与环境改善可以并行不悖。借助先进技术就能够有效解决工业化和现代化过程中产生的问题,进而实现"经济生态化"与"生态经济化",而非依赖于去工业化或去现代化的途径。西方社会,尤其是西欧的一些发达国家,率先采纳并将其作为环境政治实践的新策略,随后,这些经验研究逐渐扩展至芬兰、加拿大、丹麦等国家,并在欧洲和东南亚等地得到了广泛的应用。

生态现代化理论在发展的过程中,同样面临着来自不同学术领域的批评与挑战。例如,新马克思主义政治经济学派指出,资本主义制度下的环境问题源于资本家和投资者对利润的追逐,他们不断从自然环境中攫取资源用以生产消费品的行为对生态环境造成了沉重负担。因此,该学派认为生态现代化理论缺乏必要的批判精神,未能有效揭示资本运作对环境的负面影响。

尽管面临批评,生态现代化理论仍在持续演进,以适配不同的发展情境。以摩尔(Mol)和斯帕格林(Spaargaren)为代表的理论家,通过反思与回应质疑,推动了该理论的不断优化。该理论的进化具体体现为社会变革与制度创新获得了更多重视,以政策引导和市场机制为驱动实现环境可持续发展已成为核心路径;并且,鉴于环境问题的跨国属性,应对这类挑战时,唯有依靠全球范围内的协同合作,方可收获良好成效。此外,摩尔与斯帕格林指出,理论的应用不应局限于发达国家,还需充分考量发展中国家的特殊需求与条件,为不同国家提供多样化的策略和路径,以实现环境与发展的平衡。通过"理论再阐释"的路径,摩尔和斯帕格林等理论家展示了生态现代化理论的进化,不仅回应了过去的批评,也为未来的环境政策和实践提供了新的思路和方向。

总体而言,生态现代化理论是一个持续发展并积极应对新挑战的理论框架。它试图在不改变现有政治经济基本框架的前提下,将生态要素有机融入现代化理论体系中,以破解发展与保护之间的双重难题。尽管其仍存争议,但无疑为环境变革的路径抉择提供了不可或缺的理论支撑,并在实际应用中不断完善和拓展。

(三)国外生态文明主要研究内容

国外生态文明的研究内容广泛涵盖环境哲学、生态政策与法规、环境教育与意识提升、生态可持续性等多个重要领域，其中环境哲学和环境教育是其核心研究内容。

1. 环境哲学

环境哲学是西方生态文明发展的重要理论基石，作为聚焦人与自然关系的哲学分支，学者们借助哲学思辨探寻环境问题的解决之道。他们尝试突破传统伦理学局限，构建能实现人与自然的和谐共生的新伦理体系。

环境哲学萌生于20世纪60年代的绿色和平运动，是对当时生态环境恶化的理论反思；到了20世纪70年代，环境哲学逐渐形成学科，衍生出深生态学、浅生态学等多个流派，并引发了人类中心论与非人类中心论的学术争鸣。

环境哲学的研究内容广泛，涵盖了生态伦理学、生态美学、生态政治学、生态经济学、生态现代化等多个领域，且不局限于理论层面，还深入探讨了气候变化、生物多样性保护、绿色发展以及构建生态和谐社会等全球性的环境热点问题，积极推动国际合作以寻求解决方案。在当今教育领域中，与环境哲学紧密相关的两个焦点分别是生态伦理学和生态美学。

（1）生态伦理学。近代科学，特别是20世纪生态学的飞速发展，为西方生态伦理思想提供了全新的知识体系与思维方法。部分学者理性地认识到，导致生态危机的根源并非是技术和经济发展，而是文化观与价值观。生态伦理学作为环境哲学的重要研究方向，是生态哲学与伦理学相互渗透、相互影响的产物，最初被称为环境伦理学，如今在英美学术界这两个术语仍可通用。作为伦理道德体系的分支，生态伦理源于人类对征服、掠夺自然引发生态灾难的反思，是对人与自然关系的道德审视。它基于人们对环境价值的普遍共识，重点关注人类与环境之间的道德联系，以及环境与其非人类组成部分的价值与道德地位，用以指导人们维护生态环境。

1986年，罗尔斯顿（H. Rolston）在其著作《哲学走向荒野》中首次提出了生态伦理学的概念，并构建了基本的理论框架，奠定了生态伦理学的理论基础；随后在1988年，罗尔斯顿进一步提出了环境伦理学的完整科学体系。1994年，大地伦理流派代表人物克里考特（J. B. Callicott）于《地球景观：从地中海盆地到澳洲内陆的生态伦理学概论》中系统阐述了全球生态伦理思想的基本理论。它跳出区域局限，将视野拓展至从地中海盆地跨越至澳洲内陆的广袤范围，全方位剖析了人类与不同地域生态环境间的道德关联，为构建全球性生态道德准则提供了重要参考依据。

20世纪末期，《环境伦理学》作为生态伦理学研究领域的首份专业期刊正式面世，专注于从哲学视角深入剖析环境问题。经过半个多世纪的发展，生态伦理学研究已经形成多种思潮并起、各派理论纷争的局面。一般来说，生态伦理学分为四个理论派别：人类中心主义、动物解放和动物权利论、生物中心主义和生态中心主义。

①人类中心主义。人类中心主义伦理观认为人类保护生态环境的根本目的并不是自然生态环境本身，而是以人类自身的利益为出发点和归宿。在人类中心主义视角下，人类被视为自然界中唯一具有理性的实体，因此，伦理和道德被认为是人类社会生活的专属领域，专门用于调节人与人之间的关系；人与自然界之间并不存在直接的伦理关系，人对人之外的其他自然存在物的义务只是对人的一种间接义务。

人类中心主义又分成古典人类中心主义、现代人类中心主义两大类。古典人类中心主义强调人类在自然界中的优越地位，主张以人类自身利益为出发点，开发和利用自然资源。这一思想在文艺复兴时期得以广泛传播，其代表人物包括勒内·笛卡尔（René Descartes）和弗朗西斯·培根（Francis Bacon）等。

现代人类中心主义则在古典人类中心主义的基础上进行了反思和修正。它承认人类对自然环境的依赖性，强调人类应当在尊重自然规律的前提下合理利用自然资源。现代人类中心主义的代表人物如墨迪（Willian H. Murdy）、布赖恩·诺顿（Bryan G. Norton）和大卫·莱昂斯（David Lyons）等。墨迪认为，现代人类中心主义在人类进化中自然形成，人类凭借超强环境影响力改变环境以满足自身需求，虽在生物学上取得了成功，却引发生态问题。诺顿提出"强化的人类中心主义"和"弱化的人类中心主义"的观点，前者以感性意愿为参照，将自然当作满足人类一切需求的工具；后者则基于理性意愿，不仅认可自然满足人类需求的价值，还强调其固有的转换价值。莱昂斯强调道德共同体的扩展，主张人类应将道德关怀从自身及后代延伸至其他物种和自然环境。

在人类中心主义的观念中，人类被视为自然界和宇宙的中心，其他生物和自然环境的存在价值主要取决于它们对人类的用处。人类中心主义在历史上曾占据主导地位，这种思想曾广泛影响了人类对自然环境的开发和利用，导致了对自然资源的过度开采和环境破坏。然而，随着生态危机的日益严重，越来越多的人开始反思人类中心主义的局限性，呼吁人类重新审视与自然的关系，倡导一种更加和谐、可持续的生态观，以确保地球的未来和人类的长远利益。

②动物解放论和动物权利论。动物解放论和动物权利论认为动物不仅是人类的工具或资源，而且是具有自身感受、需求和利益的独立存在，主张动物也应享有一定程度的道德和法律地位。它呼吁人们关注动物的生存状况，尊重它们的生命权，并倡导在法律和政策层面上给予动物更多的保护。这一理念在近年来逐渐受到更多人的关注和讨论，引发了关于人与动物关系的深刻反思。动物伦理思想的代表主要有彼得·辛格（Peter Singer）的动物解放论、汤姆·雷根（Tom Regan）的强势动物权利论和玛丽·沃伦（Mary Anne Warren）的弱势动物权利论。

动物解放论与动物权利论均从各自独特的视角肯定了动物的内在价值，主张动物与人类同样享有生命和生存的基本权利。这一理念在一定程度上对物种歧视论和种族歧视论进行了批判，并将焦点转向了动物权利的切实保护上，激发了公众对动物福利和环境保护的关注，也推动了相关法律和政策的变革。例如，许多国家和地区开始禁止残酷对待动物的实验和生产方式。但不同文化背景下的人们对动物权利的理解和接受程度存在巨大差异，一些学者认为，将人类与动物的道德地位等同起来可能会导致一些实际问题，如在资源有限的情况下如何平衡人类和动物的需求。

③生物中心主义。生物中心主义主张所有生物皆具有内在价值，应被纳入人类道德关怀的范畴。其核心理论为敬畏生命，倡导人类像对待自身生命一样尊重所有生命形式，重视生命个体及整体存在物的价值，将道德关怀的范围从人类拓展到其他动物及整个生态系统。

生物中心主义思想的创始人是德国思想家阿尔贝特·施韦泽（Albert Schweitzer）。1924年，他在《敬畏生命》一书中将伦理学范畴从人拓展至所有生命，以保护、繁荣和增进生命为出发点，认为一切生物皆有"生存意志"，强调人类对所有生命的尊重和敬畏。美国学者保罗·泰勒（P. W. Taylor）率先融合生态意识与伦理学，提出将尊重自然作为终极道德态度的环境伦理学，主张平等尊重非人类生命体的天赋价值与权利。2009 年，罗伯特·兰扎（Robert Lanza）和鲍勃·伯曼（Bob Berman）在合作撰写的《生物中心主义：为什么生命和意识是理解宇宙本质的关键》一书中探讨了人类对宇宙、时间和生命的认知，推动了生物中心主义理论的发展。2011 年，剑桥出版社出版了罗伦斯·约翰逊（Lawrence Johnson）的《以生命为中心的生命伦理学方法》，提出了生物中心伦理学概念，强调生物体生命应是生命伦理审视核心。

生物中心主义提供了一种新的视角，用以评估人类对环境的影响，强调人类在实现自己权利的同时，也应该给予其他生物实现其生物潜能的机会。它要求人类在与自然和其他生物的互动中展现出更高的道德标准和责任感，这种思想对于推动环境保护和生态平衡具有重要的意义。

④生态中心主义。生态中心主义是一种以生态系统的整体性和内在价值为核心的伦理学，强调生态系统是宇宙中最基本的组成部分，人类只是其中的一部分，不应将自己视为宇宙中最重要的存在，因此，人类应将道德关怀的焦点和伦理价值的范围从生命的个体扩展至整个自然生态系统，在与自然互动中展现出更高的道德标准和责任感。

生态中心主义理论的代表人物有亨利·梭罗（Henry David Thoreau）、约翰·缪尔（John Muir）和美国生物学家阿尔多·利奥波德（Aldo Leopold）。利奥波德的"大地伦理"思想的提出标志着生态中心主义观念的最终形成。

美国杰出的环境伦理学家霍尔姆斯·罗尔斯顿（Holmes Rolston）从价值论的视角出发，创立了西方环境哲学中极具影响力的自然价值论环境伦理学，该理论基于自然系统蕴含多重价值的前提，推导出人类应当赋予整个自然界道德和价值，并据此论证了人类负有维护和尊重自然价值的责任。在著作《哲学走向荒野》中，罗尔斯顿还探讨了自然美的哲学意义，他视自然美为自然界固有价值的一部分，认为它能够唤起人类的道德情感和审美体验。罗尔斯顿的自然价值论环境伦理学为环境哲学领域带来了新的视角，也激发了公众对生态美学的欣赏和关注，促进了生态美学领域的发展。

1973 年，挪威哲学家阿恩·内斯（Arne Naess）提出了"深层生态学"理论，强调所有生命都有平等的价值，应该追求生命体验的整体性和完整性。这一理论将生态学的领域拓展至哲学和伦理学，并引入了生态自我、生态平等与生态共生等核心生态哲学概念。阿恩·内斯被视为深层生态学和生物中心主义的先驱之一，尤其是他的生态共生理念，具有显著的当代价值，涵盖了人与自然之间平等共生、共存共融的哲学和伦理学意义。

从以上对生态伦理各派思想的梳理中，可以发现，生态危机的严峻性促使思想家们对生态伦理的认识不断深化。从人类中心主义到非人类中心主义，从关注动物权利到重视所有生物的权利，这些理论上的反思不仅催生了众多创新性的生态伦理观念，而且在实践层面，对建立新的生态伦理规范、推动国际社会的生态保护运动发挥了重要作用。

（2）生态美学。新的生态哲学观必然引发新的美学观念，当代的生态美学就是基于生态哲学的美学思考：它从自然与人共生共存的关系出发来探究美的本质，着眼于自然生命循环系统和自组织形态来确认美的价值，其宗旨是对生态环境问题予以审美观照，重建人与自然和社会的亲和关系。

西方生态美学探讨始于20世纪中叶，深受阿尔多·利奥波德大地伦理学及大地美学思想的影响。利奥波德的大地美学思想不仅关注自然的独立、自发价值，还将"和谐、稳定与美丽"视为伦理的标准，强调了伦理学与生态审美的紧密联系，为生态美学奠定了思想基础和理论框架。1988年，美国韩裔学者贾科苏·科欧（Jusuck Kou）发表了以"生态美学"为标题的论文，将生态思想引入环境设计，提出了"包括性统一""动态平衡"和"补足"三个环境设计原则，进一步丰富了生态美学的理论体系。

美国社会科学家保罗·戈比斯特（Paul Gobster）致力于融合利奥波德哲学思想与科欧设计理论，以解决审美价值与生态可持续性之间的矛盾，并将成果应用于公园和森林景观管理实践中。戈比斯特强调生态与审美价值统一，拓展"景观美"的定义，突破视觉范畴，指出感知"生态美"需生态知识与景观季节变化的直接体验；注重感知者与景观互动体验的重要性，提出了一套实践方法，探讨了如何在保护生态系统完整性和多样性的同时，通过审美体验来评估和保护生态价值。这一理论利于理解人类对景观的审美反应，推动审美与生态价值融合，促进生态美学在实践中的应用与研究。

2. 环境教育

环境教育是以人类与环境关系为核心的素质教育，是当前世界各国国民教育的重要课题，旨在通过教育手段提升公众对环境的认知和对环境问题的理解，具备全民性、终身性、全球性和学际性等显著特点。

1968 年，"生物圈会议"召开后，美国、英国、日本等发达国家开始探索环境教育与课程问题；1972 年，斯德哥尔摩人类生态会议发起了环境教育运动，通过讲习班和研讨班的形式促进了环境教育的发展和经验交流，在环境教育史上具有里程碑意义；1975 年，联合国教科文组织和环境规划署通过了环境教育纲领性文件《贝尔格莱德宪章：环境教育的全球纲领》，并开始实施《国际环境教育计划》，为各国制订生态伦理教育计划提出了指导性原则；1977 年，第比利斯召开了第一次政府间生态伦理教育会议，发布了《第比利斯环境教育宣言》，对环境教育的定义做出界定：环境教育是一门属于教育范畴的跨学科课程，其目的直接指向当地生态现实和问题的解决，它涉及普通的和专业的、校内的和校外的所有形式的教育过程；1987 年，世界环境与发展委员会发表的《我们共同的未来》中提出了"可持续发展"概念，指明了未来环境教育的发展方向；1989 年，联合国教科文组织发表了《地区间教育计划与管理的环境教育训练课程》报告，这份报告强调了环境教育在地区间教育计划与管理中的重要性，并提出了相应的课程框架和实施策略；1992 年，全球第二届人类生态会议发布了《21 世纪议程》，强调了教育应服务于经济社会发展的理念，标志着国际环境教育迈入了一个新的阶段；紧接着在 1993 年，联合国教科文组织发布了《转变关于地球的观念》一文，进一步扩展了环境教育的范畴，提出环境教育应提升至塑造人的价值观层面，通过文化形态对人的思想和行为施加影响，并应以全面的终身教育理念为引领而持续实施。

许多国家开始将环境教育纳入国家教育体系，并在各级各类学校中推广实施。1971 年，美国的威斯康星大学最先开设了《环境伦理学》的课程，并开始在大学环境教育教材《环境——故事背后的科学》中融入了生态伦理教育。日本在 20 世纪 80 年代初期启动了"环境教育推进计划"，旨在通过学校教育、社区活动和媒体宣传等多种途径，普及环境保护知识，培养公民的环境责任感。韩国和德国在 20 世纪 90 年代分别推出的"绿色学校"和"生态学校"项目，成功地将环境教育融入学生的日常学习和生活之中。法国则通过"环境与可持续发展教育"项目，将环境教育与公民教育相结合，培养学生的全球视野和参与国际环境事务的能力。美国在20世纪90年代推出了"绿色学校挑战"项目,鼓励学校在节能减排、绿色建筑和可持续校园设计等方面进行创新实践。加拿大则通过"环境教育行动计划",支持学校开展户外教育和自然体验活动,让学生亲身体验自然环境,增强对环境保护的认同感和责任感。

众多国外学者探索了将环境教育理论与实践融入多学科的教学当中,并结合数字化的教育方式以及教育实践的效果转化,提出了建立在实证和量性研究基础上的提高环境教育实效性的多种教育策略。此外,联合国教科文组织还积极推动国际间的环境教育合作项目,通过交流与分享各国的成功经验,促进全球环境教育的发展。

环境教育是一个多维度和跨学科的领域,且随着环境问题的变化和社会需求的演变,其重点和方法也在不断调整和更新。全球范围内对环境教育的重视程度正在不断增强,并且出现了一些新的趋势和进展:

(1)环境教育效果评价研究:环境教育的效果评价研究成为热点,学者们采用指标体系法与量表测量法来评估教育效果。Dimopoubs(2008)在其研究中提出了一个环境态度测量模型,该模型包括四个子变量:知识(Knowledge)、理解(Understanding)、关注(Concern)、控制(Control)与承诺(Commitment),通过量化这些子变量来衡量和理解人们在环境问题上的认知和行为倾向,从而为环境教育的改进和优化提供依据。这一模型为环境教育效果评价提供了一个多维度的评估工具,有助于教育者和研究者更全面地理解和评估环境教育的影响。

(2)国际学生环境与可持续发展大会:自2011年起,由联合国环境规划署与同济大学共同创立的"国际学生环境与可持续发展大会",已成为聚焦可持续发展未来领导力的全球盛会,为全球青年学子搭建了交流重大环境议题的平台。大会借研讨会、工作坊及实地考察等活动,鼓励年轻一代投身于环保与可持续发展行动中;大会强调跨学科合作,鼓励学生打通环境科学、经济学等多领域联系,全面理解环境问题,探索有效解决策略;同时,为学生提供与政商及非政府组织代表对话的机会,让他们了解可持续发展在政策与商业中的应用。它不仅为学生搭建了一个展示才华的舞台,更为全球可持续发展事业培养了未来的领导者。依托此类国际交流平台,年轻一代将得以携手并进,共同应对气候变化、生物多样性丧失及资源枯竭等全球性挑战。

（3）教育绿色化：联合国教科文组织在2024年6月5日世界环境日到来之际，向会员国和全球教育界推广了两大工具：一是全新的《教育绿色化指南》，主要涉及气候教育内容、环境主题融入主流课程的方法；二是全新的《绿色学校质量标准》，为如何创建"绿色学校"设定了要求。随着"教育绿色化"理念深入人心，越来越多的学校开始采取实际行动，将校园转变为可持续发展的典范。从使用可再生能源、减少废物产生，到开展校园绿化项目，学校正在成为环境保护的实践基地。学生们通过参与这些项目，不仅学到了知识，还培养了责任感和行动力，为未来成为环保领域的领导者打下了坚实的基础。

（4）气候变化教育：气候变化教育正在成为全球教育体系中不可或缺的一部分，各国政府和教育机构正在采取行动，以不同的方式将其纳入教育体系，以提高公众特别是年轻一代对气候变化的认识和应对能力。美国的新一代科学教育标准于2013年4月发布，该标准建议在高中前将两个高度热门的话题——气候变化科学和进化论——引进课堂，要求从中学阶段开始教授人为导致的气候变化事实。2021年11月，英国在第26届联合国气候变化大会上宣布将气候变化教育置于教育核心的新举措，其中一项便是引入气候变化教育课程。自2016年以来，加拿大有10所学校试点将气候行动嵌入整个课程体系中。2020年1月12日，时任新西兰教育部部长克里斯·希普金斯宣布，自2020年新学期起，新西兰中小学将为11～15岁的学生开设一门非强制性的气候变化课程，内容涵盖气候危机、应对措施以及生态焦虑等议题。

与此同时，一些发展中国家也在努力克服资源限制，将气候变化教育融入教学中。例如，肯尼亚和乌干达等非洲国家，尽管面临教育基础设施不足的挑战，但通过与国际组织合作，成功地将气候变化教育纳入了国家课程。

全球范围内，越来越多的教育机构和非政府组织也在推动气候变化教育。他们通过举办研讨会、开发在线课程和提供教师培训等方式，帮助教育工作者更好地理解和传授气候变化知识。这些努力有助于提高公众对气候变化问题的认识，从而推动全球气候行动的进程。

随着社会的发展进程，世界各国的环境教育的研究和实践也在不断发展和深化，以应对全球环境挑战。环境教育的范围也日益拓展至社区和公众领域，借助多样化的宣传活动和教育项目，有效提升了公众对环境保护的自觉意识。与此同时，国际间的协作亦不断加强，各国政府与国际组织携手推进环境教育的全球合作项目。例如，联合国教科文组织（UNESCO）设立了众多环境教育项目，旨在促进全球范围内的环境教育交流与合作，共同应对全球环境问题。

综上所述，环境教育已经成为全球教育领域的重要组成部分，通过多层次、多形式的教育和实践活动，为应对环境挑战提供了有力支持。未来，随着科技的进步和社会的发展，环境教育将继续创新和深化，为建设一个可持续发展的未来贡献力量。

第二节 新时期生态文明教育与生态学

当前，全球正面临环境污染与生态治理的严峻挑战，中国亦不例外。为应对这些挑战，中国在生态文明建设领域实施了一系列有力举措。在2019年中国北京世界园艺博览会开幕式上，习近平总书记强调："生态文明建设已经纳入中国国家发展总体布局，建设美丽中国已经成为中国人民心向往之的奋斗目标。中国生态文明建设进入了快车道，天更蓝、山更绿、水更清将不断展现在世人面前。"

生态文明建设的核心理念是实现人与自然和谐共生，而这一理念的广泛传播与落地实践，离不开生态文明教育的深度参与；同时，生态文明建设的推进，需要大批掌握专业知识与技能的人才。在此过程中，生态文明教育发挥着关键作用，通过有针对性的培养，为生态文明建设源源不断地输送智力支持与人力资源。生态文明教育是生态文明建设的关键构成要素，为其筑牢思想根基、输送专业人才、激发社会动力。随着我国生态文明建设达到新的高度，对生态文明教育也提出了更高层次的要求。

一、新时期生态文明教育的重要性

生态文明教育在当前的重要性主要体现在两个方面。

（1）生态文明教育是牢固树立社会主义生态文明观的重要途径。习近平总书记强调，生态文明建设已经纳入中国国家发展总体布局，建设美丽中国已经成为中国人民心向往之的奋斗目标。生态文明教育担负着培养具备生态文明理念和素养的中国特色社会主义事业接班人的历史重任，必须充分发挥教育的基础性、先导性、全局性作用，深入宣传习近平生态文明思想，落实立德树人的根本任务。

（2）生态文明教育是提升全民生态文明素养的重要手段。营造绿色循环、生态宜居的美好家园是全体人民的共同夙愿，提升全民生态文明素养是创造美好生态环境的必然要求。通过深化生态文明教育，广泛传播生态价值理念，繁荣生态文化，培育生态道德，使"绿水青山就是金山银山"的理念深入人心，使"人与自然和谐共生"成为社会共识，将公民的生态文明素养转化为建设美丽中国的自觉行动。

深入探讨人类与自然之间的关系，并以"生命共同体"的理念为指导，坚持走人与自然和谐共生的现代化发展道路，是中国新时代青年的责任。新时期生态文明教育不仅是教育问题、生态环境问题，更是关系到党的宗旨使命的重大政治问题。通过加强生态文明教育，可以为生态文明建设提供全方位的人才、智力和精神文化支撑，为全球生态治理和生态文明教育发展提供中国智慧和中国方案。

二、新时期生态文明教育的指导思想

中国生态文明教育的发展与中国的国家战略和政策导向紧密相关，生态文明教育在教育体系内的实施情况呈现出全面推进的态势。

2021年3月，生态环境部等六个部门联合发布《"美丽中国，我是行动者"提升公民生态文明意识行动计划（2021—2025年）》，指出要推进生态文明学校教育，纳入国民教育体系，完善学科建设、人才培养与法律规范建设；加强社会教育，推进教育进家庭、社区等地，提升公众意识与素养。2022年10月26日，教育部发布的《绿色低碳发展国民教育体系建设实施方案》明确了2025年和2030年教育目标，旨在贯彻落实习近平总书记关于碳达峰碳中和工作的重要指示，将绿色低碳理念融入各层次教育，培养新一代青少年，发挥教育系统功能，为碳达峰碳中和作贡献。2023年12月27日，中共中央、国务院发布《关于全面推进美丽中国建设的意见》，提出到2025年，绿色低碳理念在大中小学普及并进入教育体系。至此，基础生态文明教育已纳入国民教育体系，覆盖了从学前教育到高等教育的各个阶段。

基于以上政策背景，新时期生态文明教育应以习近平生态文明思想为指导，立足新发展阶段，深入贯彻绿色发展理念，构建新发展格局，聚焦绿色低碳发展融入国民教育体系各个层次的切入点和关键环节，采取有针对性的举措，构建特色鲜明、上下衔接、内容丰富的绿色低碳发展国民教育体系，引导青少年牢固树立绿色低碳发展理念，为实现碳达峰碳中和目标奠定坚实的基础。同时，注重实践与创新,将生态文明教育融入日常生活和工作中,推动形成绿色、低碳、循环、可持续的生产生活方式,培养全民生态文明意识,增强公民保护生态环境的责任感和使命感。

三、新时期生态文明教育的目标

新时期的生态文明教育目标应与国家发展总体布局相契合,致力于服务全面建设社会主义现代化国家和实现中华民族伟大复兴的中国梦。作者认为,新时期生态文明教育的目标应包含以下几个方面:

(一)培养具有生态价值观和实践能力的建设者和接班人

培养具有生态价值观和实践能力的建设者和接班人是我国生态文明教育最重要的目标。2019 年,《中国教育报》发表文章,提倡将生态文明教育全面融入国民教育体系,实现从学前教育到高等教育的全学段覆盖,培养学生的生态文明价值观和实践能力。具体而言,作者认为该项培养目标可概括为以下几点:提升环保意识,培养学生对环境问题的敏感性和责任感,使其能够认识到环境保护的紧迫性和重要性;培养生态素养,使学生掌握生态保护的基本知识和技能,为未来的环境保护工作打下坚实的基础;促进行为改变,鼓励学生将生态文明理念转化为实际行动;增强实践能力,通过让学生参与环境保护项目和社会实践,提高学生解决环境问题的能力;培养全球视野,在全球化背景下,培养学生理解全球环境问题的能力,并参与国际合作解决环境问题。

(二)加强生态文明科普性教育,提升公众生态文明意识

通过开展面向社会的生态文明科普教育,提升公众对生态文明建设的认同、知晓与践行程度,助力绿色生活方式的养成。借助媒体等多元媒介,广泛向公众普及生态学基础理论,着重强调人与自然和谐共生的意义,推动全社会形成绿色的生产与生活方式,从而促进人与自然和谐相处,实现生态环境质量的稳步、持续改善。

(三)构建和完善生态文明教育的法治体系

完善的法治体系是实现生态文明教育高效发展的保障。确定生态文明教育的

法律地位并将其纳入国家教育体系，是确保各级各类学校在课程设置、教学内容和教学方法等方面不偏离国家生态文明教育的战略目标并充分切合生态文明教育要求的首要任务；明确各级政府、教育部门、学校和社会各界在生态文明教育中的职责和义务，是推动生态文明教育深入开展的关键；建立生态文明教育的监督机制，定期对生态文明教育的实施情况进行评估和监督，是确保教育质量和效果的必要措施。通过构建和完善生态文明教育的法治体系，可为实现生态文明稳步有序地发展提供坚实的法治保障。

（四）加强国际交流与合作

在我国新时期，生态文明教育目标还包括推动落实联合国《2030年可持续发展议程》中可持续发展教育的相关目标。因此，加强国际交流与合作极为必要。于生态文明教育领域，与国际组织及其他国家的携手合作，能汲取国外前沿生态文明理念与实践经验，实现经验成果共享，不仅能有力推动我国生态文明教育迅猛发展，还可提升中国在全球生态文明建设进程中的影响力。同时，积极投身全球环境治理，为应对全球气候变化、保护生物多样性等全球性环境难题贡献中国智慧与方案，亦是我国生态文明建设的重要构成。强化国际交流与合作，不仅能够提升我国自身的生态文明建设水平，更能在国际舞台上树立我国的绿色形象，为全球生态文明建设贡献积极力量。

（五）科技创新与数字赋能

我国新时期生态文明教育的发展，离不开科技创新与数字赋能的有力支持。故而，我国新时期的生态文明教育目标还应包括实践中的科技创新与数字赋能。在课程设置方面，应不断优化生态文明教育课程体系，将科技创新与数字赋能理念深度融入各学科之中：通过将人工智能、大数据、云计算等先进信息技术引入课堂，为生态文明教育筑牢技术根基；通过加强师资队伍建设，培育一批既懂科技又懂生态的复合型教师，以契合新时代教育需求；积极营造科技创新与生态文明相融合的校园文化建设氛围，通过举办科技节、环保主题展览、绿色创新竞赛等活动，充分激发学生的创新意识与环保热情；此外，推动学校与企业、科研机构合作，为学生搭建实践平台，让他们在真实工作场景中感受科技与生态的结合，切实提升解决实际问题的能力。

四、新时期生态文明教育与生态学

在当前全球环境问题日益严峻的背景下，生态文明教育与生态学的跨学科整合有助于形成全面的教育策略，以应对环境问题的复杂性。将生态文明教育嵌入生态学及其他相关学科的教学框架，有助于培育既掌握专业知识又具备深厚环保意识的复合型人才。生态学的核心原理包括协同共生、开放性、种群关系分类、资源承载力和最优规模等，应用于教育领域，可促进师生之间以及学科之间的协同发展、增强高校开放性以提高其环境适应性、建立基于学科关系的分类管理机制，以及根据教育资源承载力确定高校最优规模等。

生态文明教育与生态学理论的跨学科整合已在全球范围内取得显著成效。通过整合生态学理论与教育实践，可以构建一个更加和谐、可持续的教育环境。瑞典的 Kransberga 学校开创了一种新的生态教育模式，将生态学原理深度融入学校课程体系，借助实地考察、项目式学习以及社区参与等多元形式，让学生在实践中沉浸式学习与体验生态学知识。例如，学校通过组织学生打造校园花园和积极参与当地社区的可持续发展项目，将生态学、社会学与经济学进行了完美融合。这一教育模式成效显著，不但加深了学生对生态系统的认知与理解，更有效地激发了学生对环境保护的热情，增强了他们在这方面的责任感。根据瑞典教育部门发布的评估报告，参与该项目的学生在环境意识、生态素养层面均取得了显著进步。这一成功范例，已引发教育界与环保组织的广泛关注，为世界其他国家的生态教育发展提供了极具价值的借鉴经验。

教育生态位理论为生态文明教育与生态学理论的整合开辟了全新视角。该理论巧妙地将生态学里的生态位概念引入教育领域，用以阐释教育主体在教育生态系统中各自所处的位置、承担的角色，以及发挥的功能。教育生态位理论有助于明确个体和集体在推动生态文明建设中的作用和责任，包括两大核心理论，即个体生态位理论与学校生态位理论。

个体生态位理论强调每个学生和教师在教育生态系统中分别占据的独特生态位，学生的学习、教师的教学和研究活动都对生态文明建设有着直接或间接的影响。很多教育领域的研究结果都表明，当教育活动与生态学原理相结合时，学生的环保行为和意识就会有显著提升。

学校生态位理论认为学校作为教育生态系统的重要组成部分，其生态位体现在如何通过课程设置、校园文化和实践活动来培养学生的生态文明素养。例如，实施绿色校园项目的学校在提升学生环保意识方面效果显著，这反映了学校生态位在生态文明教育中的重要性。

生态文明教育不仅需要融入生态学的核心概念和原理，还需要从生态系统的视角出发，优化教育生态位，增添教育活动对生态文明建设的贡献，发挥教育在生态平衡、可持续性和社会进步中的重要作用。优化教育生态位的途径包括开发与生态学理论相结合的课程、加强师资培训以及创建支持生态文明教育的校园环境等。另外，教育技术的发展，如数字资源和智慧教育平台，亦为生态文明教育提供了更多样化和个性化的学习方式，有效提高了教育的参与度。

五、新时期生态文明教育的内容

现代教育体系在工业文明的背景下发展起来，它在推动社会进步和经济增长方面发挥了重要作用。然而不幸的是，这种体系也成为环境问题的促成因素之一。例如，现代教育体系往往强调经济增长和技术进步，这导致了对自然资源的过度开发和消费，从而加剧了环境问题。为了解决生态危机并创造一个可持续的未来，培养适应新文明形态的人才势在必行——这是生态文明教育产生的背景所在，也是其在新时代所肩负的使命。因此，生态文明要求以生态意识为根基打造教育的新社会契约，推动课程与学校的系统重构。

当前，现代教育范式正步入转型升级的新阶段，教育被赋予了全新的使命与发展导向，倡导构建一种全方位、协调性与可持续性兼具的教育发展模式，并与生态文明建设形成相互契合的优化格局。这就要求教育内容的编排以及教学方法的选择，均需紧密围绕生态文明建设的核心价值进行精心策划与切实施行。教育的范畴已不再单纯局限于传统意义上知识与技能的传授，而是将重心更多地置于学生生态智慧的培育之上，即促使学生深度领会人与自然和谐共生的重大意义，并引导学生思索如何在日常生活实践中积极践行这种共生关系，进而将生态文明理念全方位融入生活的各个层面，使学生切实成为生态文明建设的积极参与者与有力推动者。

生态文明教育作为一种新兴的教育范式，体现了教育领域对工业文明时期传统教育模式的根本性反思与变革，从地球整体的宏观视角出发，以生态整体性逻辑取代人类中心性逻辑，重新审视与展望教育的未来。在此背景下，生态文明教育将从生态合理性的视角重新审视学校、学科和学习过程，致力于构建一个生态友好型的未来教育体系，以培养具备尊重生命意识、能够与自然和谐共处的生态公民。

（一）生态文明理念教育

生态文明理念教育指在教育过程中融入生态文明的核心价值观和理念，培养学生的生态意识和可持续发展思维。培养学生的生态意识是让学生能够认识到生态环境的重要性，理解人与自然的和谐共生关系；培养学生的可持续发展思维，使其作为未来的决策者，能够在将来的决策中充分考虑到环境保护和社会责任。生态文明理念教育的内容可从以下层面展开：

1. 生态文明哲学观

生态文明哲学观教育指在教育过程中融入生态文明的哲学思想和价值观念，旨在培养学生对生态环境的深刻理解和责任感，以及实现人与自然和谐共生的能力。生态文明哲学观教育强调人与自然的和谐共生，认为人类活动应尊重自然规律，保护生态环境，实现可持续发展。这种教育倡导绿色发展、循环经济和低碳生活，强调生态伦理和环境正义，以及对后代和全球生态安全的责任感。

新时代生态文明哲学观以习近平生态文明思想为指导，深刻回答了人与自然和谐共生的重大理论和实践问题。这一哲学观不仅继承和发展了马克思主义生态观，而且融合了中华优秀传统生态文化，形成了具有中国特色的生态文明理论体系。习近平生态文明思想在传承"天人合一""道法自然"等中华优秀传统生态文化的同时，继承了马克思主义关于人与自然关系的思想，对传统生态环境保护理论进行了扬弃和升华，对世界可持续发展理论进行了传承和深化，准确深刻地把握了新时代我国人与自然关系的新形势、新矛盾、新特征、新问题，创新发展了中国式现代化的独特生态观，深刻阐释了人与自然和谐共生的内在规律和本质要求，赋予了中华优秀传统生态文化崭新的时代内涵，推动了中华优秀传统生态文化创造性转化和创新性发展，体现了中华文化和中国精神的时代精华。

习近平生态文明思想是马克思主义基本原理与我国具体实际相结合的生动

实践，是马克思主义生态哲学观的最新理论成果。北京大学教授郇庆治提出，以习近平生态文明思想为基点，建构中国自主的生态哲学知识体系是深化生态哲学研究的重要任务。

新时代背景下的生态文明哲学观培育主要包含以下几方面的内容。

（1）生态伦理教育。生态伦理教育，作为一种以生态伦理学为基础的素质教育形式，已成为当今世界各国国民教育体系中的关键议题，且逐步融入各国教育的核心内容板块。

生态伦理学于20世纪80年代中期传入中国。关于生态伦理的定义，我国学者有不同的见地：聂长久（2016）认为生态伦理作为道德的组成部分，是真实存在的客观社会关系的主观反映，是社会的产物；田松（2015）认为生态伦理是以人与自然的关系为中心，即人与自然之间的伦理关系。

在生态伦理教育方面，我国也有很多学者进行了探讨：王顺玲（2013）认为生态伦理教育涉及环境学、社会学、政治学、伦理学等多种学科，目的是通过各种教育途径帮助人们树立尊重自然、敬畏自然的价值观念，遵循环境公平与正义，塑造现代公民的生态人格，促进人的全面发展和社会的健康发展；张红（2007）认为生态伦理教育是教育工作者从人与自然的相互依存、和谐共处的生态伦理理念入手，引导受教育者自觉养成爱护自然环境、保持生态平衡的生态观念，自觉地担负起自己的责任和义务，实现人与自然和谐相处的教育形式；朱蕴丽等（2020）认为生态伦理教育是一种教育人类如何协调与动物、环境、大自然等生态关系的普适教育。

广义的生态伦理教育融合了环境学、社会学、政治学、伦理学等多个学科的道德教育，其宗旨在于通过影响人类社会，促进人们对自然的尊重、敬畏以及对环境公正和公平价值的遵守，从而塑造生态人格并促进人的全面发展与社会的健康进步；而狭义的生态伦理教育，是指学校教育者在生态伦理学的理论指导下，通过教育手段对受教育者进行尊重自然、爱护自然和保护自然的道德观念和责任意识的培养，使受教育者形成符合生态伦理学的自然价值观和权利观，进而引导受教育者为了人类的长远利益，自觉养成生态环保意识和相应的道德行为习惯。

在当今社会、经济、文化和环境的新发展形势下，生态伦理教育的重点在于培养学生的生态伦理观念和行为准则。通过教育引导学生深刻理解可持续发展的伦理观念，重新思考人与自然的关系，以及人类发展中人际、代际、物种间应有的平等关系。

（2）生态自然观。生态自然观主张人类从大地共同体的征服者转变为共同体的普通成员与公民，强调人类与自然的平等关系。这一观点不仅关注人类活动对自然环境的直接影响，还重视人类社会制度对生态的作用，倡导通过改革不合理制度，实现人与自然的协调发展。

古代生态自然观起源于人类对自然界的初步认识和依赖，主要体现在对自然的尊重、顺应以及对自然资源的合理利用和保护上。近现代生态自然观的形成和发展与工业革命和生态环境问题的日益严峻密切相关。18世纪至19世纪，随着自然科学的发展，人们对自然规律有了更深入的认识，生态自然观开始融入科学元素，其代表为马克思主义生态自然观。马克思主义生态自然观认为，资本主义生产方式致使自然资源被过度开发、环境遭到破坏，因此要实现可持续发展，必须转变生产和消费模式，构建与自然和谐相处的新社会制度。马克思主义生态自然观深刻剖析了自然界与人类活动的关系，为近现代生态自然观奠定了理论基础。

马克思主义生态自然观这一理念在新时代得到了进一步的强调和发展，成为指导中国生态文明建设的重要理论基础。习近平总书记关于"人与自然生命共同体"的科学论断，深刻阐述了人与自然和谐共生的关系，强调人类必须尊重自然、顺应自然、保护自然，在继承马克思主义生态自然观的基础上，结合中国实际，形成了新时代的生态自然观。

新时代的生态自然观，是在中国特色社会主义理论体系的指引下，紧密结合中国国情与时代发展需求，对马克思主义生态自然观的传承与创新性发展。人与自然和谐共生的理念，构成了新时代生态自然观的核心要义。该观念明确指出，人类的生存与发展高度依赖于健康的生态系统，人类作为生态系统中不可或缺的组成部分，理应尊重生命共同体中的其他成员以及整个共同体，任何人类行为皆应以维护生命共同体的和谐稳定与美好状态为导向。

2022年，联合国教科文组织发布了《共同重新构想我们的未来：一种新的教育社会契约》报告，把"人类根植于生态系统之中的观念将深入人心"列为2050年教育发展的愿景之一，强调通过教育变革，重新平衡地球作为生活星球和独特家园与人类之间的关系。这表明生态自然观的培育在未来的教育体系中将占据重要地位。

生态自然观的培育关键在于建立人与自然的紧密连接。因此，开展自然教育是培养生态自然观的有效途径。教育者可通过引导受教育者走进自然、亲近自然、珍爱自然、保护自然，并结合学校课程体系，潜移默化地培育学生的生态自然观。

（3）生态价值观。生态价值观是指个体或群体在处理人与自然关系时所持有的价值取向和行为准则，其主要包括生态的经济价值、生态的伦理价值和生态的功能价值三个方面。这种价值观不仅包含了人类对自然环境的经济利用和开发，还涵盖了人类对生态系统平衡和稳定的伦理关怀，以及对自然生态系统功能和存在价值的认识，体现了人类对生态环境客体满足其需要和发展过程中的经济判断、伦理判断，以及自然生态系统作为独立于人类主体而存在的系统功能判断。

马克思主义生态自然观是生态价值观的重要理论基础之一。在经济价值方面，马克思主义生态自然观认为自然资源并非无限的，而是有其再生能力和承载限制的；在伦理价值方面，恩格斯在《自然辩证法》中强调了人类活动对自然的破坏最终会反噬人类自身，人类必须在伦理层面上重新审视与自然的关系；在功能价值方面，马克思主义生态自然观认为自然生态系统具有不可替代的功能，如气候调节、土壤保持和生物多样性维持等，这些功能对于人类社会的稳定和发展至关重要。

中华民族传统生态文化构成了生态价值观的另一重要理论基础，其蕴含着丰富的生态智慧与价值导向。在经济价值层面，中国传统生态文化倡导"取之有度、用之有节"的原则，反对无节制地开发和利用自然资源；在伦理价值方面，中国传统生态文化中的"仁爱"思想，要求人们对待自然万物都应持有一颗仁爱之心；在功能价值层面，中国传统生态文化强调要按照自然规律进行资源利用。

习近平生态文明思想代表了当代中国生态价值观的理论巅峰，他既继承了马克思主义生态价值观的精髓，又深度挖掘并发展了中华民族传统生态文化中的价值理念，创新性地提出了一系列极具时代特色的生态价值理念与发展战略。在经济价值方面，强调"绿水青山就是金山银山"的发展理念，倡导在保护生态环境的前提下发展经济，实现经济发展与环境保护的双赢；在伦理价值层面，习近平生态文明思想提出了"人与自然是生命共同体"理念，要求人们处理与自然关系时，秉持责任感与使命感，尊重自然伦理价值；在功能价值方面，习近平生态文明思想强调生态系统服务的重要性，提出了"山水林田湖草沙"系统治理的理念，要求全方位、全地域、全过程保护生态环境，维护生态平衡和稳定。

生态价值观教育重点培育学生对生态环境的深度认知与责任感。借助系统且全面的教育过程，学生能够清晰地洞察自身行为对生态环境产生的影响，进而在日常生活中做出更具环保效益的抉择。生态价值观教育对于塑造具备强烈环保意识的公民群体、驱动社会迈向可持续发展路径以及有效应对全球性环境问题，均发挥着不可替代的关键作用。生态价值观教育亦是衡量社会进步程度与文明发展水平的重要标志，深刻反映出一个社会在生态伦理层面的觉醒与升华。

（4）生态消费观。生态消费，也被称作适度消费，是一种经过理性抉择，与物质生产及生态生产水平相适配的消费模式。它既能切实满足人们当下的消费需求，保证一定生活质量，又不会对生态环境造成损害。一方面，它鼓励人们减少对自然资源的过度攫取，倡导资源的循环利用，助力保护地球的生态环境；另一方面，它通过推动自然资源的合理利用，为经济的长期稳定增长提供坚实支撑。从消费维度层面，生态消费不仅着眼于物质需求的满足，更广泛涵盖精神、政治及生态等多个维度的需求，尤其强调精神消费第一性原则，突出人的精神与心理需求。这与传统高消费模式单纯追求物质享受的做法形成鲜明对比，生态消费更加重视从精神层面获得深层次的满足。在时间跨度上，生态消费具有跨时空特性，倡导把现代人的需求与未来人的需求有机结合起来，致力于满足不同代际人群的消费需求，确保资源在代际间的合理分配与传承。生态消费的理论基础之一是生态伦理学，强调尊重自然的价值与权利，要求人们在消费行为中遵循生态伦理规范，促进人与自然的和谐共生。

生态消费观是一种以人与自然、社会和谐共生为价值导向，指导人们消费行为与决策的消费理念。这种消费观鼓励人们适度消费，避免过度浪费，优先考虑选择那些在生产、使用和废弃过程中对环境影响较小的产品和服务。

生态消费观在个人行为层面主要体现在以下几个方面：在消费选择上，它引导消费者倾向于环境友好、资源节约的绿色产品；在生活习惯方面，它鼓励个人节约资源、减少浪费；在价值观念上，它强调精神消费的重要性，促使消费者在追求物质满足时更注重精神层面的满足，以减少对物质资源的过度消耗，促进个人生活全面和谐发展。

生态消费观对整个社会可持续发展有着多方面的推动作用。在资源节约与环境保护方面，其倡导的适度消费和可持续性消费，能有效减少人类对自然资源的过度开采与消耗，进而保护生态环境，达成资源的可持续利用；在促进绿色产业发展上，生态消费观的普及与实践为绿色产品和技术的研发创造了市场需求，有力推动了绿色产业的发展，促使经济结构优化升级；从提升公众环保意识层面来看，生态消费观的推广，有助于提高公众的环保意识，形成全社会共同参与环境保护的良好风尚；在实现碳达峰碳中和目标上，生态消费观的实践助力减少了温室气体排放，对实现国家的碳达峰碳中和目标具有重大意义。

生态消费观教育是培育公众树立正确生态消费观的关键途径。其核心目标在于培养公众尤其是青少年的环保意识与责任感。通过教育，让受教育者清晰认识到个人消费行为对环境产生的影响，从而激发他们主动采取环保行动的意愿。例如，鼓励学生参与社区垃圾回收、节能减排等活动，使其切实体会到个人行为能为环境带来积极改变，进而逐步培养其对环境保护的强烈责任感，树立正确的生态消费观。

（5）生态文化观。生态文化观是指人类在生态文明建设中形成的一种文化理念，它以生态价值观为导向，对生态文明建设理论和实践成果进行总结、凝练和传承。生态文化观包括生态物质文化、精神文化、制度文化和行为文化等，是生态文明的文化样态。它传递着生态文明主流价值观，倡导勤俭节约、绿色低碳、文明健康的生产生活方式和消费模式，唤起人们向上向善的生态文化自觉，为正确处理人与自然关系、解决生态环境领域的突出问题、促进经济社会发展全面绿色转型提供文化滋养和内生动力。

生态文化观教育是将生态文化观融入教育进程，以培育具备生态文明价值观、在实践中自觉践行生态文明理念的时代新人为目标，全力营造良好的社会生态文化氛围，全方位、全地域、全过程地助推美丽中国建设。生态文化培育，既是对传统文化的传承与发展，也是对现代生态文明理念的践行与推广，是增强社会生态意识、维护生态环境、推动社会生态文明建设的重要路径。

内蒙古根河源国家湿地公园的"六个一"模式自然教育项目，堪称国内生态文化观教育的典范。该项目通过整合当地文化和生态资源，与鄂温克人合作开展了"猎人学校"项目，借驯鹿饲养、太阳花制作等活动传播生态文化、传承民族文化。广东内伶仃福田国家级自然保护区的"红树讲堂"之童诗创作项目，采用"双走进"模式，融合科普教育与文化艺术，激发中小学生对红树林湿地的兴趣与保护意识，孩子们通过诗歌创作将自然生态转化为文化产品，提升了保护自然的行动力，该项目也是生态文化教育的典型代表。

2. 生态心理学

生态心理学是一门运用生态学视角来探究个体行为动因的学科，关注自然环境如何影响个体的认知、情感和社会行为，以及人类如何适应自然环境。生态心理学主张将生态学的原则和理念整合进心理学研究中，从而促进心理学研究向生态化方向的转变。它强调环境与行为之间的相互作用，认为个体的行为不仅受到内在心理状态的影响，还受到外部环境因素的制约。通过研究个体与环境的互动，生态心理学试图揭示人类行为的生态规律，为改善人类福祉和环境设计提供科学依据。

生态学的研究方法对生态心理学的发展方向产生了深刻的影响。1996年，生态心理学家Cline Ben在《生态疗法：治愈我们自己，治愈地球》一书中首次提出生态心理治疗（或称为自然心理疗法），认为治愈地球与医治人的心灵是同一个过程，即通过与自然的互动来治疗心理问题，寻找自然的心理价值。现普遍认为，生态治疗是一种以生态心理学为基础，针对人与自然之间的疏离感带来的各种心理问题，在心理治疗中融入生态心理学原则及方法，采取与自然融合的心理治疗举措。它通过恢复人与自然的连接，唤醒人的生态自我，从而产生一些幸福的感觉和积极的情绪。

众多研究表明，接触自然对人类身心健康具有多方面积极影响。自然不仅能促进人的身心健康、改善疾病、缓解压力、增加积极情绪体验，还能提升认知水平、恢复和改善注意力、优化注意力品质。同时，亲近自然有助于提升个体幸福感与正念水平，促进精神成长、审美提升，塑造亲社会与关注他人的价值取向，减少攻击和暴力行为。相关研究显示，与自然环境接触频繁的个体，焦虑和抑郁水平往往较低，而在城市化程度高的地区，居民心理健康问题的发生率相对较高。

华中科技大学田耀华团队研究发现，长期居住在绿色环境中，与抑郁症和焦虑症风险降低显著相关。德国Simone Kühn的研究表明，在大自然中散步，对与压力相关的大脑区域有益，可作为预防精神压力和潜在疾病的有效手段。美国一项最新研究也指出，漫步自然有助于降低抑郁症患病风险。这些研究成果有力地支撑了环境适应理论中自然环境对心理健康的积极影响,为缓解城市化对精神健康的负面影响提供了有效途径。

不同文化背景下,人们对自然环境的态度和行为模式存在显著差异,这些差异在生态心理学的研究中得到了体现。一项跨文化比较研究表明,西方文化倾向于强调人类对自然的征服与改造,而东方文化背景下的个体更注重与自然和谐共生。这种文化差异致使环境管理和保护策略各不相同,也影响着人们日常的环保态度与行为。生态心理学家经跨文化研究,揭示出这些差异背后的心理机制,从而为不同文化背景下制定更适合、有效的环境政策提供了科学依据。

生态心理学强调了人与自然的和谐共生对心理健康的重要性,为改善公民尤其是青少年的心理健康提供了全新的思想理念,丰富了健康教育理论,为青少年的心理健康提供了多维度的治疗策略。生态心理学主张通过优化环境来改善公民——尤其是青少年学生的心理健康,如对学校和社区环境进行改善,以形成有利于青少年健康成长的生态系统。

以生态心理学为依托,将心理健康教育融入生态学教育中,可以帮助学生建立更加健康的心态和价值观、提升学生的内在精神力量、增加学生积极情绪体验、拓宽心理健康改善的路径、提升心理健康教育体验性。

3. 生命观教育

生命观作为世界观的重要组成部分,是对生命存在本身的价值评判,反映了一定的社会历史背景下,拥有生命的个体对自身生命、其他生命体以及生命深层意义的理解和认知。健康的生命观既包含对生命科学知识的理性认识,又涵盖对生命意义和价值的感性体悟;既尊重个体生命的独特性和自主性,又强调生命在群体和生态系统中的相互依存性。

从个体层面来看,健康的生命观使人们能够更好地规划自己的人生,充分发挥生命的潜能,在追求个人幸福和成就的同时,注重身心的平衡与和谐发展;在社会层面,它有助于营造关爱生命、尊重生命的良好社会氛围,减少暴力、歧视等对生命的伤害行为,促进社会的和谐稳定与文明进步;从生态层面而言,它引导人们认识到人类生命与其他生物生命以及整个生态环境的紧密联系,从而自觉践行环保理念,维护地球家园的多样性。

生命教育正是基于这种生命观,通过教育活动来引导个体认识生命、尊重生命、珍爱生命，并在此基础上实现个人的生命价值和社会价值。人力资源与社会保障部中国就业培训技术指导中心于 2012 年 5 月推出的职业培训课程《生命教育导师》中指出：生命教育，是直面生命和人的生死问题的教育，其目标在于使人们学会尊重生命、理解生命的意义以及生命与天人物我之间的关系，学会积极地生存、健康地生活与独立地发展，并通过彼此间对生命的呵护、记录、感恩和分享，实现生命的价值。

生命教育内容涵盖科学层面的生命知识、哲学维度的生命智慧、伦理范畴的生命关怀、美学意义的生命体验及宗教意义的生命敬畏。在具体实施时，一般从生命历程、生命安全和生命价值三方面展开。生命历程教育引导学生了解生命起源、成长与死亡，使其认识到生命的不可替代性，进而珍惜和保护生命。生命安全教育着眼于提升学生在突发事件中的自救技能，增强自我保护意识与能力。生命价值教育则通过让学生体验生命的美好，使其明确自身作为生命个体应承担的社会责任与使命，主动探寻生命的价值和意义。

生态学着重体现生命系统和环境系统相互依存、互为因果的紧密联系，这一特征与生命观所秉持的生命具有整体性、相互关联性的认知高度契合。生命观涵盖对生命存在本质、价值及意义的深度洞察，而生态学为这种洞察筑牢了科学根基。生态学为生命观和生命教育提供了科学的理论基础，而生命观教育和生态学教育活动则是将这些理论付诸实践的有效途径。通过这些活动，人们不仅能够增进对生态学知识的了解，还能够在实践中深化对生命价值的认识，从而促进个体的全面发展和社会的和谐进步。

4. 生态美学教育

生态美学是一种具有中国特色的美学观念，它的提出对于中国当代美学由认识论到存在论以及由人类中心到生态整体的理论转型具有极其重要的意义。但它不是一个新的美学学科，而是美学学科在当前生态文明新时代的新发展、新视角、新延伸和新立场，它是一种包含着生态维度的当代生态存在论审美观。

1994 年，中国学者李欣福发表文章对"生态美学"展开论述，标志着"生态美学"这一全新美学观念在中国正式登场；2000 年，曾繁仁教授提出"生态存在论美学观"，并将其建立在马克思主义唯物实践存在论的基础之上，为生态美学的发展筑牢了坚实根基，极大地推动了中国生态美学的理论发展进程；2000 年以后，相关研究不断深入，鲁枢元的《生态文艺学》、徐恒醇的《生态美学》等专著的相继出版标志着我国的生态美学研究进入了一个新的发展阶段。2005年，曾繁仁教授在其文章《生态美学——一种具有中国特色的当代美学观念》中提出："生态美学以人与自然的生态审美关系为出发点，包含人与自然、社会以及人自身的生态审美关系，以实现人的审美的生存、诗意的栖居为其指归。"

生态学与生态美学紧密相连，呈现出多维度的交融关系。第一，生态学的研究成果和理论框架，为生态美学提供了科学依据和研究视角，生态美学可以借鉴生态学对自然界的系统性、整体性和动态性的洞察，来构建自身的理论体系，深入探讨人与自然的审美关系，使其审美内涵从传统的形式美、艺术美扩展到生态美；第二，生态美学从审美角度审视人类对自然环境的影响，拓展了生态学的研究范畴，为生态学研究提供了新的维度和方法。

生态美学具有独特的价值。一方面，它从审美视角切入生态问题，将生态学研究成果巧妙地转化为人们易于感知的审美体验，提升了生态学在社会文化层面的人文价值；另一方面，作为生态学与美学的交叉学科，生态美学的发展有力地推动了生态学与人文社会科学的交叉融合，为生态学研究开辟了全新思路。

在实践应用上，生态美学所强调的人与自然和谐共生理念，借助生态设计、生态旅游等实践活动，推动了生态学在环境保护、生态修复、可持续发展等实际领域的深入应用，切实发挥了指导和促进生态实践的重要作用。

生态美学教育的核心内容聚焦于培养个体的生态审美观，通过引导人们欣赏自然之美，增强对生态环境的保护意识。生态美学教育不仅限于理论学习，更重视实践体验，如组织户外教学活动、生态旅游和社区环保项目，使学习者在亲身体验中深化对生态美学的理解和感悟。

（二）生态文明知识教育

1. 环境科学知识

环境科学是研究人类活动对自然环境影响的学科。环境科学知识包括污染物的扩散规律、环境影响评价方法、生态系统修复技术等，这些知识对于未来参与环境保护和生态修复的工作者而言具有重要意义。

环境科学知识是形成正确生态文明理念的基石，在学校课堂教学与课外实践，社区宣传教育、企业培训等各类生态文明教育实践活动中，都是不可或缺的核心内容。环境科学知识的学习能拓宽公众的视野，让人们从全球、区域和地方等不同层面认识生态环境问题的复杂性与多样性，以及不同地区、国家在生态文明建设方面的经验做法，从而激发人们对生态环境保护的关注和参与热情，促进国际间的交流与合作，共同推动全球生态文明建设。

环境科学知识对政府和相关部门制定与实施生态文明建设政策具有重要的支撑作用，只有深入了解生态环境现状、问题、发展趋势以及与经济社会发展的相互关系，才能制定出科学合理、切实可行的政策措施；且公众对环境科学知识的掌握程度直接影响着政策的实施效果，只有公众理解并认同政策背后的生态环境理念和目标，才会积极配合政策实施。

环境科学知识主要包括以下几个方面：

（1）自然环境知识。自然环境知识一般包括自然资源和自然地理两方面内容。自然资源知识主要涵盖可再生资源（如水资源、森林资源、生物资源等）与不可再生资源（像矿产资源、化石燃料等）的特性、地理分布、存储量及当前开发利用状况；自然地理知识则涉及地形、地貌、气候、水文、土壤等自然地理要素，以及它们之间的相互作用、人类活动与生态环境的影响等。

（2）环境污染与防治知识。大气污染：涵盖各种大气污染物的源头，如工业废气、机动车尾气、燃煤排放等；探讨大气污染对人类健康、生态环境以及气候变化的不良影响；掌握常见的大气污染防治策略，包括节能减排、采用清洁能源、强化废气处理等措施。

水污染：涵盖水污染的类型及其根源，如工业废水排放、生活污水排放、农业面源污染等；深入理解水污染对水生态系统、饮用水安全以及人类健康的严重影响；掌握水污染治理的技术与策略，包括污水处理厂的运作机制，以及污水的物理、化学和生物处理技术。

土壤污染：涵盖工业活动、农药和化肥的不适当使用、垃圾填埋等土壤污染的起因；土壤污染对土壤肥力、农作物生长和整体生态环境产生的不利影响；土壤污染治理的基本技术理论，包括物理修复、化学修复、生物修复等。

固体废弃物污染：包括固体废弃物的分类，如生活垃圾、工业废渣、建筑垃圾等；废弃物对环境的潜在危害，包括占用土地资源、污染土壤和水体、传播疾病等。

（3）环境问题与可持续发展知识。

全球性环境问题：涉及当前全球环境所面临的诸多挑战，包括但不限于全球变暖、臭氧层破坏、酸雨、生物多样性的下降以及土地荒漠化等现象的现状、发展趋势及其对人类社会和自然生态系统的影响。掌握这些知识，有助于加深受教育者对环境危机紧迫性的认识和责任感，同时培养其全球视野和生态危机意识。

我国生态环境现状：涵盖大气环境、水环境、土壤环境、自然资源及生态系统等多个方面当前的状况，以及我国人均资源占有量偏低、资源开发难题以及资源利用不合理和浪费现象等突出问题。

可持续发展理念：涉及可持续发展的定义、核心内容和基本原则，即追求经济、社会和环境三方面的和谐发展。同时，探讨如何在生产和日常生活中实践可持续发展的理念，以促进经济和社会向绿色、低碳和循环型模式转型。

环境与经济、社会的相互作用：环境与经济、社会之间存在着密切的相互依存和相互制约的关系。环境质量的优劣直接影响到经济的可持续发展和社会的稳定，而经济活动又会对环境产生正面或者负面的影响。社会作为环境和经济的中介，其政策制定、公众意识和行为模式对环境和经济的互动关系起着决定性作用。因此，了解环境与经济、社会的相互作用的相关知识和理论对实现环境、经济和社会的和谐发展、制定科学合理的政策和措施具有重要的意义。

2. 生态学基础知识

生态学知识为生态文明建设提供了理论基础，生态学知识体系是生态文明教育的学科支撑。生态文明教育的目标之一是提高公众的生态意识和塑造生态文明，这依赖于生态学知识的传播和教育。在生态文明教育实践中，生态学知识被用来指导具体的教育活动和课程设计。在教育政策和课程要求中，生态学知识被明确为生态文明教育内容的一部分。

由此可见，生态学知识在生态文明教育体系中不仅是基础和核心，也是实现教育目标、构建教育内容和推动教育实践的关键要素。

3. 环境保护法律法规与政策

法律法规：熟悉国内外与环境保护相关的法律法规，如我国的《环境保护法》《水污染防治法》《大气污染防治法》《固体废物污染环境防治法》《环境噪声污染防治法》以及《海洋环境保护法》等，明确公民、企业和政府在生态环境保护中的权利和义务,以及违反法律的后果,增强法律意识和依法保护环境的能力。

政策与行动:关注国家和地方政府出台的一系列环境保护政策、方针和行动计划,如可持续发展战略等。国家政策方针,包括了解我国政府在生态文明建设方面制定的一系列政策、方针和战略,如可持续发展战略、生态文明建设规划、节能减排目标、节约资源和保护环境的基本国策、"绿水青山就是金山银山"的理念、建设美丽中国的目标等,以及这些政策方针在推动经济社会发展与生态环境保护协调共进方面的重要意义,了解政府在环境保护方面的努力和要求,积极响应和支持政策的实施。

(三)生态文明技能教育

技能是技术进步和创新的"推进器",社会的技能构成水平和质量决定了其掌握技术的能力。技能人才,尤其是高技能人才,是推动技术创新和科技成果转化不可或缺的核心力量,他们是技术创新的开拓者、执行者和促进者。党的二十大报告提出加快发展方式绿色转型,指出"推动经济社会发展绿色化、低碳化是实现高质量发展的关键环节"。实现发展方式绿色转型,需要大批生态技能型(或称绿色技能型)人才提供强有力的专业支撑和保障,这些技能的培养对于大学生在未来职场中的竞争力至关重要。领英《2022年全球绿色技能报告》显示,绿色技能在全球劳动力中的比例从2015年的9.6%上升到2021年的13.3%,增长率高达38.5%;2016年至2021年,增长速度最快的前五大绿色职位分别是可持续发展经理(30%)、风力发电机技术人员(24%)、太阳能顾问(23%)、生态学家(22%)和环境健康与安全专家(20%)。预计未来十年将产生超百万个绿色职位,对于绿色技能人才的需求正在显著增加。

依据当前的研究成果,生态文明技能教育可归纳为在生态文明教育体系内对公民实践技能与行动能力的培育。它不仅涵盖了理论知识的学习,还包括实际操作技能的培训,目的是让学生能够将生态文明的理念转化为具体行动,并积极参与环境保护与可持续发展的实践。生态技能教育的核心在于使受教育者理解生态系统的复杂性,掌握环境保护与可持续发展的技能,并能在日常生活和职业实践中应用这些技能。

新时代的生态文明技能教育一般包括以下几个方面:

1. 生态农业技能

为了适应未来农业发展的需求，大学生们需要通过实践学习和理论研究，深入了解生态农业技能。这包括但不限于土壤管理、作物轮作、有机肥料的使用、病虫害的生态防治以及水资源的合理利用等。教育者通过传授生态农业的实际操作技能，并让学生直接参与农田工作和现场学习，使他们能够直观地学习到可持续农业的实践知识，培养对生态保护的敏感度；同时激励学生的自主创新性，开发出适应本地生态条件的可持续农业模式，以解决全球性的环境问题，如气候变化和资源枯竭等。

根据中国农业部的数据，生态农业通过采用有机肥料和生物防治技术，不仅提高了农作物的品质，还有效减少了化肥和农药的使用量，使农田土壤质量显著提升，增加了农民的收入，有效促进了可持续发展，为农村经济的发展注入了新的活力。大学生作为未来农业的建设者和接班人，生态农业技能是他们必须掌握的重要技能之一。通过这些专业技能的培养，大学生们将能够为推动农业可持续发展作出贡献，并在未来的农业领域中发挥关键作用。

2. 绿色能源利用和开发技能

绿色能源的使用技能一般包括太阳能、风能等可再生能源的应用。据国际能源署（IEA）的《2023年可再生能源》报告，2023年全球能源系统新增的可再生能源容量增长了50%，增长最快的是中国，中国2023年的太阳能光伏发电装机容量与2022年全世界的装机容量一样多，风电装机容量则同比增长了66%。凭借绿色结构性优势，中国日益成为全球能源转型的中流砥柱，在清洁能源技术创新、装备制造、价值链优化等领域扮演着引领性角色。中国已经在太阳能电池板、风力涡轮机和电动车电池生产等领域占据核心地位。基于此，可以看出中国现代能源体系建设已进入了绿色化快车道，绿色高效的现代能源体系将为实现"双碳"目标和提升中国绿色产业竞争力提供强大的动力支持。

在当前全球范围内，绿色能源的开发和应用正受到前所未有的重视。对于大学生而言，培养他们在这一领域的专业技能是至关重要的。此外，还应鼓励学生从不同角度探索绿色能源的潜力，如结合经济学、环境科学和工程学等多学科知识，以培养出能够全面理解和解决能源问题的复合型人才，并推动社会的可持续进步。

3. 垃圾管理与回收技能

根据 2024 年 2 月 28 日联合国环境规划署（UNEP）发布的《2024 年全球废物管理展望》报告，城市固体废物产生量预计将从 2023 年的 23 亿吨增长到 2050 年的 38 亿吨；2020 年，全球废物管理的直接成本估计为 2520 亿美元。如果考虑到废物处理不当造成的污染、健康状况不佳和气候变化等隐性成本，其产生的总代价将上升至 3610 亿美元。预计到 2050 年，这一数字可能翻倍，达到 6403 亿美元。而食物浪费产生了全球 8%~10% 的温室气体排放，几乎是航空业的 5 倍，并占用了相当于全球近 1/3 的农业用地，导致生物多样性严重丧失。这些数据表明，垃圾管理问题将变得更加紧迫。

在垃圾管理问题愈发严峻的当下，培养公民尤其是大学生在垃圾分类、回收利用以及废物管理方面的技能至关重要。教育者可借助课堂教学、实践活动、社区服务、举办讲座、研讨会以及竞赛等形式，向学生传授垃圾分类和回收的相关理论，以及物联网技术优化垃圾收集流程、运用生物技术提升垃圾回收效率等垃圾处理新技术，鼓励学生积极提出创新解决方案，以此推动废物减量和资源循环利用，共同应对垃圾管理难题，助力可持续发展。

4. 环境监测技能

环境监测技能是指借助生态环境相关监测设备，能定期监测土壤、大气、水等生态环境与污染源，获取相关监测数据，对影响生态环境质量的因素进行深入判断的能力。培养学习者进行环境监测的能力，包括水质监测、空气质量监测、土壤监测等，帮助他们掌握科学评估环境状况的方法，为环境质量评价、污染源控制、环境法规执行、公众健康保护、生态保护和修复等工作提供数据支持，帮助决策者了解生态系统的健康状况，并制定相应的保护措施。根据环境监测中心的数据，定期监测可有效降低环境污染事件的发生率，提升公众的环境保护意识。

5. 生态修复技能

生态修复基本技能一般包括样品采集与分析（如土壤、水体、生物样品的采集、保存、预处理和分析测试）、现场调查与评估（包括污染场地的现场调查、数据收集和风险评估）、修复技术应用（如物理修复、化学修复和生物修复技术），专业技能还包括具备生态修复项目的工程设计、施工管理和质量控制的能力。

大学生在生态修复领域的教育重点在于培养环保意识、学习理论知识和掌握基本技能，即使他们可能不会直接从事专业的生态修复工作，但了解生态修复的基础知识和技能，如常见的废水处理、废气处理和固体废物管理、植被恢复、土壤修复和水体净化等，对于他们在未来的工作和生活中避免生态破坏、为环境保护作贡献非常重要，并且他们能在实际项目中应用这些基础知识和技能。

6. 生态文明社会实践与志愿服务技能

大学生参与生态文明社会实践与志愿服务技能的培养，对个人成长、社会进步及国家发展均具有深远意义。

从个人层面来说，通过参与生态文明社会实践和志愿服务，可以增强大学生的环保意识，促使他们形成绿色生活方式和消费习惯，提升实践能力，锻炼其组织、协调、沟通和解决问题的能力，增强团队合作精神；参与生态保护项目，使大学生更加深刻地理解个人行为对环境的影响，培养他们对环境保护的责任感。

在社会层面，大学生通过志愿服务广泛传播环保理念，有效促进了社会公众环保意识的显著提升，积极推动了环保文化的深入建设；大学生的热情参与能够鼓励、带动更多公众投身于生态文明建设之中，营造出全社会共同参与的良好氛围。

从国家层面来看，大学生的实践活动有助于落实国家的生态文明建设战略，推动绿色发展和可持续发展；大学生参与生态文明建设的实践活动，有助于塑造其成为具备环保意识和实际操作技能的年轻领导者，为推动国家的持续发展注入新鲜的人才血液；大学生在国际环保项目中的积极参与，可以提升国家在环境保护方面的国际形象和影响力。

一项长期的追踪调查研究显示：相较于未参与生态实践活动的学生，参与此类活动的学生未来投身环保事业的可能性高出了一倍。据统计，我国高校学生在国际环保科技创新大赛中获奖项目数量逐年上升，反映了生态技能创新教育的成效。

总之，大学生生态文明社会实践与志愿服务技能的培育对于培养具有环保责任感的公民、推动社会环保文化的发展以及实现国家的生态文明建设目标具有重要作用。因此，高校和社会各界应共同努力，为大学生提供更多的实践平台和机会，使他们成为生态文明建设的积极参与者和推动者。

7. 绿色生活方式教育

绿色生活方式教育是生态文明教育的重要组成部分，其核心目标在于引导公众养成节约资源、保护环境的生活习惯，主要包括绿色消费教育与节能减排教育两大关键领域。绿色消费教育，着重于帮助公众辨别并优先选择环保产品，同时倡导减少不必要的消费行为，以此降低个人消费对环境产生的负面影响。市场调查数据显示，接受过绿色消费教育的消费者，在绿色产品的购买比例上相较于未接受教育者高出40%。节能减排教育则聚焦于提升公众对能源消耗及碳排放的认知水平，鼓励大家积极采取各类节能举措，像选用节能电器、减少汽车使用频率等。一项针对城市居民的调查表明，经过节能减排教育的家庭，其用电量相比未受教育的家庭平均降低约15%。这些都充分彰显了绿色生活方式教育在引导公众践行绿色理念、推动生态文明建设的有效性和重要性。

（四）生态文明情感与态度教育

情感与态度教育作为生态文明教育的重要组成部分，旨在培养学生对生态环境的积极情感和负责任的态度，以实现人与自然和谐共生。

1. 生态文明情感教育

生态文明情感是指个体对自然环境和生态平衡的情感体验和情感反应。这种情感不仅包括对自然美景的欣赏和对生态破坏的悲伤，还包括对环境问题的关注和对生态保护的热忱。生态文明情感是推动人们采取环保行动的情感动力，它能够增强个体对生态环境的责任感和紧迫感。

生态文明情感教育是一种以培养个体对生态环境的情感认同为目标的教育活动，通过培养个体对自然环境的正面情感，使受教育者能够建立起与自然和谐共生的情感联系，增强环境适应性和心理韧性，使个体能够更好地理解和保护自然环境，进而形成积极的生态伦理观和可持续发展的行为模式。生态文明情感教育强调了情感在生态文明建设中的作用，认为情感是连接人与自然、推动环境保护行为的重要动力，其核心在于引导个体体验和感受自然环境，激发其对自然的敬畏之心和保护之情，从而在日常生活中实践环保行为。另外，生态文明情感教育有助于将环保意识和行为习惯传递给下一代，形成全社会共同参与生态环境保护的良好风尚。生态文明情感教育的目标是培养个体的生态意识和责任感，这些目标的实现，不仅有助于个体的发展，也对整个社会的可持续发展具有重要意义。

生态文明情感教育内容主要包括自我认知与情感表达、同理心与生态共情培养两大层面。

（1）自我认知与情感表达。在生态文明情感教育中，自我认知与情感表达是培养个体生态意识和行为习惯的重要环节。自我认知是指个体对自身情感、态度和行为的理解和认识，而情感表达则是个体将这些内在体验外化的过程。

自我认知的培养：通过自然教育和实践活动，受教育者能够把"人与自然是命运共同体"的理念内化于心、外化于行；通过亲身体验和参与实践，受教育者能够更加直观地理解生态系统的复杂性和脆弱性，从而培养出对自然的敬畏之心；受教育者还能在与自然的互动中激发出创造力和想象力，如通过参与植树造林、清理河流等环保活动，学生们能够亲身体验到改善环境的成就感，发现生活的乐趣，增强解决问题的能力。此外，生态文明的自我认知还包括对环境问题的敏感性和责任感，这促使学生在日常生活中采取更加环保的行为，如减少资源消耗、参与回收利用、保护野生动植物等，从而推动社会整体向绿色、低碳、可持续的方向发展。

情感表达的实践：教育者应鼓励学生通过艺术创作、写作、演讲等多种方式表达对自然环境的情感。通过绘画和写作，学生能够更深入地体验和表达他们对自然环境的情感，这种表达不仅有助于学生情感的宣泄和调适，还能增强他们对环境问题的关注和同情。这种情感认同有助于内化环保意识，从而在行为上表现出更持久的环保行为。

（2）同理心与生态共情培养。同理心和生态共情是生态文明情感教育的核心内容，它们促使个体超越个人利益，关注和理解他人及自然环境的需求和感受。

同理心的培养：生态情感教育强调培养学生对自然环境的同理心，即能够理解和感受自然界中其他生物和生态系统的情感和需求。教育者可以通过自然体验活动、情境模拟、环境教育项目和生态保护实践，使受教育者更直接地体验自然，从而培养其对自然的同理心。

生态共情的培养：生态共情是一个涉及环境伦理学、心理学和生态学的概念，它描述了个体对自然环境及其组成部分所展现出的共情能力，表现为个体对自然环境的情感共鸣和道德关怀。这种能力使个体能够理解和感受自然界中其他生物和生态系统的情感和需求，并在行为上做出响应以保护和维护环境。生态共情是生态情感教育中的一个重要组成部分，可以通过模拟生态系统的游戏、自然观察和环境教育旅行等活动培养受教育者对生态系统的共情。该研究探讨了青少年人类共情能力与亲环境行为的关系，并发现人类共情能够正向预测青少年的亲环境行为。刘鑫姿等（2021）的研究结果显示，人类共情与亲环境行为之间存在显著正相关，且青少年的拟人化能力在人类共情的观点采择维度对亲环境行为的影响中起到部分中介作用。

2. 生态文明态度教育

生态文明态度侧重于个体对生态环境保护的认知评价和行为倾向。它涉及个体对环境问题的看法、对可持续发展的支持程度以及在日常生活中实践绿色生活方式的意愿。生态文明态度是个体在认识到环境问题严重性的基础上形成的一种积极的行为意向，它指导着人们在环境保护方面的具体行动。

生态文明态度教育强调培养个体对自然环境的尊重和爱护，以及对生态文明建设的积极参与态度。学校、家庭和社会在生态文明态度教育中都扮演着重要的角色。学校通过课程和实践活动，如校园绿化、环保主题的社团活动，来引导学生积极的环保行为；家庭则通过日常行为的示范和教育，如节约用水用电、垃圾分类，来影响孩子的生态文明态度；社会则通过媒体宣传、公共政策和法律法规的制定与执行，来营造尊重自然、保护环境的社会氛围。

在实践中，可以通过自然体验活动、环保自愿服务、生态文化活动等方式激发学生对生态环境保护的积极性。如组织学生或公众到自然保护区、森林公园、湿地公园等自然场所进行生态露营、徒步旅行、观鸟等活动，使人们在亲近自然的过程中，了解自然生态系统的运行规律和生物多样性的重要性；鼓励学生或公众参与各类环保志愿服务活动，如组织志愿者到社区宣传垃圾分类知识，指导居民正确分类投放垃圾；参与河流巡查和清理活动等，在实践中提高自身的环保积极性和责任感。通过举办生态文化节、环保创意大赛、生态文明主题展览等活动，以文化艺术的形式传播生态文明理念，激发人们的创造力和参与热情。

综上所述，生态文明的理念、知识、技能以及情感和态度教育构成了一个相对完整的生态文明教育体系，它不仅涵盖了理论知识的传授，还包括实践技能的培养，以及对自然环境的尊重和保护意识的塑造。通过这样的教育体系，可以培养出既懂得生态保护重要性，又具备实际行动能力的公民，从而为实现可持续发展奠定坚实的基础。

　　《"美丽中国，我是行动者"提升公民生态文明意识行动计划（2021—2025年）》等政策文件的出台，为新时期的生态文明教育提供了指导和支持。该行动计划采用教育引导、实践养成、文化熏陶和制度保障等多元化策略，旨在全面提升公民的生态文明意识。在教育引导方面，生态文明教育将被整合进从基础教育到高等教育的各个阶段，开展一系列针对性的课程和活动。在实践养成方面，鼓励公民积极参与环保活动，如植树造林、节能减排、垃圾分类等，通过具体行动促进生态文明意识的形成。文化熏陶则通过媒体传播和文艺作品的创作，营造出一种尊重自然、倡导绿色生活方式的社会氛围。在制度保障方面，将完善相关法律法规，确保生态文明建设的法制化和规范化。这些教育措施的实施，将会培养更多积极致力于生态文明建设的公民，共同为实现美丽中国的宏伟目标而努力。

第三节 生态学课程中的生态文明教育

一、生态学课程中的生态文明教育目标

（一）生态理念教育目标

1. 树立生态文明价值观

在生态课程中，树立生态文明价值观是核心目标之一。根据《"美丽中国，我是行动者"提升公民生态文明意识行动计划（2021—2025年）》的指导思想，生态文明教育旨在引导公民树立平等、尊重与共生的价值观。具体而言，教育目标应着重于价值观念的内化以及行为方式的转变。通过教育活动，学生可以深刻领会生态文明的内涵，并将这些价值观念内化为自身的行动准则，从而转化为实际行动。

2. 培养生态整体性世界观

生态整体性世界观要求人类超越传统的人类中心主义和机械唯物主义的局限，以一种更加全面和系统的方式理解和处理环境问题，使学生树立人与人多元共存的命运共同体理念，以此形成生态文明自觉并充分认识生态文明对人类文明发展和延续的重大意义，促进人与自然的和谐共生。

培养生态整体性世界观是生态文明教育的关键组成部分。生态学课程应通过价值引领让学生建立人与自然和谐共生的生态哲学观，使其能从全球视角审视生态问题，理解全球气候变化、生物多样性丧失等危机对人类社会的深远影响，进而提升生态文明素养。

3. 培养生命观

通过生态学课程，培养学生对生命科学知识的理性认识，使学生尊重个体生命的独特性和自主性，能够更好地规划自己的人生，充分发挥生命的潜能，在追

求个人幸福和成就的同时，注重身心的平衡与和谐发展；引导学生意识到生命在群体和生态系统中的相互依存性，关爱生命、尊重生命，减少暴力、歧视等对生命有伤害的行为，促进社会的和谐稳定与文明进步；引导学生认识到人类生命与其他生物生命以及整个生态环境的紧密联系，从而自觉践行环保理念，积极参与生态保护行动。

生命观的培育目标可从以下几个层面展开：

（1）自然界生命的多样性认知与独特性认知。通过生态学课程的开展，学生能够深入理解生命形态的多样性和独特性，理解不同生命体在生态系统中的角色和功能，从而强化自身对生命知识的了解，深刻体会到每个生命体（包括学生自身）的独特价值和不可替代性，提升对生命的感悟和深层认知，引导学生形成所有生物是一个命运共同体的意识，领悟人生的意义和价值，追求崇高的人生境界。

（2）生命的演化历程与适应性理解。通过学习生态学课程，学生可以掌握生命演化的基本理论和主要历程，以及生物对环境变化所展现的适应性特征和进化策略。从而认识到生命的演化是一个动态且持续的过程，生态环境的变化会驱动生物不断进化，从而加深自身对生命适应性原理的理解；同时，学生还可以从心理和行为层面思考如何在不同的环境条件下实现自身的生命价值，提升自身的环境适应能力。

（3）生命过程洞察。通过对生态学课程中的生命过程（包括从出生、成长、繁殖到衰老、死亡的一系列复杂生理、心理和社会现象）的深入洞察，学生可以直观地感受到生命诞生与成长的神奇与奥秘，从而激发出对生命的敬畏之情；进一步超越对生命表面现象的认知，理解生命过程背后的意义和目的，对生命过程进行深度思考和价值判断。生态学课程可以促进学生对生命过程的深度理解与积极应对，培养大学生合理规划人生的能力、受挫能力，形成积极的生命态度和健康的心理品质。

通过对生命过程的洞察，学生在面对疾病与衰老的自然生命过程时，能够认识到健康生活方式的重要性，以及如何在身体机能衰退的过程中保持精神的富足和对生活的热爱，并以积极的心态看待生命中的挫折与困难，将其视为生命成长和历练的机会，而不是消极逃避或抱怨。

在伦理道德层面，通过对生命过程的洞察，能够促使学生未来在面临各种选择时，作出符合道德和伦理规范的决策，反思自己在生命链中的角色和责任，不仅关注自身生命的发展，还关心他人的生命福祉和整个生态系统中生命的和谐共生。

4. 培养生态审美观

生态学课程为生态审美观的培养提供了丰富的素材和独特的视角。该课程通过生态学知识的传授与实践活动的开展，引导学生树立尊重自然、欣赏自然之美并追求人与自然和谐共生的生态审美观念，使学生不仅能欣赏传统美学意义上的自然之美，树立正确的审美价值取向，更能体悟生态系统的内在秩序与和谐之美，进而激发他们积极参与生态环境保护的行动，为其成为具有生态意识和社会责任感的公民奠定坚实基础。

（二）生态知识教育目标

理解生态学原理和规律：学生应掌握生态学的基本术语和概念，如食物链、生物多样性、生态系统服务等；认识到生态平衡对人类社会的重要性，以及破坏生态平衡可能带来的后果；了解物质循环、能量流动等生态系统的基本运行规律；了解不同生物在生态系统中的角色和功能，以及它们之间的相互作用；了解人类活动对生态系统的直接和间接影响。

了解环境科学知识：学生应能够掌握环境科学相关基础知识，理解可持续发展的三个维度：环境、经济和社会，并认识到它们之间的平衡关系；了解节能减排、循环经济等绿色技术，并进行探索和实践。

（三）生态技能教育目标

生态技能教育旨在培养学生的生态学知识和技能，提高他们对生态环境问题的认识和解决能力，以及增强他们的环境保护意识和社会责任感。生态技能教育目标具体包括：通过课程学习，学生能灵活运用生态学原理来判断分析周边生态环境中存在的问题，具有分析现实问题和解决实际生态环境问题的实践能力；能开展生态观测调查、生态环境监测、生态环境评价、生态规划、生态环境工程设计、生态环境保护、城乡生态环境建设、生态管理、生态产业发展、生态旅游开发、健康安全产品生产、乡村振兴和生态文明建设，以及科研设计、实验数据统计分析与科技论文写作、生态教育与科普宣传等相关的专业工作；能够运用生态学基本思想、方法和理论知识阐释日常生活中的生态现象，分析和解决生产、生活中的实际问题；能运用数学、计算机等相关学科基础知识及分析方法和技术来分析、计算生态学常规指标（密度和多样性指数等），并实现结果的可视化。

（四）生态情感教育目标

在生态文明教育中，激发学生对自然环境的热爱是培养生态情感的核心目标。生态情感教育的目标通常包括：通过户外教学和自然观察等活动，提升学生体验自然的频率，从而培养他们对自然的亲近感和热爱；让学生认识到生物多样性对生态系统健康和人类福祉的重要性，理解生物多样性的价值所在；通过学习濒危物种的生存状况，激发学生对濒危物种的同情心和保护意愿；提高学生对生态破坏的敏感性，增强他们对环境问题的识别能力，培养学生对生态破坏的情感反应；引导学生建立自然与人类生活的联系，理解自然对人类生活的重要意义。

（五）生态态度教育目标

生态态度教育旨在借助一系列教育活动达成以下目标：

（1）激发学生的内在驱动力，使其在无外部压力的情境下，仍能主动投身环保行动。通过持续引导，帮助学生在日常生活中养成稳固的环保行为习惯，进而使其能够持续、深入地参与各类环保活动，最终形成长效且稳定的环保行为模式。

（2）培养学生的生态正义感与责任感。通过课程内容，让学生全面理解生态正义的深刻内涵，提升学生对环境不公现象的敏感度，使其能敏锐察觉并关注到生态环境领域存在的不公平问题。

（3）引导学生能够清晰地认识到个人行为对生态环境产生的直接或间接影响，促使学生从内心深处增强生态责任感，自觉将个人行为与生态环境保护紧密相连，主动承担起维护生态环境的责任。

二、生态学课程中的生态文明教育内容

（一）个体生态学层次的生态文明教育

1. 个体生态学的研究内容及其与生态文明的联系

生物个体是生态学研究的起点和基础。环境条件在进化过程中约束了生物形

态、生理、习性和行为特征的进化，同时，生物的生命活动也反过来影响着环境的变迁。了解各物种的个体与环境之间的相互关系，是通往生态学更高层次的必经途径，也是生态文明教育的重要组成部分。

个体生态学以生物个体及其栖息地作为研究对象，深入探究栖息地环境因子对生物所产生的影响，以及生物对栖息地的适应过程，其中涵盖了适应的形态学、生理学以及生物化学机制。该学科聚焦于生物个体及其所属种类的生存与演化进程，探讨的是生物个体发育、系统发育及其与环境之间的相互关系。现代个体生态学更侧重于研究生物个体在环境中如何获取资源，以及这些资源是如何在生物个体的成长与繁殖等生物过程中进行分配的，并关注进化对策的选择问题，属于生态学和生理学交叉融合的研究范畴。

个体生态学主要研究阳光、大气、水分、温度、湿度、土壤及其他生物等生态因子对生物个体的影响，以及有机体通过生物化学、形态解剖学、生理学和行为学机制适应生存环境的方式（具体表现为生物个体生长发育、繁殖能力和行为方式的改变）。具体来说，对植物主要研究其发芽、生长、开花、结果、落叶、休眠等阶段的形态、生理变化与环境的关系；对动物则主要研究其环境适应性、耐受性、食性、迁移、繁殖和生活史等。

生态文明建设中，个体生态学的原理和规律被用来指导如何合理利用自然资源，保护生物多样性，普及绿色低碳理念和促进绿色低碳生活方式，以及维护生态系统的健康和稳定。借助个体生态学理论，能更好地评估人类活动对自然环境的影响，制定有效的保护措施，预测和应对环境变化引发的生态问题，为生物多样性保护和生态系统可持续管理提供科学依据。

个体生态学理论强调个体生物与环境之间的相互关系，这也是生态文明建设中的核心理念——人与自然和谐共生——相呼应。通过个体生态学中生物个体与其栖息地之间相互关系的理论，可以更深入地理解人类与自然环境的和谐共生理念，从而在生态文明建设中实现理论创新与实践探索。个体生态学的应用研究，例如生态恢复和物种保护，与生态文明教育的目标直接相连。

个体生态学通过探究生物个体对环境变化的适应能力、行为特点及与其他个体的相互作用，揭示了生物与环境之间的复杂关系，是生态文明教育的优质素材。学生个体生态学课程，能使学生更好地理解生物对环境变化的响应以及人类活动对生态系统的影响，进而深刻认识人与自然的关系。此外，个体生态学理论可为生态文明建设政策的制定提供科学依据。教育者可借此向学习者阐释政策背后的科学原理，增强政策透明度与公众参与度。

2. 个体生态学的生态文明教育目标

个体生态学课程的生态文明教育的目标，可从知识掌握、能力培养、价值观念和情感态度四个维度进行设定。

（1）知识掌握目标：学生应掌握个体生态学的基本概念、原理和方法，了解生物与环境相互作用的基本规律，认识到世界是一个相互关联的生态系统，更好地理解生态危机产生的根源，能够正确处理人与人、人与自然以及人与社会的各种关系，形成生态文明个体层面的理论知识体系。

（2）能力培养目标：培养学生运用个体生态学原理（如生态因子规律、生态位原理等）评估、分析和解决实际环境问题的能力，提高学生的批判性思维和创新能力。学生能够掌握利用生态因子规律，来预测和缓解环境变化对生物多样性的影响；学生能够通过学习生态位理论，理解物种是如何在生态系统中定位自己的角色，并评估人类活动对这些生态位产生的影响，增强自身解决实际问题的能力。

（3）价值观念目标：通过学习生物个体的适应性和生态位，引导学生树立人与人多元共存的命运共同体理念、人与自然融合共生的生命共同体理念以及人与社会绿色共享的发展共同体理念，形成健康的生态哲学观，增强环境保护意识和生态文明素养。

（4）情感态度目标：通过生态文明教育引导学习者在生态系统中不断扩大人类自身与他人、他物的认同，激发学生对自然环境的热爱和尊重，培养其对生态文明建设的责任感和使命感。深层生态文明教育以培养生态公民为目标，强调深度参与和深度体验，从促进人和社会的生态化发展出发明确学校教育的生态功能。

3. 个体生态学的生态文明教育内容

（1）生态因子的作用规律。在个体生态学中，生态因子是一个基础性概念，包括非生物因子（如温度、水分、光照、土壤等）和生物因子（如捕食者、竞争者、共生生物等）。这些因子通过直接或间接的方式影响生物个体的生存和繁衍。

在生态文明建设中，生态因子的作用规律具有重要的应用价值。如"山水林田湖草沙系统修复工程"就是在遵循生态因子作用规律的基础上，综合考虑多种生态因子的作用，以实现生态系统的全面保护和修复。现以山水林田湖草沙系统修复工程为例，分析生态因子的作用规律在生态文明建设中的作用，为生态文明教育提供理论和实践教学案例。

①生态因子的综合性作用规律。生态因子的作用表现出显著的综合性，它们既相互关联、彼此促进，又相互制约，任何单一生态因子发生变化，都可能引发其他因子产生不同程度的改变，并且这些改变又会反过来对该因子产生作用。多个生态因子同时存在时会对生物个体产生综合影响。因此，修复工程中必须采取多因子综合管理策略，保证所有关键生态因子的平衡和协调，从而确保生态系统的整体健康和稳定。故而，山水林田湖草沙系统修复工程不仅需要考虑单一生态因子的影响，还要综合考虑它们之间的相互作用和协同效应，如，森林的恢复不仅需要植树造林，还需要考虑土壤的肥力、水源的补给以及生物多样性的保护等。

②生态因子的非等价性/主导性规律。主导因子是对生物个体起决定性或支配性作用的因子，主导因子的改变通常会引起其他生态因子发生明显变化，或使生物的生长发育发生明显变化。在山水林田湖草沙系统修复中，识别和调控这些主导因子可以更有效地保护和利用自然资源，促进生态系统的健康发展。如水分是沙漠生态系统中的主导因子，因为它决定了植被的分布和生物的生存状况；水文条件对于湿地生态系统的修复至关重要，它可以影响生物的生长、繁殖和适应能力；温度是森林和草地的主导因子，因为它影响着生物的生长周期和能量代谢。在山水林田湖草沙系统修复中，不同生态系统的主导因子不同，可能是气候条件，如温度和降水，也可能是土壤类型、植被覆盖、生物种类等多种因素。因此，准确识别山水林田湖草生命共同体的主导性因子，是顺利推进系统治理的基础，这些因子对生态系统有直接影响。

③生态因子的直接性和间接性规律。生态因子的直接性和间接性规律是指生态因子的作用可以直接影响生物，也可以通过其他因子的作用间接影响生物。在山水林田湖草沙系统修复中，直接性规律的应用包括：在西北干旱区山水林田湖草沙系统治理中，气候因子如降水和温度直接决定了植被的生长和分布情况，进而影响了水文循环和土壤湿度；在浙江青田"稻鱼共生"系统修复项目中，土壤

的肥力和结构直接影响植物的生长情况和生态系统的生产力，通过改善土壤条件，提升了农田的生产力和生态效益。生态因子的间接性规律在山水林田湖草沙系统修复中的应用，很好地体现在抚仙湖流域的实践项目中：地形因子通过影响水文条件和微气候，间接地对生态系统产生作用，该项目依托地形等自然条件的限制，通过控制"水"和"湖"这两大关键要素，实施了系统的治理措施；浙江开化下淤村村域级系统生态修复项目中，人类通过农业耕作、矿山开采等改变土地利用方式间接影响了生态系统服务和生物多样性，从而通过土地综合整治和生态系统优化，提升了耕地质量和生态环境质量。

生态因子的直接性和间接性规律在山水林田湖草沙系统修复中的指导意义，在于项目实施过程中需要综合考虑不同尺度上的生态因子作用，不仅要关注直接因子的调控，还要考虑如何通过改善间接因子来促进整个生态系统的健康和稳定。

④生态因子的阶段性作用规律。生态因子的阶段性作用是指生态因子对生物的影响会随着生物生长发育的不同阶段而发生变化，生物在不同阶段对特定生态因子的敏感程度也存在差异。在山水林田湖草沙系统修复工作中，生态因子的阶段性作用规律具有关键的指导作用。由于不同生态因子在修复进程的各个阶段发挥的作用和重要程度存在差异，因此需要依据这一特性制定与之对应的修复策略。例如，温度、湿度、光照、土壤类型等生态因子，会随着季节更迭和时间推移，呈现出不同的作用模式。充分了解这些因子的阶段性作用规律，有助于更科学合理地规划与实施生态修复工程，确保在不同阶段都能精准采取适宜的管理措施。因此，精准把握生态因子的阶段性作用，能够切实提高山水林田湖草沙系统修复的效率与成功率。

⑤生态因子的不可代替性和补偿作用规律。生态因子的不可替代性是指生态系统中的各种生态因子都有其独特的功能和作用，对生态系统而言各具重要性、缺一不可，不能由另一个因子来代替；补偿作用则是指在一定条件下，某一生态因子在量上的不足，可以由其他生态因子在一定程度上给予补偿，但这种补偿作用并非总是存在，且通常只能在一定范围内进行。

山水林田湖草沙系统中，每个生态因子都有其不可替代的作用。例如，水分是维持生命活动的基础，土壤为植物提供养分和支撑，光照是植物进行光合作用的能量来源，温度影响生物的生长发育和分布等。了解不同生态因子的独特作用，有助于在修复过程中有针对性地采取措施，保护和改善关键生态因子，确保生态系统的正常功能。

在生态系统中，当某一生态因子不足时，可以通过其他生态因子的调节来补偿，以维持生态系统的稳定。例如，在干旱地区的植被恢复中，如果水分不足，可以通过选择耐旱植物、改善土壤结构等方式，提高植物对水分的利用率，同时增加土壤有机质含量，改善土壤肥力，以补偿水分的不足。在河岸生态修复中，可以设计多层次的植被结构，包括乔木、灌木和草本植物，以利用不同层次植物对光照、水分和土壤养分的需求差异，实现生态因子的互补。

（2）生物对环境的适应性规律。生物的适应性是指在漫长的进化历程中，通过遗传和自然选择机制，生物体所形成的与周围环境相匹配的特征和行为。环境的选择机制促使那些适应力强的生物在特定的环境中能更有效地生存和繁衍，而那些无法适应环境的生物可能面临被淘汰的命运。

①生物的适应性表现。生物的适应性体现在其个体的形态结构、生理机能、行为模式以及遗传上。

形态适应性：指生物体的外部形态和结构特征与其生活环境相适应的现象。该方面的典型规律有：体现恒温生物对寒冷环境的适应性的贝格曼规律和艾伦定律。

生理适应性：指生物体在生理机能方面有着应对环境变化的适应能力，包括对温度、湿度、光照、盐度等各类生态因子的适应。这一特性是生物在漫长进化历程中形成的，对于生物的生存与繁衍起着决定性作用。生理适应性不仅体现在个体水平上，还体现在种群和物种水平上，是生物多样性的重要组成部分。

行为适应性：指生物体通过改变行为来适应环境的一种生存策略，是生物体在面对环境变化时，通过学习和经验积累来调整自己的行为模式。例如，一些动物会根据季节的变化调整觅食地点，或者在捕食者出现时改变其活动时间，以减少被捕食的风险。行为适应性不仅限于动物，植物也表现出通过改变生长习性来适应环境的能力，如向光性或向水性。

遗传适应性：指生物体的遗传物质在长期进化过程中表现出的对环境的适应能力，这种适应性可以通过遗传传递给后代，从而在种群中形成特定的遗传特征。遗传适应性是自然选择的结果，它保证了生物种群能够适应不断变化的环境条件，从而在漫长的进化过程中得以存续。

②生物适应性与环境的相互作用规律。环境变化对生物适应性影响显著，如气候变化、栖息地破坏等，会促使一些生物通过进化产生新的适应性特征，而另一些生物则可能因无法适应而走向灭绝。生物在适应环境的过程中，亦通过自身活动对环境进行改造。岩石风化并最终形成土壤便是微生物对环境产生显著影响的典型例证。生物多样性与生物适应性紧密相连，它是生物适应性的直观体现，不同物种对同一环境的适应方式各异，进而造就了生物的多样性。而一旦生物多样性丧失，生态系统的适应能力和稳定性便会随之降低。

生物适应性规律不仅是生态学的核心概念，也是生态文明教育的重要内容。通过理解生物如何通过形态、生理和行为上的适应性来应对环境变化，学生能够更深入地认识到生物多样性的重要性以及人类活动对生态环境的影响。生物对环境的适应性规律揭示了生物与环境之间的相互作用，强调了生态平衡对于维持地球生命系统的重要性，这种认识是培养学生生态意识的基础。在生态文明教育中，通过案例分析和实地考察，学生可以学习到不同生物如何在特定的环境条件下演化出独特的适应机制，从而增强他们对生态保护的意识和责任感。

③生物对环境的适应性规律在生态文明建设中的应用案例。河北省的塞罕坝机械林场项目，成功展示了生物对环境的适应性规律在生态修复中的作用。该项目通过选择适应当地环境的植物种类，如耐旱的树种，来改善土壤结构，减少水分蒸发，从而实现沙漠的生态恢复，成功地将沙漠转变为绿洲，为京津冀筑起了约140万亩阻沙源、保水源、拓财源的绿色生态屏障。

云南滇金丝猴全境保护案例则展示了如何通过保护生物的自然栖息地，增强其对环境变化的适应能力。滇金丝猴是中国特有的珍稀灵长类动物，分布在云南省的高山森林中。该项目投入了6600余万元公益资金，造林2.96万亩，促进了滇金丝猴及其他灵长类动物的栖息地修复；实施生态廊道建设，完成生态廊道建设6690亩，种植74余万株树苗，连接孤立的种群，提高了滇金丝猴的适应性；扩大保护区范围，使滇金丝猴栖息地保护范围从云南省最南端的云龙天池，延伸到最北端的德钦片区，基本实现了滇金丝猴的全领域保护。

（3）生态位互补原理。生态位互补原理是个体生态学领域的重要概念，是指在生态系统中，不同物种通过对资源的差异化利用以及在时间、空间维度上的错峰活动，有效降低彼此间的竞争压力，以实现共生共存。该原理有助于我们在深入了解生物间的相互作用模式及资源利用的优化策略的基础上，通过模拟生态位互补性，设计出更加稳固且生物多样性更为丰富的生态系统结构。

在生态文明建设进程中，生态位互补原理广泛应用于生物多样性保护和生态系统服务功能的最大化中，其应用范围涵盖生态保护、城市规划、农业发展等多个领域。

①生态保护与恢复。在生态保护项目中，通过模拟不同物种的生态位互补性，可以设计出更加稳定和多样化的生态系统。当生态系统受到外界干扰时，具有高度生态位互补性的群落可以更好地利用不同的资源和适应不同的环境条件，从而能够更快地恢复到干扰前的状态。生态位互补性通过物种间的资源分配和行为适应，增强了生态系统的各项功能，如生产力、分解效率和营养循环等。因此，生态位互补原理可以指导生态系统受到破坏后的恢复工作，通过重新引入具有互补生态位的物种，可以加速生态系统的恢复过程，提高生态系统的自我修复能力。例如，在湿地恢复项目中，通过引入位于不同生态位的水生植物，来模拟自然状态下的生态位互补性，从而提高湿地的生物多样性和生态服务功能。

②城市规划与绿色基础设施。在城市规划中，生态位互补性原理能够有效应用于城市绿地系统的设计。通过构建多样化的生态环境和生态位，不仅可提升城市生物多样性，还能增强城市生态系统的服务功能，进而提高城市的生态韧性和居民的生活质量。例如，在城市公园中种植不同季节开花的植物，可吸引多样化的昆虫和鸟类，从而丰富城市的生物多样性。

③农业生态系统管理。在农业生产中，生态位互补性原理可以用于作物轮作和间作制度的设计，以减少病虫害，提高土壤肥力。如通过种植不同生态位的作物，可以实现农田生态系统的多样化，从而提高土地的利用率和作物的产量。这种植物种植方式打破了害虫和病原体的生命周期，降低它们对单一作物的依赖，有助于减少病虫害的发生，进而减少农药和化肥的使用量。此外，多样化的作物种植还能改善土壤结构，增加土壤有机质含量，提高土壤的保水保肥能力，最终实现可持续农业发展的目的。

④生物多样性保护。在生态文明建设中，保护生物多样性是核心目标之一。在生物多样性保护项目中，生态位互补性原理可以帮助我们识别和保护关键物种，这些物种在生态系统中往往扮演着不可替代的角色。生态位互补性是维持生物多

样性的关键机制之一，它通过减少物种间的竞争，实现了更多物种的共存，从而提高了生态系统的物种丰富度和遗传多样性。

⑤自然资源管理。生态位互补性提高了资源的利用率。利用不同物种对资源的不同需求和利用方式，使得有限的资源能够得到更充分的利用，从而实现生态系统生产力的最大化。在自然资源管理中，生态位互补原理可以指导人们合理利用和保护自然资源。通过这一原理，可以识别不同物种在生态系统中的角色和功能，确保不同物种的生态位得到保护，从而制定出更加有效的资源管理策略。例如，在森林生态系统中，不同树种对光照、水分和土壤养分的需求各不相同，通过合理配置这些树种，可以最大化森林的生产力和生物多样性。

⑥适应气候变化。在全球气候变化的背景下，生态位互补原理为物种和生态系统的适应性管理提供了重要指导。通过保护和恢复拥有各异生态位的物种，能够有效提升生态系统应对气候变化的适应能力。例如，在森林管理中，通过引入或保护具有不同生态位的物种，模拟各树种的生态位互补性，能够有效增强森林抵御极端气候的能力，并提升其对气候变化的适应水平。

（4）生态型原理。同种生物长期在不同的环境中生存会产生适应性规律，并形成可以遗传的差异，成为该物种独有的生态型；不同种类的生物长期生活在相同环境条件下可能发生趋同适应，形成同类的生态型。

①生态型原理的应用。生态型原理强调物种对特定环境的适应性，在应用实践中表现为对各种生态型物种的辨识和保护工作。在农业和林业实践中，这一原理指导我们选择适宜的作物和树种，以提高产量和生存率。

生态型原理的应用还体现在濒危物种的保护中。根据生态型原理，濒危物种的保护需要考虑到其特定的生态需求和生境要求。例如，大熊猫作为中国特有的濒危物种，其保护不仅涉及野外种群的增加，还包括其栖息地的保护和恢复。根据中国国家林业和草原局的数据，大熊猫野外种群数量从20世纪80年代的约1100只增长到如今的近1900只，这一增长显示了生态型原理在濒危物种保护中的有效应用。

生态型原理还应用于对外来物种入侵的防控中。通过识别和评估外来物种对本地生态系统的影响，采取相应的管理措施，如物理隔离、生物控制等，来保护本地物种的生态型和生态系统的稳定性。

②生活型原理的应用。生活型原理有助于理解不同物种如何在相似环境中，发展出相似的适应策略，揭示了不同物种在相似环境下可能发展出相似的生态型。这一原理在生态文明建设中有助于理解物种如何响应环境变化，并为生态恢复提供指导。在应用实践中，通过引进与本地物种相同生态型的外来物种进行生态恢复可减少入侵风险。如河南丹江湿地国家级自然保护区的生态保护与修复项目中，通过重新引入本土功能性水生动、植物（如种植莲藕、芡实、菱角等水生植物，投放高体鳑鲏、子陵吻虾虎鱼等本土鱼类和底栖动物），构建了完整的水生态系统，成功恢复了湿地生态系统的多样性和功能，促进了珍稀鸟类的恢复。

（5）限制因子定律。限制因子定律，又称"水桶定律"，指对生物生长起限制作用的是最小的因子，如同最短的木板决定了水桶的容量。该定律是个体生态学的核心概念，在生态文明建设的资源管理和环境政策制定中起着重要的作用。在实际应用中，它强调识别和改善生物生产中的限制因子，以提升生物生产力；注重管理限制性资源，以实现资源的合理高效分配与可持续发展。限制因子定律在生态文明中的应用非常广泛，涉及农业发展、资源管理、生态系统功能维护等领域。

农业发展：限制因子定律在农业中的应用主要体现在作物产量的提升和种植结构的优化上。如在病虫害控制方面，通过识别影响作物健康的限制因子，农民能够迅速实施综合管理策略以应对这些问题。

资源管理：限制因子定律在资源管理中的应用体现在对自然资源的可持续利用上。如在渔业资源管理方面，通过识别渔业资源的限制因子，如过度捕捞、栖息地破坏等，将促使相关部门执行休渔制度、设立保护区等措施，以保障渔业资源的可持续利用。

生态系统功能维护：限制因子定律在生态系统功能维护中的应用体现在对生态系统稳定性和生物多样性的保护上。在受损生态系统的修复、气候变化、污染控制、生物多样性保护等方面，识别关键的限制因子有助于制定相应的修复措施，以恢复生态系统的功能和多样性；在生物地球化学循环层面，通过识别影响生物地球化学循环的关键限制因子，如碳、氮、磷循环的限制因子，可以更好地理解和管理这些循环，维持生物圈的生产力和稳定性。

总之，通过识别和管理关键的限制因子，可以有效地保护和恢复自然环境，有助于实现生态文明的可持续发展。

（6）生物的自我调节功能。生物在进化过程中形成了一定的自我调节能力，使它们能够在不太适宜的环境中通过自我调节抵抗环境变化的影响。生物的自我调节功能是指生物体能够感知环境变化，并通过内部机制来维持内部环境的稳定状态。

生物自我调节能力是个体生态学中的一个重要概念，它在生态文明建设中对于维持生态系统稳定性和恢复力至关重要。在生态系统修复中，对于未严重受损的生态系统，优先考虑自然恢复，即依靠生态系统自身的自我调节能力来恢复生态平衡，减少人为干预；对于已经严重受损的生态系统，加以适当的人工修复来加速恢复进程，如植树造林、水体净化、湿地恢复等。在生态环境治理中，依靠生态系统里生物的自我调节能力，如湿地对污水的自然净化，可减少对化学处理技术的依赖；通过保护和恢复具有重要生态调节功能的生物群落，如森林、草地和珊瑚礁，可以提升生态系统对人类社会的服务功能。在生态农业中，运用生物自我调节能力可以促进农业生态系统的可持续发展：通过模仿自然生态系统中生物的自我调节机制，发展循环农业，减少化肥和农药的使用，提高土壤肥力和生物多样性，降低农业生产对环境的影响。在城市生态建设中，通过城市绿化和生态公园的建设，利用植物的自我调节能力改善城市微气候，减少城市热岛效应。

（二）种群生态学层次的生态文明教育

1. 种群生态学的研究内容及其与生态文明的联系

种群生态学是生态学的重要分支，专注于研究特定地理区域内生物种群的数量、分布、结构及其相互关系。它主要通过调查动植物种群的数量与分布、观察种群结构与生长状况、分析种间相互作用等，揭示生物种群在形成、发展与稳定维持过程中的内在规律。该领域的研究涉及不同物种间的竞争、捕食、寄生、共生等相互作用，这些作用深刻影响种群动态，是影响生态系统功能与稳定性的关键要素。

种群生态学的核心概念包括种群动态、种群密度、种群分布、种群遗传和种群间的相互作用等，这些概念共同构成了种群生态学的基础框架，帮助人们理解和预测自然界中物种的生存和繁衍模式。种群生态学不仅提供了理解和预测自然界种群动态的工具，也为生物资源的可持续管理和保护提供了科学依据。种群生态学理论在生态文明建设中的核心价值体现在其对生物多样性保护、生态系统管理和生态恢复实践所具有的科学指导作用。种群生态学理论通过深入研究生物体的种群动态、种群密度、种群分布、种群遗传和种群间相互作用等核心概念，为理解和预测自然界中种群的变化提供了科学依据。在实践层面，种群生态学理论的应用有助于制定有效的保护措施，评估和预测人类活动对生态系统的影响，以及优化生态恢复和保护策略。随着全球环境变化和生物多样性保护的需求日益增加，种群生态学的研究将继续在生态文明建设和生态文明教育中发挥关键作用。

2.种群生态学的生态文明教育目标

（1）知识目标。学生通过学习种群生态学的基本概念、环境因素的可用性和竞争对种群动态的影响，以及物种内部和物种之间的相互作用等理论知识，能够掌握种群生态学的科学原理和研究方法，从而在实际的环境保护工作中，能够更有效地进行种群管理、资源保护和生态平衡的维护。

（2）能力目标。通过研究种群生态学的基本原理，参与本地物种的监测和保护等实践项目，学生可以理解物种如何适应环境变化，认识到人类活动对种群动态的影响，并完成将理论知识应用于解决现实世界问题的能力转化；通过实验和野外实习，培养学生的种群调查、数据收集和分析等实践技能；通过学习种群生态学的各种数学模型来预测种群数量的变化趋势，学生能够掌握如何通过实地调查、数据分析和建立模型来评估不同环境政策对生态系统的影响，从而进一步预测和应对环境变化；通过选取具有代表性的种群生态学案例，如物种灭绝、入侵物种管理等，让学生分析案例背后的生态学原理和保护策略，使学生通过案例研究能够将理论知识与实际问题相结合，提高自身的问题解决能力。另外，通过将种群生态学与环境保护、社会学、经济学等学科相结合的教学方法，培养学生的跨学科思维。

（3）价值观念目标。通过课程学习帮助学生树立种群间相互依存的观念，认识到每个生物种群都是生态系统网络中的节点，一种生物种群的兴衰会锁链式地影响其他种群乃至整个生态系统；通过学习当前珍稀物种种群濒临灭绝的现状，使学生意识到人类活动如破坏栖息地、非法捕猎、环境污染等是生物灭绝的主因，激发学生主动参与保护生物种群、维护生物多样性的意愿，明白丰富多样的生物种群是地球生态稳定的基石，培养学生保护环境的责任感和主动参与环境保护的意识；通过学习环境容纳量有限性理论，学生能够认识到一定环境下所能容纳的种群数量是有限的，进而形成"自然环境是人类的资源""地球供给有限"的环境价值理念，增强自身的环境伦理和责任感。

3. 种群生态学的生态文明教育内容

（1）种群生态学与环境保护。种群生态学在环境保护与恢复中扮演着至关重要的角色。

①种群生态学在濒危性物种保护中的应用。种群生态学在濒危物种保护中扮演着举足轻重的角色。依据种群生态学的种群动态理论，工作者可预测并解释种群数量的变化趋势并制定濒危物种保护计划。如通过全面调查濒危物种种群数量、分布区域及其所处生态环境状况，依据国际自然保护联盟（IUCN）制定的物种濒危等级评定标准，综合考量种群数量、增减趋势、栖息地分布范围、破坏程度及自身繁殖能力等因素，确定保护优先级，为制定科学有效的保护措施提供坚实的科学依据。此外，种群生态学还可用于评估物种恢复情况。如通过持续监测濒危鸟类种群数量的变化，结合栖息地质量等数据，运用生态学模型分析，判断当前保护措施的有效性，为管理者调整后续保护决策提供依据。

例如，在我国对大熊猫、金丝猴这类珍稀动物的保护工作中，充分运用了种群生态学的原理和方法。科研人员运用标志重捕法等种群数量调查手段，准确掌握它们的种群规模；借助空间分析技术、生态诱捕法等，了解其栖息地范围以及栖息地内的生态状况；通过长期的监测和数据分析，知晓种群数量变化趋势等。基于这些研究结果，为大熊猫设立了多个自然保护区，保护其栖息环境，确保竹子等食物资源的充足供应，还通过建立生态廊道等方式，来连接各个相对隔离的栖息地，促进种群间的基因交流；对于金丝猴，同样依据其种群分布和生态习性，在其主要活动区域加强保护力度，防止人类活动带来的干扰，开展人工繁育等项目以增加种群数量等。

②种群生态学在生物多样性保护中的应用。盐城黄海湿地保护项目就展示了种群生态学理论在生物多样性保护中的应用。盐城黄海湿地是中国第一处滨海湿地类世界自然遗产，位于东亚—澳大利西亚候鸟迁徙路线的中心节点，对全球数

百万迁徙候鸟提供停歇地、越冬地或繁殖地；该区域支持了 IUCN 红色名录中 34 种受威胁鸟类的生存，包括极危、濒危和易危物种，对全球生物多样性保护至关重要。盐城通过积极践行"基于自然的解决方案"进行湿地修复，在鸟类重要栖息地和主要迁飞通道持续开展种群动态监测和鸟类环志，依法依规开展鸟类收容救护活动，避免人为因素致使鸟类滞留或延期；成功实施了条子泥"720 高潮位栖息地"、大丰建川鸟类友好种养殖区等生态修复项目；同时进行迁徙互花米草治理，累计除治互花米草 27.6 万亩，有效遏制了互花米草的入侵蔓延趋势，巩固了沿海生态安全屏障。盐城黄海湿地保护项目是一项具有国际影响力的生态保护工程，它不仅对中国乃至全球的生物多样性保护具有重要意义，也是生态文明建设的一个典范，作为中国黄（渤）海候鸟栖息地（第一期）成功列入世界遗产名录，填补了中国滨海湿地类型世界遗产的空白。

③种群生态学在入侵物种管理中的作用。入侵物种管理重视种群数量与分布的研究，通过研究入侵种群的生态学特征，管理者能够制定有效的控制策略，减少入侵种群对本地生态系统的破坏。入侵物种管理的步骤一般是：先根据种群生态学明确物种在特定区域内的种群数量有多少以及它们的分布范围；然后对种群的动态变化进行长期监测，关注种群数量是在增加还是减少、年龄结构是否合理等动态指标；最后，通过种群生态学手段控制其种群，减少对本地生物多样性等方面的负面影响，维持或恢复生态系统的平衡。

2022 年 10 月，中国广东省珠海市中级人民法院对一起非法引进外来入侵物种案进行了宣判。被告人易某因非法引进 1760 只红耳彩龟，被判处有期徒刑 9 个月，并处罚金人民币 10 万元。这是中国首例因非法引进外来入侵物种而被判刑的案件。之所以将其红耳彩龟（巴西龟）确定为入侵物种，主要是基于科学家们利用种群生态学的方法对其在中国的生态风险进行评估后得到的结果，包括其对本地物种的潜在影响、对生态系统的破坏能力以及疾病传播的风险等。在已经遭受红耳彩龟影响的生态系统的后续恢复中，同样根据种群生态学原理实施生态恢复措施，包括清除入侵种群和恢复本土物种等，以减轻红耳彩龟对生态系统的负面影响。

这个案例说明了种群生态学在评估入侵物种风险、指导立法和执法，以及提高公众意识方面发挥了重要作用，是入侵物种管理中不可或缺的科学工具。

④种群生态学在生态修复中的应用。当对受损生态系统进行修复时，首先要调查受损生态系统内的生物种群情况，详细了解生态系统的受损程度以及当前的恢复状况。比如对于因矿山开采而遭到破坏的地区，科研人员会通过实地考察、采集生物样本等方式，去分析该区域内原本存在的动植物种群哪些已经消失、哪些还少量存活，土壤中的微生物种群结构发生了怎样的变化等。

在此基础上，确定适宜在该区域生长的植物种类，促进生态系统恢复，进而为生物重新营造适宜的生存家园。例如，选择那些对土壤要求不高、耐贫瘠、能够改良土壤条件且适合当地气候的植物进行种植，随着植物群落的逐渐恢复，会吸引相应的昆虫、鸟类等动物回归，这样该区域原本存在濒危的蝴蝶或者小型兽类等，就有可能在生态系统慢慢修复完善的过程中，重新获得适宜的栖息的环境，种群数量也就得以慢慢恢复和增长，避免他们走向灭绝。

1995年，美国黄石国家公园实施的狼群重新引入项目，是生态恢复的里程碑之举，对我国生态文明建设颇具借鉴意义。

19世纪末至20世纪初，美国政府为保护西部养牛业，悬赏猎杀狼等顶级捕食者，至1926年，黄石公园的狼几近灭绝。这导致马鹿等食草动物繁衍失控，不仅造成其他食草动物的食物短缺，鹿群自身也因过度繁殖而面临饥饿与疾病，生态系统失衡。随着对生态系统认知的增加以及环保意识的提升，人们意识到顶级捕食者对生态系统健康的关键作用。1974年，灰狼被列入《濒危物种法》。1994年，重新引入狼种群至黄石公园的方案报告书完成，确定将狼作为"实验种群"引入。1995～1996年，黄石公园自外引进31只狼，至2009年，它们已繁衍至14个种群，总计约100只狼。狼群回归有效地控制了马鹿的数量，缓解了植被压力，促进了植物的恢复生长；柳树、白杨等又为海狸提供了适宜栖息地，海狸通过筑坝改善了溪流湿地生态，反促进流河岸植被的生长。同时，狼通过影响其他捕食者及食腐动物，间接作用于小型哺乳动物和鸟类，引发的"营养级联"效应使生态系统更加稳定和健康。但在项目实施中，也存在一系列针对狼对生态系统影响程度及平衡狼保护与人类利益等问题引发的争议，公园管理部门采取监测管理措施，如统计狼的数量、追踪狼的活动范围、研究狼的行为习性等，确保狼种群稳定，减少狼群与牧场主的冲突。

此外，该项目还带来了经济收益，野生动物观赏等活动为周边社区创收约

8300万美元，推动了生态旅游的发展，提升了公众的野生动物保护意识。

（2）种群生态学在生态系统管理中的应用。种群生态学原理在生态系统管理中有着广泛的应用。

①种群生态学在渔业管理中的应用。在渔业管理范畴内，种群生态学对于鱼类物种的保护和管理至关重要。通过科学调查渔业资源种群数量、分布范围以及生长规律等，能够制定出可持续的捕捞策略，避免过度捕捞导致濒危鱼类种群数量急剧下降。此外，种群生态学还可用于评估渔业资源所处生态环境的状况，为管理者提供决策依据。

北大西洋鳕鱼渔业的管理案例展示了基于种群生态学应用在保护和恢复鱼类资源方面的重要性和有效性。北大西洋鳕鱼曾经是世界最大的单一种群渔业之一，对欧洲和北美的许多沿海社区具有重要的经济和社会价值。然而由于过度捕捞，20世纪后半叶鳕鱼种群数量急剧下降，导致了1992年的鳕鱼资源崩溃，严重影响了渔业的可持续性。为了恢复和保护鳕鱼资源，北大西洋渔业组织（NAFO）的科学家和管理者采用了基于种群动态模型的捕捞策略。这些模型包括：

逻辑斯谛增长模型：逻辑斯谛曲线揭示了种群数量在一定范围内随时间推移而增长的趋势，但其增长速度会逐渐减缓，直至达到环境容纳量的极限。该模型适用于预测鳕鱼种群在不同环境条件下的最大可持续产量。

年龄结构模型：该模型通过分析鳕鱼种群不同年龄组的生长、繁殖和死亡情况，来预测种群的年龄分布和动态变化，评估不同捕捞策略对年轻和老年鱼群的潜在影响，为制定针对不同年龄组的捕捞策略提供依据。

空间分布模型：空间分布模型考虑了鳕鱼种群在空间上的分布情况，以及捕捞活动对其分布的影响。通过模拟鳕鱼的洄游行为和捕捞活动的空间分布，可以制定更加合理的禁渔区和捕捞配额分配方案。

基于模型的预测与评估，北大西洋渔业组织（NAFO）制定了一系列捕捞策略：在捕捞配额方面，依据种群动态模型预测结果设定规则，严格限制各国捕捞量，随鳕鱼种群动态实时调整，种群数量低于阈值时，自动减少配额或关闭渔场；在禁渔管理上，在北大西洋划定多个禁渔期和禁渔区，鳕鱼繁殖季禁止在重要产卵场捕捞，以保护其繁殖生长；在渔具使用上，要求各国使用特定渔具，限制对海底生态破坏大的底拖网，减少对鳕鱼的误捕与伤害；在监测体系构建上，定期调查分析鳕鱼的种群数量、年龄结构、分布等，依监测结果及时调整策略，保障资源的可持续利用。

这些基于种群动态模型的捕捞策略实施后，北大西洋鳕鱼种群显著恢复，挪威、冰岛等国在采取相关措施后，鳕鱼种群数量逐步回升，渔业产量稳定维持在可持续水平。

②种群生态学在评估和预测人类活动对生态系统的影响中的应用。喜马拉雅山脉的雪豹保护项目，生动展现了种群生态学在评估、预测人类活动对生态系统影响方面的实际运用。雪豹作为喜马拉雅地区的特有物种，处于高山生态系统食物链顶端，对维持生态平衡意义重大。然而，因为栖息地丧失与非法狩猎，严重影响了雪豹种群数量与生存状况，致使其沦为濒危物种。2013年，万科公益基金会与西藏自治区林业和草原局达成战略合作，联合发布"珠峰雪豹保护计划"；次年5月，珠穆朗玛峰国家级自然保护区管理局与万科公益基金会携手成立"珠峰雪豹保护中心"，标志着珠峰地区雪豹保护工作迈入新阶段。

在该项目里，种群生态学原理得到了极大的应用。生态学家通过长期监测雪豹种群规模、繁殖率、死亡率、迁移模式等种群动态指标，判断雪豹种群的健康状况与发展趋势；利用种群生态学原理，专家通过衡量雪豹栖息地的连通性、适宜性、破碎化程度，评估人类活动对雪豹栖息地的影响；依据种群生态学研究成果，生态学家实施建立保护区、禁止非法狩猎、减少人类活动干扰等一系列保护性措施；应用种群动态模型，生态学家预测了气候变化、栖息地破坏、人类活动增加等关键因素对雪豹未来种群产生的潜在影响。这些基于种群生态学的保护措施与预测模型的实施，保障了雪豹种群的可持续生存。

③种群生态学原理在城市规划中的应用。随着城市化进程的不断推进，大量的农田、森林和湿地等自然生境逐渐被城市建筑所取代，这对野生动物的生存环境构成了严峻的威胁。在城市规划过程中，种群生态学常被应用于评估城市扩张对当地野生动物种群的具体影响，并据此制定相应的缓解策略。

上海市"貉口普查"项目是种群生态学原理在城市规划中有效应用的典型案例。貉为国家二级保护动物，城市扩张致其栖息地丧失和生境破碎化，对其种群数量和分布造成了很大影响，其在上海多个居民区的出现引发公众关注。2022年起，上海市林业总站、复旦大学、山水自然保护中心联合市民志愿者开展了以貉为调查对象的城市野生哺乳动物同步调查工作。该项目招募了一批市民志愿者对貉在上海的分布范围和种群数量进行了详细调查,以此来了解城市化对貉种群的影响;通过评估貉的生境质量,包括栖息地连通性、适宜性和破碎化程度等,以明晰城市扩张对貉生境的影响;通过访谈和问卷调查了解社区居民对貉的态度和对城市野生动物保护的认知,为制定管理措施提供关键依据;通过走访社区、开展科普讲座、设置科普宣传牌等提高公众对城市野生动物保护的意识,减少人与野生动物的冲突。

"貉口普查"项目带领数百名市民志愿者,构建了覆盖上海多个区的野生哺乳动物多样性监测网络,助力搭建了城市生物多样性在线数据库,形成了"政府—高校—社会组织—公众"的基层社会治理新模式。通过该项目,研究人员和志愿者共同绘制了貉在上海市的活动地图,收集了关于貉种群分布和数量的宝贵数据。基于普查结果,上海市在貉的关键栖息地实施保护和恢复措施;在城市规划中拟建设生态廊道连接破碎化生境,促进貉的迁移和基因交流;社区管理中推广"四不"原则(不害怕、不接触、不投喂、不伤害),并提供社区管理手册指导居民与貉和谐共处;将普查结果和建议纳入地方政策,为城市野生动物保护提供法律支持。这个案例展示了种群生态学原理在城市规划中的应用,在一定程度上减缓了城市扩张对貉种群的负面影响。

④种群生态学在农业生产中的应用。种群生态学的应用对于推动农业向高效可持续方向发展有着重要意义。在农业生产领域,种群生态学的原理应用具体体现在:

a. 病虫害防治方案的制定。在农业生产中,病虫害种群数量与分布情况对作物生长有着极大的影响。不同季节、不同地域以及不同作物类型的农田中,病虫害的发生情况各异。在病虫害防治中,一般首先通过抽样调查、设置诱虫装置等方式,定期观察记录不同区域内病虫害的种类、数量以及分布范围等情况,以便能及时掌握病虫害动态,为后续防治工作提供依据。然后,依据对病虫害种群的监测结果,科学合理地采取防治手段,如在病虫害种群数量处于初期增长阶段,尚未大面积爆发时,可优先选用生物控制方法;当病虫害种群数量增长较快,有爆发趋势时,可适当增加有机农药的施用比例。

此外,在农田生态系统中,有益昆虫对控制病虫害、促进作物授粉发挥着至关重要的作用,因此依据种群生态学原理采取多种策略保护有益昆虫的种群数量是非常必要的。如在农田周边营造多样植被为其提供栖息地与繁殖地;构建生态走廊连接农田和自然保护区,助力其迁移与基因交流等。这些措施不仅有助于维持农田生态平衡,增加农田生态系统的多样性,还能提升农作物的产量和品质。

b.作物种植板块设计。在农业生产中,基于种群相互关系的原理来优化作物分布,合理规划作物布局,不仅能够有效减少负面效应,更是提升生产效益的重要策略。对于同科属或易感染相似病害的近似植物种群,斜向种植是一种行之有效的方式。如马铃薯采用斜向种植,可显著增强植株间的通风透光性,便于调节田间湿度,抑制病原菌的滋生与传播,降低整块农田作物受病害影响的程度,保障作物的产量与品质。

此外,充分利用不同作物种群间的正相互作用,也能实现协同生长。比如洋葱与胡萝卜间作,洋葱散发的气味可驱赶胡萝卜上的部分害虫,胡萝卜分泌的化学物质则能抑制洋葱根部病虫害的发生。再比如在葡萄园中间作紫罗兰,紫罗兰释放的化学物质有助于提升葡萄的抗病能力,促进葡萄生长,而葡萄园的环境也有利于紫罗兰的生长发育,两种作物的协同生长提高了土地的利用效率和整体农业产出。

c.掌握种群变化规律制定生产策略。依据种群季节性和环境变化规律调整生产。季节变化以及环境因素的改变对作物种群和病虫害种群都有着显著影响。因此,通过监测和分析这些变化,可以更准确地预测作物和病虫害的动态,从而制定出更有效的生产策略。例如,在病虫害高发季节前,提前做好防治准备,或者根据作物生长的最适条件调整种植时间,以提高产量和质量。此外,利用现代信息技术,如遥感监测和大数据分析,可以实现对种群变化的实时监控和精准预测,为农业生产提供科学依据。

适时增加施肥量促进作物增长。作物在不同生长阶段对养分的需求不同,掌握其种群生长规律,适时适量地增加施肥量尤为关键。例如,小麦在返青期到拔节期,生长速度加快,对氮肥的需求量增大,此时合理增施氮肥,能促进麦苗分蘖,为后期的抽穗和灌浆奠定良好基础;水稻在分蘖期和孕穗期,需要充足的磷肥和钾肥,适当补充这两种肥料,有助于增加有效分蘖的数量,提高穗粒数和结实率。

科技的进步推动了种群生态学与农业生产新方法、新技术的融合，精准农业技术的发展为种群生态学在农业中的应用提供了更精准的数据支持和操作手段。如通过卫星定位系统、地理信息系统以及遥感技术等，能够精准监测农田中不同作物种群和病虫害种群的分布情况，实现对每一块小区域内种群动态变化的实时掌握。这使得依据种群生态学原理制定的生产策略可以精确到具体的点位，避免了资源浪费，提高了农业生产效率。

智能灌溉技术能依据不同作物种群在不同生长阶段对水分的需求规律，结合土壤湿度传感器反馈的数据，实现智能化、精准化灌溉。如水稻，在分蘖期保证充足且适宜的水分供应，能增加其有效分蘖数量，借助智能灌溉技术就能恰到好处地满足其需求，同时避免过度灌溉造成的土壤积水、养分流失等问题，而这些都离不开种群生态学对作物种群生长规律的研究成果。

基因编辑技术正在现代农业领域逐渐展现出其巨大的潜力。通过种群生态学的分析，研究者能够对作物种群的适应性、抗病虫害能力等关键特征进行深入研究，从而识别出那些需要通过基因编辑进行优化的特定性状，通过精确地消除或替换特定基因，科学家们能够培育出具有更强抗逆境能力、更高营养价值或更佳口感的作物品种。如 CRISPR-Cas9 系统，提升了作物改良的精确性和效率。

此外，在有机农业的推广过程中，种群生态学指导下的生物防治方法与有机种植理念高度契合，通过引入害虫天敌、利用作物间的化感作用等种群生态学手段，配合新型的有机肥料研发与施用技术，能够在不使用化学合成物质的情况下，保障作物健康生长，生产出绿色、安全的农产品，从而满足市场对高品质农产品的需求。

（三）群落生态学层次的生态文明教育

1.群落生态学的研究内容及其与生态文明的联系

群落生态学专注于探究生物群落的结构、组成、功能、演替以及它们之间的相互关系。其核心研究领域涵盖：群落的组成与结构，即分析群落中不同物种的构成及其空间布局和组织模式；群落的性质与功能，主要涉及群落内物种间的相互作用（如捕食、竞争、互利共生等）及其对群落功能的作用；群落的发展与演替，研究群落随时间推移的演替过程，包括其建立、发展、衰退和更迭；群落内的种间关系，探讨不同物种间的相互作用及其对群落稳定性和多样性的影响；群落的丰富度、多样性和稳定性，用于评估群落的物种丰富度和多样性，以及这些因素如何影响群落的稳定性和抵抗力；群落的分类与排序，即对不同群落进行分类，并探究环境因素对群落分布的影响。

在生物多样性保护方面，群落生态学深入探究生物多样性的形成与维持机制。从宏观角度看，群落生态学依据岛屿生物地理学理论，阐释了栖息地面积、隔离程度对物种多样性的影响，为自然保护区规划、生物廊道建设提供科学指引，避免物种栖息地碎片化，保护生物多样性的根基，为生态文明的生物多样性保护添砖加瓦。

在自然资源可持续利用领域，群落生态学通过研究生物群落的结构、功能和动态，为精准评估生态系统服务提供了科学依据，尤其是群落演替规律对预测生态走向、指导生态恢复有着非凡的实践意义。如在山水林田湖草沙生命共同体中，不同生态系统类型对人类福祉的贡献各不相同，因此对它们的服务价值进行准确评估至关重要。群落生态学通过量化这些服务价值，为资源开发利用强度提供衡量标尺，让人们直观认识到生态系统作为"无形资产"的重要性，助力制定科学的资源管理策略，保障自然资源的可持续供给，推动生态文明的可持续发展进程。

面对全球气候变化挑战，群落生态学发挥着预测生态系统响应的关键作用。生态系统碳循环受群落变化影响显著，群落生态学监测这些动态，并通过研究群落结构与碳通量的关系，来应对气候变化，为维持生态平衡助力。

2.群落生态学的生态文明教育目标

群落生态学的生态文明教育目标是让受教育者理解生态群落的科学内涵，并将生态保护理念落实到行动中。

（1）知识目标。使学生掌握群落结构与功能、群落演替规律等核心知识点；了解群落如何实现物质循环、能量流动与信息传递等功能，知晓群落随时间推移发生的原生演替和次生演替过程，明白自然因素、人为因素等驱动因素对演替方向与速度的影响，能预测生态系统的动态变化。

（2）意识和价值观目标：通过群落生态学的学习，学生能够树立生态整体观，深刻领悟生物群落内各个物种是相互依存、相互制约的，摒弃孤立看待物种或生态片段的狭隘视角；增强生态危机意识，能深刻认识到群落是一个复杂且精妙的有机整体，意识到生态危机的紧迫性及其背后的人为因素，从而对生态问题保持警醒；认可生物群落的内在价值，尊重每个物种在群落中的生存权利，不将自然仅仅视为人类索取资源的对象，而是人类家园的组成部分；明白人类社会发展必须依托于健康稳定的生态群落，追求经济、社会与生态效益的平衡统一，倡导在利用自然资源时遵循适度、合理、再生的原则，以保障群落生态系统的长久延续。

（3）能力目标。通过对群落生态学的学习，学生能够熟悉不同生态群落中的常见物种的形态特征、生活习性及生态位；能对群落物种的丰富度、分布格局进行实地观测与数据收集，在实地观测中能敏锐捕捉生态群落的动态变化信息，并利用统计学知识对收集到的物种数量、生物量、多样性指数等信息进行处理分析，熟练解读群落生态学数据，判断群落的健康状况、稳定性及其发展趋势；具备生态系统服务功能价值评估能力，能从供给服务、调节服务、文化服务等多维度衡量生态群落对人类福祉的贡献，为生态保护决策提供量化依据；面对生态群落遭受破坏的实际问题，能综合运用群落演替、种间关系等知识，提出针对性的生态修复方案，规划恢复植被群落的物种选择、种植顺序及后期管护措施；在区域发展规划、项目建设场景下，能够平衡经济发展与生态保护需求，从群落生态学角度给出合理的土地利用建议，避免因盲目开发导致的生态群落破碎化、生物多样性丧失；在生态保护项目实施中，能发挥自身群落生态学专长，与不同专业背景人员有效协作，共同为生态修复、生物多样性保护等目标协同努力，凝聚各方力量推动生态文明建设。

3.群落生态学的生态文明教育内容

（1）群落特征认知教育。在生态学研究中，群落特征认知教育是培养学生理解生物多样性及其相互作用的重要环节。群落具有一系列鲜明特征。其一，具有一定的种类组成，这是区分不同群落的首要标识，不同的地理区域、生态环境孕育出独特的物种组合；其二，拥有特定的外貌与结构，比如外貌上呈现出森林的茂密葱郁、草原的广袤无垠、湿地的水草丰美等各异景象，结构层面则涵盖垂直结构（如森林中高大乔木占据上层，中层是灌木，下层为草本植物）和水平结构（即群落内不同地段因地形、土壤、水分等差异形成不同的物种分布格局）；其三，具备形成群落环境的条件，群落内生物与环境相互作用（如，植物的蒸腾作用调节空气湿度，动物的挖掘、筑巢等行为改变土壤结构、影响水流路径），共同塑造出独特的微气候、土壤条件等；其四，不同物种间相互影响，存在着竞争、捕食、共生等复杂关系；其五，呈现一定的动态特征，包括季节动态（如温带落叶阔叶林在春秋季树叶变色、飘落），年际动态（某些年份因气候异常导致群落生产力波动），以及演替动态（群落随时间推移发生类型转变）。这些基本特征交织在一起，勾勒出群落生态学丰富多彩的内涵。

在生态文明教育过程中，教师在课堂教学中可运用群落种类的知识，详细介绍热带雨林群落包含的数千种植物、上百种动物以及丰富的微生物种类，引导学生对比荒漠群落不过数十种耐旱生物的情形，使学生直观感受不同群落物种丰富度的差异，认识到复杂的群落更能高效循环物质、抵御病虫害侵袭，从而意识到生物多样性对生态稳定的关键作用，进而培养学生尊重自然、珍视生物多样性的意识；教育者可借助PPT展示的方式，如以湿地群落组成为展示重点，运用图片、模型等呈现湿地的植物、鸟类、鱼类、微生物等，普及湿地作为"地球之肺"在调节气候、净化水质等方面的不可替代的生态服务功能源于丰富多样的物种协同，提升学生保护湿地、维护生物多样性的热情。

在课堂外，通过现场考察和模拟实验等实践教育，带领学生观察不同物种在特定环境中的复杂的相互作用，以及如何运用现代技术，例如遥感和地理信息系统（GIS），来监测和分析生态系统结构的演变，以及这些变化对环境产生的影响。如教师在带领学生进行校园走访的过程中，可以向学生传授群落结构知识，剖析校园内绿地植物群落的垂直分层，上层乔木遮荫、中层灌木护土、下层草本美化，介绍穿梭其间的各种昆虫、鸟类，阐释各层次生物相互依存的道理，如鸟类捕食昆虫控制害虫数量、粪便为植物供肥，启发学生理解生态的整体性，倡导学生维护校园生态和谐，从身边小事做起践行生态文明。

通过这些教学实践活动，学生不仅能够掌握理论知识，还能锻炼解决真实生态问题的技能。

（2）生态演替规律教育。群落演替是群落生态学的关键动态过程，指在一定地段上，群落由一个类型向另一类型有序演变。演替类型多样，按起始条件分为初生演替与次生演替。初生演替起始于毫无生命痕迹的裸地，如火山喷发后的岩浆岩、冰川消退后的裸地，在历经地衣、苔藓、草本、灌木到森林的几个阶段，耗时长久；次生演替发生在原有植被遭到破坏但土壤条件尚存区域，像火灾后的森林、弃耕农田，演替速度相对较快。人类活动若违背演替规律，会引发生态问题（例如，在草原过度放牧，破坏草本植被，会抑制演替向灌木、乔木阶段推进，导致土地沙化），而掌握演替规律，人们便能在生态修复时依循自然节奏。如在退化林地上种草植树，按演替顺序逐步恢复生态；在城市扩张中，保留一定的自然植被区域，顺应演替进程构建城市绿地生态系统，实现人与自然和谐共生。群落演替规律的掌握，对了解生态系统发展、预测生态走向、指导生态恢复实践意义非凡。

在教学过程中，教师可引用城市公园群落演替案例，讲述公园从荒地规划建设，初期引入观赏植物、放养鱼类，到后期本土动植物自然入驻、生态渐趋成熟的过程，说明人类适度建设与生态演替规律契合有助于打造优质城市生态空间，解答学生对城市生态发展的困惑，引导学生支持城市生态项目；志愿服务中，可组织学生开展社区环保活动，围绕社区绿化区域，向市民讲解植物群落配置的结构与生态功能原理，如合理地搭配花卉、树木既能美化环境、降噪除尘，又为昆虫、鸟类营造家园，鼓励居民参与社区绿化养护，共同营造绿色宜居家园，将群落生态学理念融入日常生活实践，全方位助力生态文明建设迈向新高度。

在实习实践中，可带领学生观察废弃矿山这一典型次生裸地，从最初稀疏杂草生长，到多年生植物扎根、小型哺乳动物出现，直至灌木、乔木逐步成林，让学生全程见证演替进程，真切地体会生态环境自我修复的动态力量，同时探讨人类植树造林、控制污染等干预措施对加速正向演替的积极意义，使学生树立合理引导生态发展的科学观念。或选择城市近郊的废弃工厂区域，依据群落演替原理，让学生分组监测植被恢复动态，指导学生测量土壤养分、植被覆盖率变化，形成可行的生态修复建议报告，并鼓励学生向当地生态部门提交参考建议。在此过程中，学生的专业知识不仅能够得以夯实，而且在实践中强化了自身的生态担当精神。

（四）生态系统生态学层次的生态文明教育

1. 生态系统生态学的研究内容及其与生态文明的联系

生态系统生态学作为生态学的重要分支，聚焦于生态系统的结构、功能、动态以及与环境相互作用等多方面的研究，提供了理解和管理生态系统的科学基础，为生态文明建设筑牢理论根基。生态系统生态学的研究对象主要是自然生态系统，包括陆地生态系统、水生生态系统和空气生态系统等。

生态系统生态学的研究内容包括以下几个方面：

（1）生态系统结构与组成。对生态系统的结构和各组成部分的特征进行系统描述和分析，了解各组成部分之间的相互关系和相互作用。其中，生态系统结构涉及生态系统中各种组成部分的数量、分布和空间结构等，如植被类型、土壤性质、动物种类和分布等。生态系统组成则涉及区域内的生物多样性、种群数量和组成成分。通过研究生态系统的结构与组成，科学家能够识别和量化生态过程中的关键参数，如碳储存和氧气生成，这对于制定环境保护政策和可持续发展战略至关重要；通过剖析健康生态系统的形成、发展历程及内在合理性机制，探究生物与周边环境的作用规律，可为保护珍贵自然生态系统提供科学依据，让人类在合理利用自然资源时避免破坏生态平衡。

（2）生态系统功能。生态系统功能包括能量流动、物质循环、控制因素和地貌特征等。能量流动是指生态系统中生物体之间能量的传递过程。物质循环是指各种生物体之间物质的转移和生态系统内物质的形成与循环。控制因素是指影响生态系统的各种环境要素和作用机理，如气候、水文循环、营养循环等。地貌特征是指各种地形、岩石以及土壤类型，影响着生态系统的组成和功能。通过对生态系统物质循环、能量流动精密机制的学习，可以让受教育者明晰大自然的运行规律，进而明白人类经济活动必须依循自然之道，否则将打破生态平衡。如当人们认识到森林生态系统在碳循环方面的巨大潜力时，便能够更有针对性地规划植树造林和森林保护策略，通过将生态系统的自然调节能力纳入减碳行动中，我们能够实现更为科学的减排效果。

（3）生态系统调控机制。生态系统调控包含对不同类型生态系统自我调控阈值的探索，旨在明晰自然和人类活动引发的环境变化所产生的生态效应，以及生物多样性、群落与外部限制因素的相互作用机制。探究当生态系统面临干扰时，如温度骤变、外来物种入侵，其自我调控机制如何启动，各生物组分和非生物环境怎样协同应对，这些研究为生态系统管理、维护生态稳定筑牢根基。

生态系统的稳定性是生态系统调控的关键指标之一，它反映了生态系统在面对外部干扰时维持其结构和功能的能力。一个稳定的生态系统能够有效地吸收和分散干扰，保持其物种多样性和生态过程的连续性。稳定性高的生态系统通常具有较高的物种丰富度和生物量，以及复杂的物种间相互作用网络。生态系统稳定性的研究可以分为生态系统的内在稳定和外部稳定两个方面。内在稳定主要涉及生态系统自身的生态平衡和自我调节能力，通常关注物种多样性、食物链的复杂性以及能量流动的效率。物种多样性越高，生态系统对环境变化的抵抗能力越强，恢复力也越好；食物链的复杂性能够保证在某一物种数量发生波动时，其他物种可以填补其生态位，以维持整体的平衡；能量流动的效率则直接关系到生态系统的生产力和生物量的积累。

外部稳定是指影响因素的变化对生态系统的影响程度，倾向于关注如气候变化、自然灾害、人类活动等因素对生态系统的潜在影响。例如，气候变化可能导致某些物种的栖息地的改变，从而影响整个生态系统的结构和功能；自然灾害如洪水、火灾等可能短期内对生态系统造成破坏，但生态系统通常具有一定的恢复能力；人类活动，如过度开发、污染排放等，是当前生态系统稳定性面临的最大威胁之一，需要通过合理的管理和保护措施来减轻其负面影响。

此外，生态系统稳定性还与生态系统的恢复力密切相关，即生态系统在遭受干扰后恢复到原有状态的能力。研究生态系统稳定性对于理解生态系统的健康状况、预测生态系统对环境变化的响应以及制定有效的生态保护和管理策略具有重要意义。

2. 生态系统生态学的生态文明教育目标

在生态文明教育中，生态系统生态学与之相辅相成。生态系统生态学为生态文明教育提供坚实的科学理论支撑，凭借对生态系统结构、功能及演变规律的精准剖析，让学生真切领悟到自然生态运行的内在逻辑，明晰人类活动对生态系统的深远影响，从而为树立正确的生态价值观和环保理念奠定基础；生态文明教育则借助教育手段，将生态系统生态学的专业知识广泛传播，提升学生的生态素养，引导学生将生态理念转化为实际行动，为生态系统的保护与修复贡献力量，推动生态文明建设迈向新高度。生态系统生态学的生态文明教育目标主要包括以下几个方面：

（1）知识目标。让学生深入理解生态系统的结构组成，包括生产者、消费者、分解者以及非生物环境等各要素的特点与功能，明晰它们之间相互依存、相互制约的复杂关系，知晓生态系统物质循环、能量流动与信息传递的基本规律；使学生熟悉不同类型的生态系统，如森林、草原、湿地、海洋生态系统等的独特特征，了解其分布范围、主要生物群落以及面临的生态问题，掌握生态系统演替的过程与机制，比如初生演替和次生演替的区别与实例，拓宽对生态系统多样性的认知视野。

（2）意识与价值观培养目标。帮助学生树立生态整体观意识，使其认识到生态系统是一个有机整体，任何一个环节的变动都可能引发连锁反应，打破整个生态平衡，深刻领悟"牵一发而动全身"的生态内涵，摒弃人类中心主义思维，将人类视为生态系统的一部分而非主宰；培育学生的生态危机意识，通过剖析当前全球性生态问题，使学生深刻理解自然生态系统有其自身运行规律，人类的生产生活必须遵循这些规律，而不是强行干预、破坏，引导学生在日常生活与未来职业选择中自觉践行生态友好的行为准则；塑造学生尊重自然、顺应自然、保护自然的价值观，培养学生的可持续发展价值观，让学生明白在利用生态系统资源满足当代人需求时，必须兼顾后代人的权益，追求经济、社会与环境效益的平衡统一，推动资源节约型、环境友好型社会的构建，促使生态文明理念扎根心底，贯穿人生发展全程。

（3）能力目标。培养学生生态系统分析与评估能力，能够运用所学知识对给定的生态系统进行实地调研、数据收集与整理，分析生态系统的健康状况，识别生态系统面临的潜在威胁，并提出相应的监测与预警方案；提升学生生态修复与保护实践能力，指导学生参与生态修复项目或模拟实践，掌握植被恢复、水土保持、生物多样性保护等实用技术，助力学生将理论知识转化为实际行动，为生态文明建设贡献力量。

3. 生态系统生态学的生态文明教育内容

（1）生态系统结构和功能理论。从生态系统的结构角度来看，物种组成是生态文明教育的重要切入点。一个生态系统中物种的丰富度、多样性以及物种间的相互关系，蕴含着深刻的生态智慧。教师在传授这些知识的时候，可以引导学生思考物种多样性对生态系统稳定性的关键作用，使学生认识到每一个物种都是生态系统不可或缺的一环，就如同链条中的每一节，一旦某个物种灭绝，则可能引发连锁反应，破坏整个生态系统的平衡，帮助学生从而树立保护生物多样性的意识。

针对生态系统的功能，能量流动是核心要点之一。在讲解能量流动过程时，可结合农田生态系统，更直观地向学生展示能量如何从太阳传递到植物，再通过食物链传递给其他生物。例如，通过分析农田中作物的光合作用，我们可以了解植物如何将太阳能转化为化学能，以及这一过程对生态系统能量流动的重要性。教师要引导学生认识到若要提高农产品产量，不能单纯依靠增加农药、化肥投入来杀灭害虫、促进作物生长，因为这不仅破坏生态环境，还违背能量流动规律，引导学生讨论如何通过合理施肥和灌溉来提高能量转换效率，以及这些做法对维持生态平衡和促进可持续农业的意义。如可采用生态农业模式，合理配置不同作物，充分利用光能；利用害虫天敌进行生物防治，维持生态系统的自然能量流动平衡，既保障农业产出，又保护生态环境。

物质循环是生态系统的另一核心功能。教师可以通过讲授物质循环的过程，让学生理解生态系统各组成部分之间是紧密相连的，任何一个环节出现问题，都可能影响整个生态系统物质循环的平衡；通过讲授物质循环中的生态系统中物质总量有限性，培养学生珍惜资源的意识，让他们明白资源不是取之不尽、用之不竭的，并且认识到循环利用资源是实现可持续发展的关键；通过展示人类活动对物质循环的干扰及后果，详细讲解人类活动对物质循环的影响，让学生深刻认识到人类不当的活动会对生态系统造成严重的破坏，从而引导他们思考如何减少对物质循环的干扰，树立正确的环境行为准则。

（2）生态系统现状认知教育。在学生掌握生态系统理论的基础上，教师可通过组织实地考察本地生态系统的形式开展生态系统现状认知教育。如选择城市公园的人工湖湿地生态系统作为考察对象，引导学生观察水生生物种类、水质状况、水生植被覆盖度，分析其生态服务功能，如水质净化、调节小气候、为鸟类提供栖息地等；对比自然湿地与人工湿地生态系统的异同，记录人类活动干预痕迹，如污水排放、人工堤岸建设对湿地生态的正负向影响。考察过程中，教师可以引导学生思考如何通过减少污染、恢复受损湿地、提高公众环保意识等措施，来保护和增强湿地的生态服务功能。考察结束后，学生通过小组讨论的形式整理和分析调查数据，形成调研报告，详细描述他们的观察结果，并提出改善建议，以促进湿地生态系统的可持续发展。

此外，课程还可设计一个模拟项目，让学生设计一个小型人工湿地，以实践他们在实地考察中学到的知识，并评估其在校园内的可行性。通过这些活动，学生不仅能够加深对生态系统服务功能的理解，还能培养他们的环境责任感和解决实际问题的能力。

另外，可指导学生开展远程调研，借助卫星遥感影像、地理信息系统（GIS）技术，分析区域内森林生态系统覆盖面积的变化趋势，结合历史数据探究森林砍伐、植树造林等人类活动因素对森林生态系统的影响，让学生从宏观层面了解生态系统的动态变化，培养学生的地理空间分析能力。

（3）校园生态系统实践项目。在学校层面，组织开展生态保护相关实验或项目，能有效强化学生的生态文明实践意识与能力。例如设计校园生态花园建设项目，让学生全程参与规划、种植与养护。在规划阶段，学生依据生态位原理，选择不同花期、不同功能的植物进行搭配，既能保证四季有花，又能吸引昆虫传粉，促进生态循环。在种植过程中，学生可以学习无土栽培、雨水收集灌溉等生态技术，减少生态花园对传统土壤、水资源的依赖，降低环境压力。养护时，学生可以利用生物防治手段控制病虫害，引入七星瓢虫防治蚜虫，摒弃化学农药，保护校园生态环境。学生在项目实施中，不仅掌握了实用生态技能，更深刻地领悟到生态保护需从点滴小事做起，将生态文明从知识转化为实际行动，为未来投身生态保护事业奠定坚实基础。

打造校园生态景观、设立生态科普角能为生态文明教育提供潜移默化的助力。校园规划中，可让学生参与设计，如依循生态原则营造小型湿地景观，挖掘闲置空地种植菖蒲、荷花等水生植物，引入蜻蜓、青蛙等生物，形成微型生态系统，让学生直观感受湿地净化水质、调节气候、为生物提供栖息地的功能；在教学楼走廊、教室角落设立微景观设计，如摆放鱼菜共生、花鱼共生、苔藓微景观等微型生态系统，学生课间可随时观摩、学习生态知识，将生态文明教育融入校园生活的点滴中，让生态理念扎根心底。

三、生态学课程中的生态文明教育途径

在新时代背景下，生态学课程承载着培养学生生态文明意识与素养的重要使命。通过多样化的途径将生态文明教育融入生态学课程，不仅能深化学生对专业知识的理解，更能促使他们成长为生态文明建设的践行者与推动者。

（一）课堂教学渗透性教育

生态学的基础理论知识为生态文明教育提供了深厚土壤。通过学习生态学的基础理论知识，学生能够更清晰地认识到自然界中生物与环境之间复杂而微妙的平衡关系，意识到保护生态环境、促进人与自然和谐共生的紧迫性和必要性。课堂教学是传授理论知识最常规、最基础的教育形式，通过在生态学及其他学科的教学过程中渗透与生态文明教育相关的内容，可将生态文明的核心理念与生态学专业知识深度融合，让学生在学习专业理论的同时，潜移默化地接受生态文明的熏陶，将生态保护意识融入自身的知识体系与价值观中，使其内化为一种自然而然的认知。

（二）实习实践教育

实习实践教育着重强调让学生走出传统的课堂教学环境，亲身参与与生态文明紧密相关的实际项目或者各类实践活动。实践教学环节为生态文明教育提供了一个生动、直观且富有成效的平台，学生通过参与生物多样性监测、实地观察珍稀动植物的生存状况，以及观摩保护工作的具体实施，能够亲眼见证受损生态系统逐步恢复生机的历程，深刻理解生态修复对于生态文明建设的重要作用。这种教育方式打破了书本知识的局限，使学生能够将理论知识与实际操作相结合，在实践过程中增强自身的动手能力，并且获得对生态问题最为直观且深刻的感受，让生态保护不再是抽象的概念，而是实实在在的体验和行动。

（三）创新型、探究性教育

创新型和探究性教育旨在积极鼓励学生充分发挥自身的主观能动性，主动去探索各类生态问题，摆脱传统被动接受知识的模式。教师可以引导学生运用创新性思维，尝试从不同角度去分析生态问题，并提出具有可行性的解决方案。

在创新型和探究性教育模式下，教师可以设立一系列与生态文明相关的科研课题，根据学生的专业背景、兴趣爱好等因素进行合理分组，引导学生以小组为单位开展深入的研究工作；在研究过程中，学生们通过对周边居民进行问卷调查或者访谈，了解人类活动对植被变化的影响情况。最后，学生依据研究成果撰写详细的研究报告，并通过学术汇报、成果展示等形式向其他同学和老师展示自己的研究思路、研究过程以及得出的结论，分享自己对生态环境保护的思考和建议。

在此过程中,学生的科研能力得到了极大的培养,他们学会了运用科学的方法去研究和解决实际问题,同时也进一步强化自身的生态责任感,认识到自己作为生态保护一分子的重要作用。

(四)自然体验式教育

自然体验式教育能够让学生全身心地融入自然环境之中,通过近距离地观察、真切地感受自然的神奇与美妙,去激发他们内心深处对生态的热爱之情以及强烈的保护欲望。这种教育方式借助大自然本身的魅力和感染力,让学生在与自然的亲密接触中,形成一种源自内心的情感共鸣,远比单纯的说教更具有教育意义,能够在学生心中种下生态保护的种子,使其生根发芽,转化为实际的行动。

自然体验式教育可以通过精心组织多种形式的自然体验活动,如野外实习、自然调研等实施;同时,还要安排专业的老师全程陪同,为学生讲解各种动植物的知识。在自然体验式教育过程中,学生们可以走进森林、湿地、草原等不同的生态系统,体会生物的多样性以及各个物种之间相互依存的紧密关系,从而深刻认识到保护生态环境就是保护这些可爱的生命以及人类自己的生存家园。

(五)案例分析

案例分析这一教育途径,主要是通过呈现实际发生过的各类生态案例,引导学生运用所学知识去深入分析问题产生的深层次原因,以及对生态环境以及社会发展造成的广泛影响,进而思考并提出有效的解决措施。在这个过程中,学生的分析问题、解决问题的能力能够得到显著提升,并且能够从具体案例中吸取经验教训,增强对生态保护工作复杂性和重要性的认知。

案例教学是将生态文明理念具象化的有效手段。选取国内外典型的生态事件,引导学生剖析事件背后的生态问题根源,通过深入分析案例,让学生直观感受到忽视生态文明建设的惨痛教训,真切体会到通过科学合理的生态举措能够实现人与自然的和谐共生,激发他们投身生态文明建设的热情与信心。

(六)咨政报告

咨政报告途径能够使学生站在一个相对更高的角度,跳出单纯的校园学习和实践范围,将目光聚焦于生态文明建设和乡村振兴中的政策制定与实施情况。通过参与撰写咨政报告，学生能够深入了解政策在推动生态保护和乡村振兴工作中的重要引领作用，培养自身的全局观和宏观思维能力，同时也锻炼了学生为社会发展建言献策的能力，增强学生作为社会一员参与生态治理和乡村振兴的责任感和使命感。

教师可引导学生针对本地某个突出问题进行深入调研，例如开展对城市垃圾分类政策的实施效果的研究，通过实地考察、问卷调查和数据分析等方式收集多方面的数据信息；在此基础上，运用科学的统计分析方法，对收集到的数据进行整理和分析，找出政策实施过程中存在的问题；依据调研结果撰写咨政报告，向相关部门反馈意见和提出改进建议，让学生亲身体验社会问题的复杂性和多样性。这样的实践活动不仅能够提升学生的社会责任感和环保意识，还能培养他们的团队协作能力和发现问题、分析问题、解决问题的能力。

第三章

乡村振兴与生态学课程改革

第一节　乡村振兴概念的提出与基本理论

一、乡村振兴战略的提出与历史沿革

中国有着5000多年的农业文明史，乡村在经济社会发展中占有重要地位，乡村的富庶被视为盛世的重要标志。"三农"问题是党和国家高度关注的重要问题。乡村振兴战略，作为新时代中国解决"三农"问题、推动国家现代化进程的关键举措，承载着厚重的历史使命与深远的时代意义。

自改革开放以来，我国经济迅猛发展，城市面貌日新月异，但农村地区却面临着产业衰退、人口流失、生态环境恶化以及传统文化衰落等多重挑战，城乡差距不断扩大，成为全面建设社会主义现代化国家进程中的薄弱环节。在此背景下，乡村振兴战略应运而生，中共中央国务院围绕农业发展、农村改革、农民增收、农业现代化、农业农村现代化与农业强国等作出了一系列规划部署，致力于全面重塑乡村的经济、社会、生态和文化面貌，实现农业强、农村美、农民富的宏伟目标。

党的十八大以来，以习近平同志为核心的党中央高度重视"三农"问题，在政策部署上提供了诸多解决方案，涵盖了阶段性规划、农村工作落实、法律保障完善以及现代化布局等多个层面。2017年10月，党的十九大报告明确提出"实施乡村振兴战略"，为农村发展指明了方向。2018年9月，《乡村振兴战略规划（2018—2022）》出台，对这一战略进行了阶段性规划，进一步细化了目标和任务。同年9月，习近平在《把乡村振兴战略作为新时代"三农"工作总抓手》中强调了乡村振兴的全面性，提出要"坚持走中国特色乡村振兴之路"。2019年1月，《中国共产党农村基层组织工作条例》发布，强调在农村经济工作中贯彻创新、协调、绿色、开放、共享的发展理念，以加速推进农业农村现代化，实现乡村高质量发展，这是立足新发展阶段、贯彻新发展理念的现实要求。

2021年2月，习近平在全国脱贫攻坚总结表彰大会上指出"让低收入人口和欠发达地区共享发展成果"，为乡村振兴与脱贫攻坚的有效衔接提供了指引。2021年4月，《中华人民共和国乡村振兴促进法》颁布，强调"全面实施乡村振兴战略，应当坚持中国共产党的领导，贯彻创新、协调、绿色、开放、共享的新发展理念"，为推进乡村振兴战略中共享发展理念的践行提供了坚实的法律保障。

2022年10月，党的二十大报告进一步强调"要坚持农业农村优先发展，加快建设农业强国，扎实推动乡村产业、人才、文化、生态、组织振兴"，将乡村振兴提升到了新的战略高度。2023年2月发布的《中共中央 国务院关于做好2023年全面推进乡村振兴重点工作的意见》，以及农业农村部与国家乡村振兴局分别发布"1号文件"，即《农业农村部关于落实党中央国务院2023年全面推进乡村振兴重点工作部署的实施意见》（农发〔2023〕1号），再次强调必须坚持不懈把解决好"三农"问题作为全党工作的重中之重，举全党全社会之力全面推进乡村振兴，加快农业农村现代化，确保乡村振兴战略的实施与国家宏观政策保持一致。

二、乡村振兴战略的理论基础

乡村振兴战略作为新时代解决我国"三农"问题、推动农村全面发展的重大决策部署，有着坚实的理论根基。深入理解这些理论基础，对于精准把握战略内涵、高效推进实践进程意义非凡。

（一）马克思主义城乡关系和乡村发展思想

马克思与恩格斯指出，农业劳动是其他一切劳动存在的自然根基与前提条件，城乡分离是社会生产力发展至一定阶段的必然产物，而随着生产力的持续发展，城乡必将走向融合。在资本主义社会形态下，城乡对立的状况极为严峻。城市凭借其优势地位对农村进行剥削，致使农村发展长期处于滞后状态，消灭城乡对立是社会发展的必然要求，而社会主义制度为化解城乡对立、推动城乡融合筑牢了坚实根基。

我国所推行的乡村振兴战略，正是在马克思主义关于城乡关系与乡村发展的理论指引下应运而生的。该战略着重强调农业在国民经济体系中的基础性地位，致力于打破城乡二元结构的壁垒，积极促进城乡间要素的自由流通以及资源的合理配置，逐步达成城乡在经济、社会、生态等多个领域的均衡发展。

（二）发展经济学二元经济结构理论

刘易斯等发展经济学家提出的二元经济结构理论指出，发展中国家普遍存在传统农业与现代工业部门长期共存的现象。传统农业部门主要依赖土地等固定要素的投入，劳动边际生产率极低，甚至趋近于零，导致大量隐性失业人口存在；而现代工业部门则依靠资本与技术的密集投入，劳动边际生产率相对较高。在市场机制作用下，农业部门剩余劳动力为追求更高收入而不断向工业部门转移，为发展中国家早期工业化提供了人力支持，推动工业规模扩张与经济增长。

我国的经济发展历程在一定程度上符合该理论的特征。早期，大规模农村劳动力进城务工促进了工业发展，但农村因人才和资金流失，面临农业产业老化、基础设施落后、公共服务短缺等问题，城乡差距不断拉大。在此背景下，乡村振兴战略精准对接二元经济结构理论的演进需求，强调工业反哺农业、城市支持农村，通过加大对农村基础设施建设、农业产业升级及教育医疗等方面的投入，提升农业农村内生发展动力，弥合二元经济差距，实现工农互促、城乡互补的良性循环。

（三）中国传统"三农"思想的延续

中国向来高度重视农业、农村与农民问题，历史积淀深厚。古代"重农抑商"政策凸显了农业作为国家根基的重要地位；近现代以来，众多有识之士为解决农民、土地与农村贫困问题不懈努力，共同构筑起丰富的"三农"思想底蕴。乡村振兴战略传承并升华了这一传统，将"三农"置于国家发展全局的核心。习近平总书记关于"三农"工作的重要论述，为乡村振兴战略提供了坚实的理论指导。

乡村振兴战略作为中国特色社会主义理论的重要构成，既汲取了传统农耕文明中的生态智慧与乡土文化价值，又融合了现代科技与管理理念，从经济、风貌、治理体系等方面多维度全方位地重塑乡村，充分体现了中国共产党对"三农"问题的深刻认识与有效解决路径。

三、生态学原理与乡村振兴战略目标

乡村振兴战略具有深刻的内涵，它是一个涉及经济、社会、生态、文化、治理等多个领域的综合性工程。党的十九大将乡村振兴战略总要求明确为"产业兴旺、生态宜居、乡风文明、治理有效、生活富裕"。在乡村振兴战略体系中，生态振兴处于基石地位，与其他振兴维度紧密相连、相互促进。良好的生态环境是产业兴旺的基础，为农业、旅游业等产业的发展提供优质资源，吸引投资与人才，催生绿色产业新业态；生态宜居直接关乎农民的生活质量与幸福感，优美的环境能提升乡村的吸引力，留住人才，进一步促进乡风文明建设；生态保护与治理关乎乡村可持续发展大局；而生态优势转化为经济优势，更是实现生活富裕的关键路径，通过生态补偿、生态产业收益分配等机制，让农民从生态保护中获得实惠，为乡村全面振兴提供有力支撑。

生态学作为研究生物与环境相互关系的综合性学科，为乡村自然资源的合理利用、生态环境的保护修复以及生态产业的蓬勃发展提供了坚实的理论支撑。生态学理论在乡村振兴中的应用可体现在以下几个方面。

（一）生态学理论与产业兴旺

产业兴旺是乡村振兴战略的首要任务与重点工作，是乡村振兴的根基和保障。其核心在于打破传统农业局限，推动农业朝现代化、多样化、一体化迈进。达成产业兴旺，关键在于要发挥地方区域优势，依托本地资源，优化市场资源配置，形成现代化产业聚集地与协同共生的产业链，将地方资源转化为经济优势，发展特色农业、农产品加工业、乡村旅游等新兴经济形态，构建完备的乡村产业网络，提升农业附加值与市场竞争力，改善农民生活，提高农产品品质与产量，创造更多乡村就业岗位。

生态学理论在多个层面与乡村产业兴旺紧密相连：其一，生态学指导下的生态农业能减少化肥和农药的使用，提升土壤质量与作物自然抵抗力，进而提高农业产出质量与市场竞争力。其二，利用生态学中的资源循环利用原理，将农业废弃物转化为能源或肥料，既能减少污染，又能创造新经济增长点，如农村生物质能源项目。其三，利用生态系统服务评估和自然资源管理知识，评估不同产业对生态系统的影响，有助于优化乡村产业结构、提升附加值；合理开发管理自然资源，能提升农产品质量与品牌价值，增加农民收益。

（二）生态学理论与生态宜居

生态宜居聚焦农村生态环境保护与居住条件改善，强调经济、社会、文化与自然环境的和谐共生，致力于打造既满足居民物质需求又注重居民精神生活的宜业宜居城乡环境。良好生态环境是农村的最大优势与宝贵财富，改善农村人居环境、建设美丽宜居乡村，是乡村振兴战略的重要任务。

生态学理论与乡村生态宜居的融合体现在以下几方面：生态学理论中有关生态系统结构与功能的知识，有助于我们营造和谐的乡村生态环境，保护与恢复乡村自然景观，提升居民生活质量与健康水平，降低疾病发生率；生态学理论中的环境监测与评估技术，可帮助我们对乡村环境质量进行监测与管理，及时发现并解决环境污染问题，保障乡村居民的健康生活；生态学理论中关于可持续生活方式与消费模式的内容，可引导乡村居民形成环保的生活态度与行为；生态学理论中的生态规划与设计原理，可以应用于乡村建设与规划，通过合理布局住宅、公共设施与绿地，能提高乡村居住舒适度与美观度，创造宜居生活环境。

《广西乡村振兴战略与实践·生态卷》一书围绕"生态宜居是关键"这一主线，从生态学的角度审视广西乡村生态环境，并提供了相关的生态学理论和原理在实践中的应用，为生态理论在乡村生态宜居理念中的应用提供了典型的范本。

（三）生态学理论与乡风文明

乡风文明着力于乡村文化传承与精神文明塑造，一方面通过挖掘、保护并传承民俗技艺、传统节庆、古建民居等优秀传统文化，延续历史文脉；另一方面弘扬社会主义核心价值观，革除陈旧陋习，培育文明乡风、良好家风、淳朴民风，提升农民精神风貌与乡村文明程度，增强乡村文化软实力。其目标是凝聚乡村向心力，提升村民素养，构建和谐邻里关系，维持乡村独特的文化魅力与人文温度。

生态学知识在乡风文明建设中发挥着多方面作用。生态学知识促进农民养成生态文化自觉性，将生态文化从个体意识转变为群体自觉价值追求；帮助农民理解生态文化价值观念与行为准则，并将其融入生产生活的各个方面，形成弘扬和发展生态文化的生活情景与乡村氛围；为农民提供智力支持和精神动力，帮助农民提高思想道德水准和科学文化素质，凝聚人心、振奋精神。

另外，生态理论与乡村本土优秀文化元素的融合，能够帮助农民构建健康、科学的生活方式，树立尊重文明、崇尚科学的良好社会风尚，指导农民培育文明乡风、良好家风、淳朴民风，营造和谐邻里关系，维护安定社会环境，增强农民群众的精神力量，推动乡村经济、法治、治理及生态全方位发展。

（四）生态学理论与治理有效

治理有效旨在构建现代化乡村治理体系，通过加强基层党组织建设，发挥其战斗堡垒作用，推动自治、法治、德治融合，完善村民自治，保障农民民主权利，强化法治乡村建设，倡导德治约束行为，营造稳定公平环境，实现乡村长治久安与发展。

生态学理论为乡村治理提供了关键框架与方法。生态系统整体性与依存性原理有助于平衡农业生产、资源利用、环保及社会经济发展之间的关系，实现资源可持续利用与生态保护；生态经济学理论帮助乡村平衡经济与生态之间的关系，制定可持续策略；生态伦理学强调人类对自然的责任，能够提升村民环保意识，推动生态友好活动的进行；生态恢复理论为受损生态修复提供了科学的方案。

（五）生态学理论与生活富裕

生活富裕作为乡村振兴的根本，体现为农民生活水平全面提升，涵盖物质与精神两个层面。通过实施乡村振兴战略，让农民共享成果，实现收入增长、生活改善，推动公共服务与城市均等化，增强农民的获得感、幸福感与安全感。

生态学理论在推动生活富裕方面扮演着至关重要的角色，它从多个维度影响着乡村经济的发展与农民生活水平的提升。生态学理论指导我们合理利用土地和进行生态农业实践，农民可以在保护生态环境的前提下，提高土地的产出率和农产品的质量，进而增加收入；生态学理论倡导的资源循环利用和节能减排，能降低能源成本，农业废弃物的资源化利用则可以创造更多的经济价值。

四、乡村振兴战略实施现状

当下，乡村振兴战略在全国稳步推进，成效斐然。

产业振兴方面，各地立足资源优势，探索多元发展路径。东部沿海地区发挥其科技、人才、市场优势，大力发展高附加值现代农业与外向型农业，如江苏盱眙小龙虾产业，集养殖、加工、餐饮、旅游于一体，品牌价值超百亿元；中西部地区依托特色农业资源，打造特色农产品品牌，推动电商扶贫、消费扶贫，拓宽销售渠道，助力农民增收，像云南普洱咖啡、赣南脐橙等农产品均声名远扬。

生态振兴领域，农村人居环境整治三年行动成果丰硕，生活垃圾、污水治理体系逐步健全，卫生厕所普及率大幅提高。许多乡村开展"美丽庭院"创建，绿化美化家园，生态环境持续优化。浙江安吉余村，关停矿山、水泥厂，发展绿色生态旅游，从"卖石头"转型为"卖风景"，成为生态文明典范。

文化振兴进程中，乡村文化设施日益完善，乡镇文化站、农家书屋广泛覆盖，文化活动丰富多彩，民俗文化、民间艺术重焕生机。河南宝丰县马街书会，每年吸引全国数千名曲艺艺人汇聚，传承发展曲艺文化，带动乡村文旅融合。

治理振兴层面，基层党组织凝聚力、战斗力不断增强，众多"领头雁"书记引领村民走向富裕。村民自治制度得到进一步深化和实施，村务监督和民主协商活动广泛开展，乡村法治宣传教育已常态化，德治氛围日益浓厚。通过"三治"（即法治、德治、自治）的协同推进，乡村社会秩序变得井然有序。

当前，乡村振兴战略在全国稳步推进，成效斐然，然而也面临着诸多挑战。在产业发展方面，部分乡村产业同质化严重，缺乏资金、技术、人才支撑，产业链短，抗风险能力弱；在生态保护上，农业面源污染治理、生态修复任务艰巨，部分地区生态保护与经济发展矛盾突出；在文化传承上，传统文化受现代文化冲击，传承后继乏力，乡村文化自信有待提升；在治理环节上，部分乡村基层组织软弱涣散，人才流失导致治理主体缺位，乡村治理精细化、专业化程度尚需提高。因此，我们要通过教育引导大学生深入理解乡村振兴战略的内涵，激发他们投身乡村建设的热情，为乡村发展注入新鲜血液。大学生们可以利用自身所学，为乡村产业提供创新思路，帮助农民解决技术难题，同时，他们还能在文化传承和生态保护方面发挥积极作用。另外，通过参与乡村治理实践，大学生们可以提升乡村治理的专业化水平，为乡村的可持续发展贡献智慧和力量。

第二节 乡村振兴理念教育的进展

一、乡村振兴理念教育的背景

乡村振兴战略承载着实现中华民族伟大复兴中国梦的历史重任。在这一宏伟蓝图中,教育扮演着不可或缺的关键角色,在乡村振兴中发挥着基础性、先导性作用。教育不仅能够提高农民的文化素质和技能水平,还能够培养一批懂农业、爱农村、爱农民的"三农"工作队伍,为乡村振兴提供智力支持和人才保障。但乡村教育不仅面临着基础设施薄弱、师资队伍不稳定、教育质量有待提高等诸多现实困境,还在教育理念、教育内容与乡村实际需求的契合度上存在不足。

近年来,国家出台了一系列政策支持乡村振兴教育的发展。《乡村振兴战略规划(2018—2022年)》明确提出了统筹规划布局农村基础教育学校、科学推进义务教育公办学校标准化建设、全面改善贫困地区义务教育薄弱学校基本办学条件等要求,以促进农村教育的发展,为乡村振兴提供人才和智力支持。此外,国家还通过实施农村教师支持计划、农村义务教育学生营养改善计划等,加大对农村教育的投入和支持,以促进教育公平和质量提升。这些政策的实施,为乡村振兴教育的发展指明了方向,提供了政策保障。

随着乡村振兴战略的稳步推进,乡村社会正经历着深刻变革,产业结构的优化升级首当其冲。传统农业向现代农业、特色农业转型加速,农家乐、乡村电商、农产品深加工等新产业如雨后春笋般涌现,这对乡村劳动力素质提出了全新要求。农民不再局限于传统种植养殖技能,还需掌握现代农业技术、电商运营、市场营销等多元知识与技能,从而催生了乡村职业教育、成人继续教育的需求。

人口结构变化在乡村表现明显,老龄化趋势加剧,"空巢老人"现象普遍,致使老年教育、康养教育需求猛增。同时,大量青壮年劳动力进城务工,留守儿童教育问题突出。他们不仅需要学业辅导，更需要心理关怀、安全教育等全方位的呵护。这促使乡村基础教育必须强化家校共育、心理辅导等功能，以弥补家庭教育的缺失。

解决乡村振兴面临的诸多问题，关键在于人才。这类人才不仅要通晓农业知识，掌握管理技能与市场分析能力，更要有创新意识，能结合当地实际提出可行方案。大学生作为新时代的主力军，在乡村振兴中肩负着注入活力、提供智力支持的重任。因此，在教育过程中，根据当前大学生乡村振兴理念教育的实际状况，找出存在的问题与挑战，进而提出针对性的优化策略，能促使高校教育体系更好地培育具有乡村情怀、能担当乡村振兴使命的高素质人才。

二、大学生乡村振兴理念教育的现状

（一）课程设置

目前，已有部分高校积极响应乡村振兴的时代号召，前瞻性地开设了一系列涉农相关选修课程，诸如聚焦乡村社会组织架构、人际关系网络以及文化传承脉络的"乡村社会学"，系统阐述现代农业科技前沿、产业模式变革以及市场供需动态的"现代农业发展概论"等。这些课程为学生提供了初步了解乡村结构多元构成和把握农业产业发展宏观趋势的机会。然而，从课程普及的角度来看，由于受到传统专业培养体系框架的限制以及高校内部资源分配的不均衡的问题，大多数非涉农专业的学生难以接触到这些课程。此外，课程内容构成存在不平衡，过分侧重于理论知识的讲授。在课堂上，教师主要依赖教材和 PPT 演示、板书推导等传统教学手段，在有限的课时内"填鸭式"地传授乡村理论知识，鲜少引入鲜活的乡村实地调研案例、实时更新的农业产业数据，更缺乏让学生亲身参与的实操演练环节。这不仅导致学生学习过程枯燥乏味、学习积极性受挫，更使得课程实践环节薄弱，学生难以将抽象理论与乡村实际紧密关联，无法切实提升学生运用知识解决乡村现实问题的实践能力。

（二）实践活动

不少高校为了让学生更贴近乡村的实际情况、体验乡村的活力，精心策划了"三下乡"社会实践活动和支教项目。这些活动为大学生们构建了一座深入乡村的桥梁，使他们有机会亲身走进乡村，深入体验乡村生活的朴素与挑战，近距离聆听村民的心声，并准确把握村民在生产、生活、教育、医疗等多个方面的实际需求。然而在活动的具体实施过程中，也显现出了一些问题。

（1）短期性问题尤为明显。大多数实践活动宛如"一阵风"，通常集中在寒暑假期间进行，短则三五天，长则不超过半个月。这种短暂的参与，使学生们仿佛"走马观花"，刚刚对乡村有了初步了解，还未来得及深入研究乡村问题的深层结构，探究其根本原因，便不得不匆忙结束行程。这导致他们难以针对乡村问题的复杂现状制订出切实可行的解决方案，实践成果也往往停留在表面。

（2）形式主义现象泛滥。在组织此类活动时，一些高校过分追求表面的"热闹"，热衷于举行盛大的启动仪式和规模庞大的总结大会，却不注重学生的实地调研、服务乡村等关键环节。在活动过程中，学生们机械地遵循既定流程，拍照打卡、撰写报告，表面上看似忙碌而充实，实际上却只是表面功夫，未能深入触及乡村问题的核心。

（3）部分学生参与动机不纯。他们并非怀揣着对乡村振兴事业的热忱与担当，也没有真正地希望为乡村的进步贡献自己的力量，而是简单地将之看作一项学校分配的任务。这种以功利为主导的心态导致学生们在进行乡村实践活动时敷衍了事，未能真正扎根乡村、沉下心来深度调研，与村民建立的联系也浮于浅层，更遑论为乡村带来具有实质性、可持续性的改变。

（三）校园文化熏陶

在校园文化营造方面，部分高校意识到氛围熏陶对学生乡村振兴理念塑造的重要性，因而通过举办乡村振兴主题讲座、展览等活动来激发学生兴趣。这些讲座通常邀请返乡创业的成功人士担任主讲嘉宾。他们凭借在乡村实践中积累的丰富经验、激励人心的奋斗故事以及对乡村未来发展的深刻洞察，登上讲台，向学生们展示乡村振兴一线的真实面貌，旨在激发学生投身乡村事业的热情。展览则通过图片、文字和实物模型等多种形式开展，旨在展现乡村的自然美景、特色产业和人文风情，让学生无须离开校园就能领略到乡村的独特魅力。

然而，这类活动也存在一些明显的不足。首先，活动的举办频率过低，一学期可能仅有一两次，难以持续吸引学生的注意力，无法在学生心中留下持久的印象。其次，活动的影响力有限，受到场地和宣传推广等因素的限制，参与的学生群体范围较小，未能产生广泛的影响力。此外，这些零散且频率低的活动未能构建起长效的文化渗透机制，导致乡村振兴的理念难以在学生成长的道路上持续发挥其引导作用。

三、乡村振兴理念教育面临的挑战

（一）学生认知偏差

在传统观念桎梏下，诸多当代大学生规划职业生涯时，常不假思索地将城市列为就业与发展的优先选择。主要原因在于在他们的观念中，乡村地区生活条件较为艰苦，基础设施相对滞后，交通不便，教育资源匮乏，难以满足子女的成长需求；同时，医疗保障体系较为薄弱，无法为家人提供充分的保障。这种根深蒂固的观念，极大地削弱了乡村对大学生的吸引力。

从职业发展视角，大学生普遍认为乡村产业结构单一，新兴行业稀缺，晋升空间有限，薪酬待遇不高，专业技能施展受限，人脉拓展机会匮乏。基于这些片面认知，他们对乡村振兴这一宏大目标认同感不足，参与热情低落。面对高校组织的乡村实践活动与选修涉农课程，部分学生甚至表现出明显抵触情绪，将乡村相关机遇排除在个人成长路径之外。

然而，随着国家对乡村振兴战略的深入推进与政策支持力度的加大，基础设施不断完善，新兴产业的引入为乡村带来全新的发展契机。乡村振兴理念教育旨在引导高校毕业生认识到乡村广阔的创业机会与职业发展前景，转变其就业观念，激发他们投身乡村建设的热情，鼓励其为家乡的繁荣发展贡献力量。这一举措不仅有助于缓解城市就业市场压力，更为乡村发展注入新活力，推动城乡均衡发展。

（二）教育资源不均

在乡村振兴理念教育中，涉农院校与普通高校在教育资源方面存在显著差异，涉农院校在师资、实践基地等方面具备一定优势，而普通高校则相对匮乏。

在师资层面，涉农院校围绕农业经济、农村发展、农业技术等专业领域，组建了较为完善的专业教师队伍，数量相对充裕，能够为学生开展多角度的知识传授；而在普通高校，因专业设置倾向城市需求，致使涉农专业教师数量严重不足。

但是涉农院校教师多数长期专注理论研究与校内教学，缺少乡村一线实践经验，教学时多依赖课本，难以生动呈现乡村的真实场景与现实问题，教学深度和实用性受限；普通高校教师不仅涉农知识储备有限，且缺乏乡村实践背景，面对乡村振兴课程教学力不从心，导致教学枯燥，学生知识吸收效果不佳。

从实践层面，涉农院校借助行业联系与科研合作项目，与众多乡村及农业企业搭建起广泛且相对稳定的实践基地网络，这些基地为学生提供了农业生产、农村治理、农产品营销等实践场景，助力学生在实操中深化对理论知识的理解。普通高校在实践基地建设方面明显滞后：一方面，资金投入短缺，致使普通高校开拓和维护乡村实践基地困难重重；另一方面，普通高校缺乏与乡村基层及涉农企业的深度合作途径，可用于学生实践的场地极为有限，即便学生满怀参与乡村振兴实践的热情，也常因场地缺失而无奈放弃，这极大制约了大学生乡村振兴理念教育的实施与发展。

（三）协同育人不足

高校与政府、企业、乡村在乡村振兴教育上协同合作不够紧密。政府政策引导力度有待加强，企业参与高校人才培养主动性欠缺，乡村未能充分发挥接纳学生实践、反馈需求的作用，未形成育人合力。

（1）政府层面：政策引导力度有待全方位加强。一方面，在资金扶持政策上，虽然有一些对高校涉农科研项目的资助，但针对大学生乡村振兴实践项目、课程开发等方面的专项经费投入不足，导致许多创新性教育探索因资金短缺而搁浅。另一方面，政策激励机制不完善，对于积极投身乡村振兴教育的高校、教师以及参与乡村实践的学生，缺乏具有吸引力的奖励措施，难以充分调动各方积极性。

（2）企业层面：高校在人才培养方面的积极性明显不足。众多企业将追求经济效益作为主要目标，而忽略了它们在乡村振兴人才链中应承担的社会责任。即便面临人才匮乏的挑战，许多涉农企业仍然不愿意与高校合作培养人才。以农业科技领域为例，尽管一些企业掌握着尖端技术的研发项目，却不愿意向高校学生开放实习机会，让学生参与实际的研发工作。这导致了高校的理论教学与企业的实际需求之间脱节，使得学生毕业后难以迅速适应企业的工作环境，同时也阻碍了乡村产业技术进步和人才储备的更新换代。

（3）乡村层面：未能充分发挥接纳学生实践和反馈需求的关键作用。在与高校学生实践对接的过程中，乡村基层组织常常准备不足，缺乏系统性的规划。一方面，基础保障设施如住宿、饮食、交通等尚不完善，这使得学生在乡村实践期间面临生活上的不便，从而影响了实践效果。另一方面，乡村对于自身的发展需求缺乏精准的梳理和及时的反馈，使得学生在实践过程中感到迷茫，难以有针对性地解决乡村的实际问题。这不仅浪费了学生的精力，也难以给乡村带来实质性的改变，最终未能形成有效的育人合力。

第三节 乡村振兴理念教育的目标与内容

一、生态学课程的乡村振兴教育目标

培养"爱农村、懂农业、爱农民"的人才，是乡村振兴教育的核心目标之一。这一目标旨在通过教育培养出一批具有深厚乡村情感、专业知识和实践能力的人才，他们将成为乡村振兴的中坚力量。

情感目标：生态学课程的学习不仅有助于培养受教育者对乡村的情感与对农业的浓厚兴趣，还能激发学生投身乡村建设的内在动力，生态情感的培养是乡村振兴教育的首要任务。

知识目标：学生通过学习生态学课程能够掌握农业生态系统的特点和运作机制，以及如何通过生态学原理提高农业生产的可持续性；能够识别乡村面临的主要环境问题，如土壤退化、水资源污染等，并探讨基于生态学的解决方案；熟悉国家关于乡村振兴的政策导向，理解政策背后的生态学原理和目标，为将来参与政策制定和实施打下基础。

能力目标：生态学课程旨在培养学生解决乡村生态问题的能力，这些能力包括但不限于：

①问题分析能力。能够识别和分析乡村生态环境中的问题，如土地利用变化、生物多样性丧失等，并提出科学合理的解决方案。

②实践操作技能。通过实验和实践活动，掌握生态农业技术、自然资源管理、生态修复等实际操作技能。

③项目管理能力。了解如何规划和管理乡村生态项目，包括项目设计、资金筹措、团队协作和效果评估等。

④沟通协调能力。培养与政府部门、农民、企业和非政府组织沟通协调的能力，以推动乡村生态项目的实施。

素质目标：通过教育提升学生对乡村生态保护的认识，培养学生的生态文明观和绿色发展理念，培养其可持续发展的思维方式和行动能力。具体目标包括，①培育绿色发展观念。帮助学生理解绿色发展的内涵，即在保护生态环境的前提下实现经济发展，推动乡村走可持续发展道路。②培养社会责任感。培养学生的社会责任感，激发他们积极参与乡村生态保护和振兴工作的热情。③培养创新精神。鼓励学生运用生态学知识进行创新思考，探索适应乡村特点的新型发展模式。④学习可持续发展技能。学生需要学习如何运用生态学原理和技术，推动乡村经济的可持续发展。

二、生态学课程的乡村振兴理念教育模块

（一）情感教育与价值引领

情感教育与价值引领是大学生参与乡村振兴的内在驱动力。通过情感教育，可以培养大学生对乡村的深厚感情，增强大学生对农村工作的认同感和责任感。价值引领则帮助他们树立正确的价值观，使大学生认识到乡村振兴不仅是经济发展的需要，更是文化传承和生态文明建设的重要组成部分。高校担当着推动乡村振兴的关键角色，它们不仅是知识与技能传承的宝库，也是培养未来乡村振兴关键人才的摇篮。高校必须履行其首要使命——立德树人，通过整合和优化育人资源及力量，重视科研与实践在教育中的双重作用，增强乡村复兴人才培养的成效，构建一支致力于农业、热爱农村、关怀农民的人才队伍。故而，高校需加强大学生的思想政治教育，在思政教育中渗透"三农"情怀，引导大学生自主学习和了解国家助力乡村振兴的政策，帮助学生逐步明晰国家针对乡村发展的战略目标与实施计划，使其深刻理解乡村振兴战略的重要性和时代背景，树立正确的世界观、人生观和价值观，增强社会责任感和使命感；教师要充分挖掘乡村红色资源、整理英烈故事等作为教学案例融入教学过程，激发大学生爱党爱国爱社会主义的情怀，让大学生在本土文化的滋养下，铭记党恩、缅怀先烈，传承红色基因，凝聚奋进力量，激发家国担当，将爱国热情转化为建设美丽乡村的实际行动，使乡村成为红色精神传承的沃土。

（二）政策法规解读

1. 党和国家政策方针教育

国家农业扶持政策解读：详细解读中央一号文件等系列政策，明确对粮食种植、特色农业、农业科技创新、农村电商等领域的补贴、税收优惠、贷款贴息政策；指导大学生如何依据政策申报项目，争取政策资金支持乡村产业发展。例如，讲解针对新型农业经营主体的示范创建项目补贴申报流程，助力大学生回乡创业起步。

农业法律法规常识：普及《土地管理法》《农产品质量安全法》《农村土地承包法》等法律法规，让大学生明晰土地流转、农产品生产销售中的合法权益与责任义务；强调知识产权保护，鼓励大学生为农业创新成果（新品种、新工艺、新品牌）申请专利、商标，维护产业发展成果。如介绍如何为新研发的蔬菜杂交品种申请植物新品种权。

农村金融知识入门：介绍农村金融机构（信用社、农业银行、村镇银行等）的涉农金融产品，如小额信贷、创业担保贷款的申请条件、利率、还款方式；讲解农业保险种类（农作物保险、养殖险、农产品价格指数保险等），帮助大学生合理运用金融工具规避产业风险，保障乡村产业稳健发展。

2. 道德法治教育

深入乡村普及道德法治观念，是构建和谐有序乡村社会的基石。道德教育层面，以"文明家庭""乡村好人"评选、道德讲堂等为抓手，弘扬尊老爱幼、邻里互助、诚信友善等传统美德，树立身边的道德标杆，引领乡村文明风尚。法治教育方面，结合农村常见土地纠纷、民间借贷、彩礼争议等案例，开展普法讲座、法律咨询、模拟法庭等活动，普及法律法规知识，增强农民法治意识，引导其依法维权、依规办事，为乡村振兴营造良好法治环境。

（三）农业产业规划与项目管理

在乡村振兴人才培养的过程中，乡村产业调研与分析以及产业项目策划与实施是提升大学生实践能力与专业素养的关键环节。在乡村产业调研与分析方面，教师需引导大学生熟练掌握调研方法，深入乡村实地走访，全面收集包括土地、气候、劳动力、农产品品种等农业资源信息，以及市场需求、政策扶持等相关资料；大学生要能熟练运用 Excel、SPSS 等数据分析工具对收集的数据进行深入剖析，以此精准评估乡村产业发展潜力，明确其优势与劣势，从而为后续产业规划奠定坚实基础。

之后，基于产业调研结果，进入产业项目策划与实施阶段。在此阶段，教师要指导大学生制订完备的产业项目计划书，传授项目计划书撰写要点和规范；同时，还需向大学生传授项目团队组建与管理技巧，使其能够合理分工、有效协调沟通，确保项目按预定计划顺利推进实施。在此过程中，大学生的创业能力与产业运营能力得以在实践中得到充分锻炼。

（四）产业发展知识

1. 现代农业技术

在教育过程中教师要向大学生介绍精准农业技术，如利用传感器监测土壤湿度、肥力，精准调控灌溉与施肥，实现农作物优质高产；介绍涉及特种养殖的技术，包括珍稀禽类、特色水产的养殖环境调控、疫病防治要点，拓宽农业产业多元化路径；培养大学生利用农村天然材料（竹子、藤条、秸秆、废旧布料等）制作手工艺品的能力，培养他们的创造力和动手能力，在传承和创新传统手工艺文化的同时培养他们的环保意识和可持续发展的观念。

2. 产业融合发展教育

产业融合正成为拓展乡村产业增值空间的"新引擎"。它以农业为基础，促进第一、第二和第三产业之间的深度融合与互动。例如，通过发展农产品加工业，可以延伸产业链并提高产品附加值；同时，挖掘乡村的生态和文化资源，开发休闲农业、乡村旅游和农事体验等新型业态。这些举措有助于将产区转变为景区，将田园变为公园，将产品转化为具有纪念意义的礼品。

（五）生态环保教育

乡村振兴战略旨在全方位推动乡村的发展，生态宜居作为其中的关键一环，离不开深入且有效的生态环保教育。通过向学生普及环保知识、培养环保意识、引导环保行为，为乡村营造可持续发展的生态环境，助力乡村在产业繁荣、生活富裕的同时，守住绿水青山。生态环保教育的核心内容主要包括以下几方面：

1. 乡村生态系统

教师可以通过深入分析乡村独特的生态系统，涵盖山林、农田、河流、湿地以及村落周边的动植物群落等关键要素，以及它们之间错综复杂的相互依存和制约的关系，引导学生分析乡村生态系统所具备的涵养水源、调节气候、净化空气、保持水土、提供生态产品等多重功能；同时引导学生思考这些生态功能如何转化为经济价值，以及如何通过这些价值来保障乡村的生活质量；引导学生思考如何运用科学方法和现代技术手段，对乡村生态系统进行有效管理和保护，激发他们对生态保护的热情和责任感。

2. 农业面源污染防治教育

教师要引导学生掌握病虫害的绿色防控技术，包括生物防治（利用害虫的天敌、昆虫性信息素诱捕害虫）和物理防治（使用防虫网、黄板、蓝板），以减少对化学农药的依赖，降低农产品中的农药残留。同时，针对农作物秸秆、农膜、畜禽粪便等农业废弃物，教师应教授科学的处理方法，如秸秆还田、秸秆饲料化、肥料化利用以及畜禽粪便的堆肥发酵无害化处理，这些方法对于推动农业绿色发展和生态文明建设具有重要意义。另外，还可引导学生思考如何根据乡村现有的基础设施条件，实施简单而有效的污水处理方法。例如，可以考虑采用人工湿地生态系统，利用沙石和植物根系的过滤与吸附作用，来净化污水。

（六）乡土文化传承弘扬

乡村传统文化承载着历史记忆、地域特色与民族精神，是乡村发展的深厚底蕴。在乡村振兴战略背景下，大学生作为知识群体，具备多元文化视野与创新活力，能够成为推动乡村传统文化创新性发展与创造性转化的关键力量，为乡村文化繁荣注入新动能。引导大学生运用现代学术视角重新诠释乡村文化内涵，将传统农耕文化中的"天人合一"生态智慧与当代可持续发展理念结合，为乡村生态旅游规划、农业产业升级提供思想借鉴；把乡村家族祠堂文化蕴含的凝聚向心力功能拓展到乡村社区建设领域，赋予其时代新义。在教育实践中，教师可组织大学生深入乡村开展调研，探寻乡村历史传说、民俗风情、名人轶事、特色建筑等文化富矿，提炼文化精髓，并将其融入乡村规划、景观打造、产品开发，彰显地域辨识度；鼓励大学生利用电商平台、社交媒体、网红带货、文创市集等渠道，助力乡村文创产品走出乡村；鼓励大学生参与策划乡村传统节日庆典，引入现代科技与时尚元素，改造传统民俗活动，协助民间艺人将传统民俗搬上舞台，组织专业民俗文化展演，展现乡村文化艺术魅力，培养村民文化自信。

第四节 生态学课程与乡村振兴教育

一、生态学课程与乡村振兴战略的关系

在乡村振兴战略的宏大布局下，我国乡村地区迎来前所未有的发展机遇，对各类专业人才的需求日益迫切，尤其是具备生态学知识与理念的人才，成为推动乡村生态可持续发展的关键力量。

生态学课程与乡村振兴理念紧密相连，形成了协同共进的关系。生态学课程为乡村振兴提供了智力支持，乡村振兴为生态学课程提供了广阔的实践平台。生态学课程所传授的生态原理与技术，为乡村产业绿色转型提供了新思路；乡村多样的生态系统和复杂的生态问题，为学生提供了丰富的研究样本，有助于学生通过实地调研提升实践能力。另外，乡村振兴中的实际需求，催生了新的研究课题，推动了生态学学科的发展，也促使课程内容不断更新；同时，乡村振兴的最新成功案例被融入教学，使课程更具现实针对性，实现了人才培养与乡村发展的良性互动。

生态学课程知识体系丰富，为乡村振兴奠定了坚实的理论基础。在生态学基础部分，课程阐释了生物与环境的相互关系，帮助学生理解乡村生态系统的运行规律，为生物多样性保护和生态环境调控提供依据；生态系统相关知识进一步解析了生态系统的结构、功能与动态平衡，通过食物链和食物网等概念，揭示了生物间的依存关系，为生态农业和生物防治提供了科学指导；生物多样性理论则强调了物种、遗传和生态系统多样性的价值与保护策略，让学生认识到乡村生物多样性的重要性，为生态保护规划提供了理论支持。

通过学习生态学课程，学生能够将所学知识应用于乡村振兴实践，助力实现产业兴旺、生态宜居、乡风文明、治理有效、生活富裕的目标。加强生态学课程

与乡村振兴理念教育的融合，对培养适应乡村发展需求的高素质人才、推动乡村振兴战略的实施具有重要意义。

二、生态学教学中乡村振兴教育内容分析

（一）个体生态学中的乡村振兴教育内容分析

在深入分析乡村振兴教育内容的过程中，个体生态学从个体层面出发，聚焦于探索乡村居民如何适应并塑造其生活环境，同时探讨教育如何有效促进这一适应与塑造过程，为我们提供了一个别具一格的视角。个体生态学理论在乡村振兴教育中的具体应用涵盖以下几个方面。

1. 乡村农业发展教育

在个体生态学教学中融入乡村农业发展内容，借乡村生态实例讲解生物与环境的关系，能激发学生探索乡村生态系统的兴趣，培养其乡村振兴意识与实践能力。

在个体生态学中，生物与光、水、大气、土壤等环境要素相互作用的机制，对现代农业生产意义重大。通过精准调控光照和水分供给，模拟作物最佳生长环境，可减少资源浪费，提升农业生产可持续性；了解土壤微生物活动和营养物质循环，有助于农民合理管理土壤肥力，减少化肥使用，保护生态环境。基于这些生态学原理，现代农业正朝着智能化、精准化迈进，为人们提供更健康安全的食物。学生通过课堂学习，可理解农业活动与自然环境的相互作用，掌握在农业生产过程中运用生态学原理减少其对环境负面影响的方法；通过实地考察与项目参与式学习，学生能够在亲身体验生态农业运作的过程中，思考如何以科学管理实现农业与自然环境和谐共生，激发他们成为未来乡村农业发展的创新者与领导者的热情。

2. 乡村生态宜居和生态旅游开发

乡村生态宜居是乡村振兴的重要目标之一，关乎村民的生活质量与幸福感；而生态旅游开发则为乡村发展注入新动力，带动产业升级与经济增长。在乡村，自然环境影响着农作物生长、乡村风貌形成，而村民的生产生活活动如农业耕作、建筑建造等又持续改变着乡村土壤、水体、植被等环境要素；在乡村生态系统中，

传统农业、特色林果业、乡村民宿等在乡村空间内各自占据不同资源利用层级与市场定位，相互影响又协同共生。

学生要深入理解个体生态学理论中生物个体与环境互动的核心研究内容，从独特视角审视乡村生态宜居性与生态旅游开发，助力乡村在发展过程中遵循生态规律，走出一条绿色、可持续的发展道路。

（1）个体生态学理论在乡村生态宜居建设中的应用。

生态空间布局优化：生态位理论可指导乡村的居住、生产、生态保护等空间的合理规划。如将居民区布局在生态环境优美、远离污染源头且交通便利之处，保障村民生活的舒适度；划分专门的农业生产区，依据不同农作物生态习性安排种植区域，实现土地资源高效利用；预留足够的自然生态空间，如湿地、林地等，维持乡村生态系统平衡，发挥其水源涵养、空气净化等生态服务功能。

生态建筑设计与推广：根据生物与环境相互关系原理，倡导生态建筑理念。如选用本地可再生建筑材料，降低建筑能耗与环境影响；设计建筑朝向与布局时，充分利用自然光照、通风等条件，减少对人工能源的依赖；融入绿色屋顶、雨水收集系统等生态元素，使建筑与乡村自然环境相融合，既满足村民的居住需求，又助力生态宜居目标达成。

生态环境修复与治理：运用个体生态学监测乡村生态系统受损状况，针对土壤退化、水体污染等问题，采取生物修复技术。例如，引入特定微生物净化污水，种植耐污植物净化土壤重金属污染。

（2）个体生态学理论在乡村生态旅游开发中的应用。

特色生态旅游资源挖掘：基于生态位理论深度挖掘乡村独特生态旅游资源。若乡村有珍稀动植物栖息地，可开发观鸟、动植物科普等生态旅游项目；拥有独特地质地貌景观，如喀斯特溶洞、丹霞地貌等，则打造探险、地质研学旅游产品；结合当地民俗文化，依托传统村落建筑风貌、民间手工艺等，开发民俗体验旅游线路，丰富旅游内涵，避免同质化竞争。

生态旅游线路规划：遵循生物与环境相互关系，规划合理的生态旅游线路。串联乡村自然景观与人文景点，避免游客过度集中对局部生态环境造成破坏；在线路设计中考虑游客游览节奏与生态承载能力，设置休憩节点，配套生态环保设施，如垃圾分类投放点、生态厕所等，引导游客文明旅游，减少对乡村生态的负面影响。

旅游产业生态化运营：从个体生态学视角推动旅游产业生态化。在个体生态学的视角下，旅游产业生态化运营强调的是旅游活动与自然环境之间的和谐共生。这要求旅游开发者和管理者在规划和实施旅游项目时，充分考虑生态系统的承载力和恢复力，避免对环境造成不可逆转的损害。例如，通过采用绿色建筑材料、推广可持续交通方式、实施垃圾分类和资源循环利用等措施，可以有效减少旅游活动对环境的影响。同时，旅游产业生态化运营还应注重提升游客的生态意识，通过教育和引导，让游客在享受自然美景的同时，也能成为环境保护的积极参与者。

个体生态学理论在乡村生态宜居与生态旅游开发中展现出巨大的应用潜力。学生可通过科学运用生态位、生物与环境相互关系等理论，助力乡村打造出生态优美、宜居宜游的发展格局。

3. 乡村生态环境保护教育

随着乡村振兴战略的推进，乡村生态环境保护日益受到重视。乡村地区拥有丰富的自然资源和独特的生态系统，是维持生物多样性、保障生态平衡以及提供生态服务的重要基础。然而，当前乡村生态环境面临着诸多挑战，如农业面源污染、生态系统退化、生物多样性减少等问题，这些不仅威胁着乡村的可持续发展，也间接影响到城市乃至整个地球生态系统的稳定。通过课程设置和实践活动，将个体生态学的原理巧妙融入乡村生态环境保护教育，对于强化大学生的乡村生态保护意识具有重要作用。

在土地资源利用方面，引导大学生认识到土壤肥力培育的重要性，大学生应能依据地形地貌特点选择适宜的农作物种植，同时理解合理施用化肥和有机肥对土壤健康的影响；在水资源保护上，通过开展节水教育活动，向大学生介绍雨水收集、滴灌微喷等节水灌溉技术，如在缺水乡村，村民利用屋顶、庭院收集雨水用于家畜饮用、庭院绿植浇灌；在乡村污染防治方面，帮助大学生明白乡村污染防治的重点在于解决农业面源污染和生活垃圾问题，可通过让大学生参与乡村环境改善项目，提高他们妥善处理农业废弃物的能力，包括秸秆的有效回收和畜禽粪便的安全处理等；通过开展垃圾分类和资源回收的实践活动，使大学生们掌握基本的垃圾处理知识，并能向村民传授垃圾分类的重要性，提高乡村社区的整体环境管理水平。

4. 助力乡村教育振兴

（1）生态位理论塑造乡村特色定位教育。面向职业定位为乡村干部、规划者的学生开展针对性培养，依据生态位理论剖析意向服务乡村的自然资源和文化传统，帮助他们学习如何根据本村的实际情况，制订出符合生态位理论的可持续发展规划；通过进一步的案例分析和实地考察，使学生能够识别和利用服务地的生态优势，发展特色农业、乡村旅游等产业，同时保护和传承乡村文化，实现经济发展与生态保护的双赢。通过这些教育活动，学生将能够更好地服务于乡村振兴战略，为乡村的可持续发展贡献自己的力量。对于那些拥有丰富历史文化遗产的古村落，应引导学生深入挖掘其古建筑、传统技艺和民俗文化，通过规划民俗文化博物馆和传统手工艺作坊，以文化体验为核心来吸引游客，从而明确乡村在区域旅游和经济格局中的独特地位。

（2）个体生态学理论助力乡村教师素质提升。师范大学生是乡村教育振兴的中坚力量，而个体生态学理论知识的武装，更为他们助力乡村教育开辟了全新路径。师范大学生入职乡村学校后，可凭借生态位互补原理优化校园生态布局。一方面，该理论可用于指导校园绿化与生态景观设计，为师生营造舒适美观的学习与工作环境；另一方面，可将个体生态学理念融入课程设计，如在手工课上，引导学生利用校园内自然脱落的树枝、树叶制作手工艺品，既锻炼了学生的动手能力，又增进了其对校园生态资源循环利用的认知，使学生认识到校园内每一元素都具有其独特价值，激发其参与构建美丽校园的积极性。

凭借对生态型原理的精准把握，师范大学生能紧密结合乡村本土环境特点开展教学。如地理课上，他们可以带领学生深入探究本地土壤的特性，分析为何某些区域适合种植特定农作物，如沙质土壤利于花生扎根结果，黏土适宜种植水稻保水保肥，结合实际案例让中小学生理解家乡生态与农业生产的紧密联系，激发中小学生对乡土知识的热爱，培养他们因地制宜发展农业、保护生态的思维；在语文写作课中，师范大学生能引导学生描绘家乡独特生态风貌，抒发对家乡土地的深情，让生态知识与人文情怀相得益彰。

参与课外实践指导时，师范大学生可以依托生活型互换原理激发乡村学生的探索热情。比如，组织乡村河流考察活动，引导学生观察河流水生生物的形态与习性，发现河蟹、小龙虾为适应水流与捕食需求进化出的特殊肢体结构，类比鱼类、水鸟等相似适应性特征，启发学生思考生物进化与环境塑造的关系。通过这样的实践，不仅有助于提升乡村学生的科学素养，更能促使他们树立保护河流生态、珍视家乡水资源的意识。

此外，师范大学生还能发挥创新思维，将个体生态学理论与现代教育技术结合。可利用虚拟现实（VR）或增强现实（AR）技术，创建虚拟乡村生态场景，让学生身临其境地感受生态系统运行机制，突破地域与时空限制，把抽象生态知识进行直观呈现。例如模拟森林生态大火场景，让学生目睹生态破坏后的惨状，深刻理解生态保护的紧迫性，为乡村教育注入科技活力，全方位助力乡村教育振兴，培育出一代又一代守护乡村生态、建设美丽乡村的栋梁之材。

德国巴伐利亚州乡村的生态教育是一个值得借鉴的典范案例。在德国巴伐利亚州的乡村地区，生态教育贯穿于教育的各个环节，为乡村可持续发展与人才培育奠定了坚实基础。

学前教育阶段：当地的乡村幼儿园用心打造小型生态花园，孩子们在这里亲手种植蔬菜和花卉，体验植物从种子到结果的全过程，感受生命的循环和自然的韵律；教师们利用生态位原理，在花园中引入蚯蚓堆肥箱，向孩子们展示蚯蚓如何将厨余垃圾转化为植物的肥沃土壤，让孩子们在趣味互动中学习到生物间的合作与共生；绘本阅读时间，生态故事书带领孩子们探索森林和河流的奥秘，激发他们对自然的好奇和热爱，为后续生态教育筑牢根基。

基础教育阶段：在中小学的课程体系中，生态教育得到了全面的推广。在生物课上，教师引导学生深入周边森林进行实地考察，根据生态学原理识别在不同光照和湿度条件下生长的植物种类，探究本地松树适应山地寒冷干燥气候的生理特征，以及苔藓植物在阴暗潮湿角落的独特生存方式；学生们记录数据、绘制生态分布图，将理论知识与实践紧密相连；地理课堂则专注于乡村本土教育，教师会带领学生分析山脉、河流对当地气候与土壤的影响，探讨农业生产如何根据自然条件进行布局，例如在山谷中利用肥沃土壤发展乳业，在缓坡地种植葡萄用于酿酒，让学生深知家乡生态与经济发展唇齿相依，夯实了生态知识的基石。此外，学校还推出了跨学科的生态项目。在"拯救乡村河流"主题项目中，融合了科学、数学、语文等多个学科的知识。学生们运用数学方法测量河流的流速和水质的酸碱度；通过科学实验检测水中的污染物成分；用文学写作的方式来表达对河流现状的担忧和保护的决心，全方位提升了对生态问题的综合解决能力，并深刻认识到生态保护的复杂性和重要性。

职业教育和高等教育阶段：该阶段的教育目标是锻造学生的生态实践技能。面向乡村青年的职业教育和高等教育院校，紧密对接当地生态产业需求。在农业专业，传授基于个体生态学原理的现代生态农业技术，如在有机农场推行"果—畜—沼"循环模式，学生全程参与农场运营管理，熟练掌握生态农业实操技能；林业专业则依据个体生态学原理，教导学生如何根据不同山地海拔、坡度、朝向精准规划造林树种，识别珍稀野生植物并实施保护，同时学习运用先进林业机械高效作业，为乡村林业可持续发展输送专业人才。这些经过专业训练的青年在毕业后投身乡村生态产业建设，成为推动绿色发展的生力军。

终身教育阶段：巴伐利亚州乡村为成年人搭建了丰富多样的终身教育平台。社区定期举办生态讲座，邀请专家剖析全球生态趋势、解读本地生态政策，提升居民宏观生态视野；生态工作坊广受欢迎，如手工制作可降解生活用品、学习雨水收集利用系统的搭建，让居民将生态理念融入日常生活的点滴之中；生态主题游学活动吸引众多中老年居民参与，他们走进周边生态示范村、自然保护区，亲身体验先进生态治理成果，交流分享乡村生态保护经验。这种贯穿一生的生态教育，使得生态意识在代际间传承不息，从而确保巴伐利亚州乡村生态教育的持续深化与拓展，长久维系乡村的生态魅力与发展活力。

（二）种群生态学中的乡村振兴教育内容分析

1. 种群增长模型助力乡村发展认知教育

学生通过学习指数增长和逻辑斯蒂增长模型等不同种群增长模型在乡村人口、资源利用和环境承载力方面的应用，并通过模拟实验和案例研究，深入思考如何在有限资源条件下实现乡村人口与经济、环境的可持续发展。

乡村人口变迁的案例显示：在过去，由于缺乏产业支撑和教育资源的滞后，众多年轻人纷纷选择离乡背井，导致农村人口增长陷入停滞，甚至出现负增长的现象，这一情形与种群增长曲线中的平缓乃至下降阶段颇为相似；随着乡村振兴战略的推进，基础设施得到改善，随着工厂的建立和电商的引入，外出人员开始回流，新生儿出生率保持稳定，人口增长速度加快，这与种群增长曲线的上升阶段相吻合。根据种群增长模型规律分析该案例，学生可以预测未来乡村人口的发展趋势为：根据土地资源的有限性和生态承载力，人口将在一个适宜的区间内稳定下来。通过研究种群增长曲线，并将其与乡村人口变化进行对照，学生可以更深刻地领会乡村发展的动态平衡；而通过学习应用种群增长模型来预测乡村的未来发展趋势，学生能够构建起科学规划和决策的思维框架。

此外，种群增长模型能为乡村学生提供合理规划个人发展的指导。在乡村学校的教育过程中，借助模型阐释当前努力学习生态学知识和技能的重要性，这犹如为乡村种群增长储备能量；未来可以利用所学知识反哺家乡的智慧农业建设，推动乡村人口素质的提升与产业的升级同步进行，从而实现乡村可持续的"人口红利"。

2. 种内、种间关系启发产业融合教育

教师应针对有志于乡村创业者、从业者的学生传授种间关系理论，培养其协同发展意识，引导学生打破单一产业思维，挖掘自家产业与周边产业联动的可能，如养蜂户与周边花海旅游合作，提供蜂蜜产品与科普体验，拓展增收渠道。当乡村遭遇产业同质化难题时，可引导学生运用种内、种间竞争理论展开调研与分析。以周边村落的竞争实例为切入点，例如多个村子盲目跟风种植草莓并开展采摘项目，最终因客源分散，导致收益欠佳。从这一现象出发，学生未来可以带领村民深入挖掘本村的独特优势，如有的村子土壤富硒，具备发展富硒农产品种植的天然条件；有的村子拥有独特民俗文化，可借此开发民俗演艺、打造特色民宿。通过这样的方式，指导村民避开与其他村落的正面竞争，以差异化策略融入区域乡村产业生态，最终实现多方共赢。

3. 环境容纳量理论强化可持续发展教育

教师要在乡村生态保护、乡村旅游实践中向学生渗透环境容纳量理论教育，以过度开发导致生态恶化的乡村旅游景点为反面教材（如因游客超量涌入造成的湖泊污染、植被破坏，旅游吸引力骤减的现象），树立学生的适度开发观念，如在发展乡村旅游时要合理规划游客接待量，配套垃圾处理、污水处理设施；发展产业要适配土地承载、能源供给能力，新建厂房要考虑环保要求，避免竭泽而渔，守护乡村绿水青山。

(三)群落生态学中的乡村振兴教育内容分析

1. 群落演替原理助力乡村规划

解读乡村发展阶段：在课程中，向学生传授群落演替的规律时，类比乡村变迁阶段。乡村的变迁通常伴随着时间的流逝和人类活动的影响，这与自然环境中群落的演替有着惊人的相似之处。例如，可以将一个乡村由农业为主转向工业化的进程类比为群落的演替过程：早期传统农耕为主的乡村，产业单一，如同初生群落般结构简单；随着时代发展，乡村引入新产业，如小型加工厂、农家乐，功能逐渐多样，类似群落演替中物种逐渐丰富的过渡阶段；未来再依托科技与生态理念，迈向智慧农业与生态旅游融合的多元化发展，犹如顶级群落般稳定与高效。这种教学方法不仅能将那些晦涩难懂的生态学理论变得生动具体，还能使学生意识到乡村规划必须顺应时代发展的潮流，进而探索产业、生态和基础设施协同进步的预先规划路径。

引导持续优化生态：在群落生态学教育中，可以以群落演替为范例，向学生讲述本地生态从荒芜到农田，再向生态宜居景观的转变过程；强调各阶段的生态维护关键点，例如在农田阶段应注重防止土壤退化，发展生态旅游时注重生物多样性保护，促使学生理解持续生态优化是乡村持久振兴的基石，避免短视的破坏行为。

2. 物种多样性理念启发产业多元拓展

通过类比乡村产业向学生讲授物种多样性对生态稳定的意义，引导学生深入剖析产业间的关系，如单一农业易受市场、天灾冲击，可通过拓展多元产业，增强乡村经济的抗风险能力。通过分析不同物种在群落中的作用，学生可以理解多样化的产业如何在乡村经济中相互依存、相互促进。例如，农业与旅游业的结合，能吸引游客体验乡村生活，增加收入来源；同时，这种结合还能促进当地特色农产品的销售，提升农产品的品牌价值。通过这样的类比，学生能够认识到物种多样性对于维持生态平衡的重要性，以及产业多样性对于乡村经济可持续发展的关键作用。此外，教师还可以引导学生思考如何在保护自然环境的前提下，合理规划和开发乡村资源，实现经济、社会和环境的和谐发展。

同时，学生理解物种多样性与经济多样性之间的相互关系，可以有效促进产业生态平衡。例如，在旅游旺季，餐饮和住宿需求旺盛，而在淡季，农产品加工和电子商务则可以持续运营；农业为加工产业提供原材料，而文化创意产业则能提升产品的附加值。教师应教育大学生在乡村创业时注重产业间的协同进步，避免单一产业的过度发展，确保乡村全年收益的稳定性，实现产业群落的良性循环，增强抵御外部风险的能力。

3. 群落结构分层与乡村人才布局适配

教师要依据群落垂直分层结构，向学生剖析乡村人才架构：顶层需要具备战略眼光的管理者，规划乡村的整体走向；中间层由各类专业技术人才构成，例如农业技师、电商运营专家、旅游导游等，他们推动产业的运转；基层则是掌握基础技能的劳动者，负责日常的种植、养殖和服务工作。使学生明确不同层级人才的技能要求，鼓励学生根据自己的兴趣和专长，审视自己的能力和素质，选择适合自己的职业发展道路，无论是成为引领乡村发展的领导者，还是成为某一领域的专业技术人才，或是成为基层的实践操作者，都能在乡村振兴的进程中发挥自己的作用。同时，教育者还应强调终身学习的重要性，鼓励学生不断更新知识和技能，以适应乡村发展的不断变化和需求。

4. 群落稳定性原理强化乡村抗风险教育

通过学习群落面对自然灾害和病虫害时的稳定性机制（例如反馈机制），增强学生的生态抗风险意识；引导学生从群落整体稳定性的角度审视乡村产业多元化的意义，辅助案例分析，向学生展示在面对市场波动、气候变化等外部冲击时，多元化的产业结构如何帮助乡村经济保持稳定。让学生领会不同产业间的相互依赖与促进关系，正如自然生态系统中物种多样性能够增强群落的抗干扰能力，乡村产业的多元化布局同样能够增强乡村经济的韧性。此外，还可通过模拟游戏或角色扮演的方式，让学生亲身体验在不同产业间进行资源调配和风险管理的过程，从而加深学生对乡村抗风险能力重要性的理解。

（四）生态系统生态学中的乡村振兴教育内容分析

生态系统生态学注重生态系统的整体性、关联性与动态性等核心特征。在乡村振兴战略全面实施的当下，生态系统生态学发挥着至关重要的作用。

1. 系统观与乡村生态系统

生态系统生态学强调系统思维，其系统观理论为乡村振兴提供了科学的认知基石，这对于乡村振兴中的系统治理至关重要。它以系统、全面的视角，深度剖析并揭示了乡村的内在本质——绝非是孤立的要素堆砌，而是由农田、森林、河流、村落以及其中的生物与居民相互交织而成的一个精妙复杂、环环相扣的有机整体。

生态系统中物质循环和能量流动的基本原则同样适用于乡村生态系统。在乡村生态系统中，物质循环显著体现于农作物的生产过程：作物从土壤吸收氮、磷、钾等养分，转化为自身有机物，茁壮成长；收割后，部分秸秆还田，经微生物分解，释放二氧化碳、水及养分归土，完成循环，为下一季作物的生长提供了必要的"原料"。

能量流动在乡村生态系统中则表现为一条清晰的"食物链"轨迹：农田里的农作物经光合作用捕获光能，转化为化学能，成为初级生产者；害虫以农作物为食，处在第二营养级，摄取能量维持生长繁殖；青蛙、鸟类等天敌捕食害虫获取能量，继续推动食物链的能量流动。

乡村居民是生态系统的参与者，既参与物质循环，也干预能量流动。在农业生产中，他们通过合理利用秸秆、处理污水来促进物质循环，通过选种高能量转化作物与养殖优良家畜来优化能量利用，提升生产效能；然而也存在过度开垦、毁林、肆意排污等不当行为，严重干扰了乡村生态系统的物质循环与能量流动。在乡村振兴理念教育中，通过传授生态系统生态学知识，有助于大学生突破以往狭隘的认知局限，站在生态系统全局的高度，完成从知识到理念的升华，为乡村产业的绿色转型、生态环境的保育修复、乡土文化的传承弘扬等铺垫知识根基，使大学生成为乡村迈向振兴新征程的原动力。

2. 生态系统服务功能与乡村产业生态化转型

生态系统服务功能包括供给服务（如食物、水）、调节服务（如气候、水文循环调节）、文化服务（如休闲、教育）等多元服务，为乡村产业的存续与拓展提供了必要的物质基础、稳定的生态条件、丰富的生物资源以及独特的文化底蕴，是乡村产业生态化转型的重要基础。乡村产业生态化转型的目标在于通过推进农业绿色发展、发展生态旅游、促进生态产品价值实现等多种途径，将生态系统服务功能有效转化为经济价值和社会价值，从而实现经济、社会与环境的协调发展。

乡村产业的生态化转型广泛涉及农业、工业和服务业三大领域。

（1）在农业领域，重点发展生态农业，包括有机农业和生态养殖等，确保农产品的生态品质。生态农业作为乡村产业生态化的基础，是以生态系统服务功能的原理为基础，构建的一种创新的农业生产体系。它致力于降低生产成本、减少化学药剂的使用，生产出符合市场需求的绿色健康农产品，从而提升农产品的附加值。此外，生态农业能够在乡村地区形成具有特色的产业链，从根本上激发乡村经济的活力，助力实现产业的繁荣发展。

（2）在工业领域，聚焦于农产品加工业的绿色升级，如采用环保包装与节能加工技术，拓展生态产业链。主要体现在：引入工业活动时严守环保底线，优先选环保、低能耗产业，延伸产业链、提升产品附加值；开发乡村新能源产业，利用太阳能、风能、生物质能建电站，提供能源并创造收益；鼓励现有乡村企业技术革新，实施节能减排，采用节能设备与工艺，推广清洁生产，减少污染排放，实现工业与环境和谐共生。

（3）在服务业领域，着重发展乡村生态旅游和康养休闲等，深入挖掘乡村的生态文化，利用生态景观和民俗风情吸引游客，从而形成一个产业生态共生、协同发展的局面。乡村旅游作为连接城市与乡村、融合自然与人文的重要产业形式，近年来迎来高速发展期。在这一发展进程中，生态系统服务功能不仅是乡村旅游的天然依托，更是其核心竞争力的重要源泉。深入挖掘与合理运用生态系统服务功能，对于乡村旅游突破同质化困境、实现高质量发展意义重大。

在当今乡村发展的浪潮中，产业融合与乡村产业生态化转型是两个紧密相连的主题：产业融合为乡村产业生态化转型创造关键契机与强劲动力，乡村产业生态化转型为产业融合筑牢坚实根基。如乡村旅游与生态农业、林业、工业等产业的深度融合，通过整合资源形成"旅游+"产业链，创建一系列的旅游产品和服务，如生态农场体验、森林探险、工业遗址参观等，以生态农产品加工带动旅游购物升级，以森林康养拓展旅游新业态，提升综合效益。此外，这种融合还能增强乡村的凝聚力，促进文化传承，为乡村旅游带来新的生机和活力。

乡村产业发展对生态系统服务功能存在正负反馈。正向反馈体现为生态化产业模式推动生态保护修复，提升生态系统服务功能；负向反馈则体现为传统粗放型产业破坏生态，削弱生态系统服务功能，影响生态稳定，制约依赖生态资源的乡村产业前景。因此，乡村产业需秉持绿色可持续理念，强化生态保护与产业协同，规避负反馈，稳固正循环，实现产业生态化转型与生态系统服务功能提升双赢，推动乡村振兴与生态经济融合。

乡村产业生态化转型与乡村振兴理念教育相互促进。后者为前者提供价值导向与人才支撑，增强大学生对生态系统服务功能重要性的认知，培养生态保护与可持续利用专业人才；前者为后者提供实践案例与经验反馈，健全的生态系统服务功能成为乡村振兴理念教育的实践平台与生态文明传播媒介，两者共同推动乡村振兴战略实施。

3. 生态空间优化与乡村宜居

（1）依据生态系统空间结构划定生态保护红线。生态保护红线是乡村生态安全底线。红线的划定是依据生态系统空间结构合理性原则，综合评估了生态系统服务功能、生态敏感性及生物多样性热点区域，借助地理信息系统和遥感技术精确测绘的，确保森林、湿地、水源地等关键生态空间纳入其中。国家以法规形式严禁红线外的开发建设，有效防止过度开垦、砍伐与建设，为生态系统恢复提供保障，保护乡村生态基础，维持水源涵养、水土保持等关键生态服务，保护宝贵生态资源。乡村振兴理念教育能够帮助大学生在掌握生态系统结构理论的基础上，熟悉划定生态保护红线的基本流程，从而将理论知识与实践相结合，以更深刻地理解生态保护的重要性。

（2）乡村生态廊道建设。生态廊道是线性或带状结构，是连接不同生态斑块，促进生物、物质、能量流动的生态通道。它跨越多种生态系统，为生物迁徙、扩散提供路径，推动生态系统间物质循环与能量流动。生态廊道自身稳定性较强，面对灾害或人为干扰，其内部生物群落与环境相互适应，能通过自我调节实现恢复。生态廊道宛如乡村生态的"动脉"，在生物多样性保护、物质循环、能量流动及系统稳定性维护等多方面发挥关键作用，是乡村生态系统可持续发展不可或缺的关键要素。乡村振兴理念教育引导大学生遵循生态能流和物流规律，深入思考如何通过串联山林、河溪、农田、村落等生态节点，在乡村生态系统中构建生态廊道。

（3）乡村人居环境整治。乡村人居环境整治是生态宜居的关键，生态系统生态学原理为这一工作提供了科学指导。在生态空间共享营造方面，可依据生态适宜性划分乡村公共空间，打造社区花园、生态廊道等共享区域；识别并保护乡村中的自然栖息地，如古老树林、溪流边草丛等，为野生动物提供觅食、繁殖场所；将生物多样性保护融入乡村景观设计，打造具有地域特色的生态景观。如乡村花海景观项目：通过种植本地野花品种，吸引蜜蜂、蝴蝶等昆虫，形成动态美丽景观的同时，促进植物授粉，助力生态系统繁衍；通过举办园艺交流、生态科普等活动号召居民共同维护这些生态空间，增进邻里互动，形成社区自治氛围，提升乡村治理软实力。

4. 乡村生态治理与修复

（1）资源循环利用方面：基于生态系统生态学的物质循环原理，乡村可从多方面强化资源循环利用。其一，针对有机废弃物，如农作物秸秆、畜禽粪便等，进行堆肥化处理，构建乡村有机废弃物循环利用体系。其二，模拟自然湿地生态过程，构建小型人工湿地污水处理系统。将污水引入湿地，借助植物吸收与微生物分解等手段去除氮、磷等污染物，净化后的水用于农田灌溉或景观水体补充。其三，依据水循环规律，搭建雨水收集系统，收集屋顶和地面的雨水，用于灌溉、冲厕等非饮用环节，既减轻洪水风险，又为干旱季节补充水源，实现水资源在乡村生态系统的循环利用，缓解用水压力。其四，在乡村社区规划中，依据物质循环理念建立垃圾分类回收网络，有机垃圾用于堆肥还田，无机垃圾分类回收再利用。

（2）生态系统结构剖析与修复规划：在乡村生态治理与修复中，需先深入研究乡村生态系统各组成部分，精准识别受损或缺失组分，再依据系统结构特点制定修复规划。修复遵循两大原则：一是强化生态系统自我调节机制，减少过度人为干预，给予系统自我修复空间；二是合理调整生态系统组成，保护和修复湿地、林地等，增强其生态功能。例如，针对轻度水土流失区，停止不合理开垦，依靠植被自然恢复能力修复土壤结构，增强系统稳定性；对于过度放牧导致的草地退化，进行人工补播乡土草种，恢复植被群落多样性，同时通过围栏封育，限制牲畜过度啃食，为草地生态系统提供自我修复的时间与空间，重塑稳定生态结构。

（3）生态系统功能恢复与强化：乡村生态系统功能恢复与强化主要涉及物质循环功能重启和能量流动调控。在物质循环方面，农业面源污染破坏了"土壤—植物—水体"生态系统的物质循环平衡，通过应用物质循环理论，可对其进行有效管控：监测农田生态系统中氮、磷等营养物质流动，掌握其循环规律；采用科学施肥与农药使用方法，减少流失，降低水体污染风险；推广有机和生态农业，利用生物多样性原理构建农田自我调节机制。

在能量流动方面，乡村能源利用结构不合理是导致能源浪费和环境污染的主要原因。为此，需优化乡村能源结构，推广清洁能源，提高能源利用效率；同时，发展生态养殖，合理规划养殖规模与饲料结构，提高饲料能量转化效率，促进能量在畜牧养殖生态系统高效流动，减轻环境压力。

（4）建立动态监测体系：随着乡村经济发展与人口变化，生态系统面临持续压力，构建动态监测体系十分关键。动态监测体系一般是结合乡村发展的演变，实时监控水质、土壤肥力、生物多样性指数等生态指标变化，并依据监测数据及时调整生态治理与修复策略，确保生态系统适应乡村发展新要求。此外，在引入新产业或建设基础设施前，需预先评估其对生态系统的潜在影响，并采取相应补偿措施，保障生态系统持续为乡村人居环境提供支持。

综上所述，生态系统生态学理论已全方位、深层次地渗透到乡村生态治理与修复工作中，通过修复生态系统结构、高效恢复生态系统功能、保护生物多样性以及维护生态系统稳定性，为乡村生态的复苏与繁荣筑牢根基，助力乡村迈向生态、宜居、可持续发展之路。

三、生态学课程中乡村振兴教育途径分析

（一）理论教学渗透

1. 融入乡村生态系统案例教学

在传统生态学课程之中融入实际乡村案例，能够让学生更直观地理解生态学原理与乡村环境之间的联系。选取各地乡村生态旅游开发、生态农业转型等实际案例，剖析其中生态资源的精准利用、保护措施的合理施行，助力学生将抽象理论与乡村实践紧密相连。

如讲解如何依据生态学原理进行生态修复与景观营造时，引入某乡村利用废弃矿坑发展特色生态旅游的案例，让学生看到理论落地的实操过程；在讲解生态系统结构与功能章节时，引入某乡村的小型农田灌溉池塘生态系统实例，通过剖

析其中水生生物群落（鱼类、浮游生物等）与非生物环境（水温、水质、底泥）的相互关系，阐述池塘作为湿地生态系统如何发挥涵养水源、调节局部气候、为周边农田提供灌溉用水等功能，让学生直观感受乡村生态系统的独特魅力与重要价值。

2. 结合乡村生态问题探讨理论应用

在课程设计中，针对乡村存在的面源污染、生物多样性减少等问题，引导学生运用生态学理论分析、讨论成因，鼓励学生提出创新的解决策略，如生态农业的推广、绿色能源的利用以及传统知识与现代科技的结合，从而培养学生的综合分析能力和实际操作能力。

3. 拓展师资渠道，协同育人

在课程建设中，须构建广泛且稳固的联系网络，与周边乡村、生态示范村以及全国范围内生态建设成果突出的乡村密切沟通，挖掘具有深厚实践功底与良好表达能力的专家及基层干部资源。在课程实施时，依据课程进度和学生知识储备情况定制分享主题，邀请乡村生态建设一线专家、基层干部走进课堂讲学。

这些来自一线的实践者带来的乡村生态治理实战经验，是极具说服力的鲜活教材。例如，乡村生态建设一线专家能详述在乡村湿地恢复项目中，如何克服资金短缺，巧妙运用本地水生植物品种，以低成本逐步恢复湿地生态功能；也能分享推行乡村垃圾分类政策时，通过与村民反复沟通、设立奖励机制有效改善垃圾处理问题的过程，让学生切实体会理论知识在复杂乡村现实中的灵活运用。基层乡村干部对政策落地难点的分享，如规划乡村生态旅游路线时面临的土地权属纠纷、村民参与意愿不均等现实阻碍，有助于学生理解乡村生态建设的复杂性。

通过这些分享，学生能认识到乡村生态建设是需要不断摸索调整的动态过程，政策制定与执行要充分考虑地方实际，执行中会遭遇各种挑战，需要不断寻求创新解决方案。这不仅培养了学生应对复杂政策实施环境的能力，还让他们直观理解理论与实践的联系，以便未来在乡村振兴实践中灵活运用所学知识，贡献力量。

（二）实践教学拓展

在课程开展过程中，通过实地考察、数据收集和案例研究，能让学生深入了解乡村环境问题的复杂性，并激发他们对环境保护的责任感。

1. 乡村生态调研实习

利用课堂外时间，如假期和周末，组织学生深入乡村开展实地调研，深入了解乡村生态现状。实践过程中可通过分组考察乡村的林地、农田、河流等生态系统的生态现状，调研土壤肥力变化、生物多样性现状，分析生态系统面临的威胁，访问农户收集他们在农业生产、日常生活中面临的生态难题与实际需求，整理成调研报告后返回课堂分享交流，切实增强学生对乡村生态的直观感知与深度洞察。例如，在对某乡村河流污染调研中，要求学生记录水体生物种类、生态系统健康状况（如水体清澈度、多样性等），并通过实地采样、数据分析，找出造成污染的源头和原因，提出针对性的生态修复建议，如构建人工湿地净化污水、加强工厂监管等，提升学生实践操作与综合分析能力。

2. 参与乡村生态项目实践

积极与周边乡村建立合作，针对乡村真实存在的生态问题，如河道污染、山体植被破坏等设立生态修复、生态产业规划等真实项目，之后组织学生开展项目式学习：学生分组协作，按照科研流程从实地调研、方案精准设计，再到实施落地与效果监测全程参与，深度锤炼实践技能与问题解决能力。如协助当地农民开展生态果园建设：学生运用所学知识，规划果园植被布局，引入害虫天敌进行生物防治，指导农民合理施肥，将课堂知识转化为实际生产力，同时亲身体验乡村生态产业发展潜力，增强自身投身乡村振兴的意愿。再如，在参与乡村河道生态修复项目过程中，学生可运用所学水生态知识，设计生态护岸、水生植物群落配置方案，在实践中深化知识理解。

（三）课程思政融合

1. 培养学生乡村情怀

在生态学教学中，可通过讲述乡村生态守护人的故事，如某位扎根乡村数十年致力于湿地保护的科研人员，克服艰苦条件，成功恢复湿地生态，吸引珍稀鸟类栖息。通过这些正能量案例，激发学生对乡村的热爱与责任感，引导学生树立为乡村生态发展奉献的理想信念。

2. 强化生态保护意识

结合乡村生态破坏的典型案例开展生态保护专题讨论，对塑造学生的正确价值观至关重要。当剖析过度砍伐导致水土流失、引发山体滑坡危及乡村安全的案例时，可通过卫星图片展示呈现该乡村山林砍伐前后植被覆盖变化，向学生直观地展现生态退化的惨状；进而组织学生分组讨论，从生态系统服务功能损失、村民生命财产威胁、灾害修复成本等多维度深入探究危害；最后引导学生思考，若自己是当地决策者、村民或生态修复工程师，应如何防患未然、补救损失。这种沉浸式学习让敬畏自然、保护生态的价值观深深烙印在学生心间，促使他们未来无论身处何种岗位，都能自觉践行生态理念，成为乡村乃至全社会生态防线的坚定守护者。

（四）校企合作联动

1. 共建实习基地

高校与乡村生态企业（如生态农业公司、乡村旅游开发企业）携手共建校外实习基地，为学生开辟一条连通理论与实践、校园与乡村的便捷通道。以安顺学院与某生态农业公司的合作为例，学生深入实习基地生产一线，学习了从种子选育、有机肥料配制到病虫害绿色防控等一系列生态农业技术操作流程，在农产品收获季参与采摘、分拣、包装等环节，亲身体验农产品从田间到餐桌的全过程；同时在营销板块，学生协助企业分析市场需求，利用新媒体平台策划营销活动，推广生态农产品品牌，掌握线上线下融合的营销技巧。通过这样的实习经历，学生不仅拓宽了就业视野，明晰了乡村产业广阔的发展空间，更是为毕业后毅然投身乡村产业发展筑牢根基，渐渐成长为乡村产业振兴的生力军。

2. 联合科研攻关

在乡村生态领域面临诸多困境的当下，高校与乡村生态企业携手开展科研攻关，已然成为以创新驱动乡村振兴的核心力量。例如，在针对"乡村废弃物资源化利用效率低"的攻关项目中，具有深厚学术底蕴且能从多学科视角深入剖析问题根源的高校教师，与掌握一线详实数据及现实瓶颈的企业技术人员，他们携手合作，共同组建跨领域联合攻关科研团队；学生在双方导师引领下将理论与实践相结合，在实验室借助前沿仪器探寻转化规律，在乡村示范点验证并优化技术，确保成果契合实践；最后将经过验证的可行方案应用于乡村废弃物处理。此过程不仅提升了学生的科研能力，也推动了乡村生态技术的革新，为乡村振兴注入了科技动力。

第四章

新时代背景下生态学课程体系构建

第一节　新时代生态学课程体系构建背景与方向

一、新时代生态学课程体系构建背景

（一）时代背景：生态文明与乡村振兴的协同诉求

在当今时代，生态文明建设与乡村振兴战略已成为我国新时代社会主义发展的两大核心课题，这一发展趋势也对生态学专业人才提出了全新且迫切的需求。

从生态文明建设宏观层面看，应对全球气候变化、生物多样性保护等全球性生态议题，需要专业人才提供科学的解决方案；从微观层面看，城市生态规划、企业节能减排等实践落地，也离不开生态学知识的精准运用。随着生态文明建设的深入推进，各领域对生态学专业人才的需求呈井喷之势，他们肩负着推动绿色发展、守护地球家园的重任。

乡村振兴战略作为解决"三农"问题的总抓手，致力于实现农业强、农村美、农民富的宏伟目标。在这一过程中，生态振兴是关键一环。一方面，乡村生态资源丰富，具备发展生态农业、乡村旅游等绿色产业的天然优势，亟须生态学专业人才挖掘地域潜力，打造特色生态产业模式，实现产业兴旺与生态宜居的双赢；另一方面，乡村生态环境修复、人居环境整治等任务繁重，需要专业人才运用科学知识来指导实践，重塑乡村生态之美，提升农民生活质量。

两大战略的深度融合，为生态学课程体系构建带来了前所未有的机遇。一方面，实践领域的拓展为课程提供了丰富鲜活的案例素材，让知识传授跳出书本局限，更加贴近实际应用场景；另一方面，跨学科需求的增长促使生态学与农学、社会学、经济学等多学科交叉融合，为课程体系注入新的活力，培养出复合型人才，以满足复杂多变的现实需求。

然而，生态学课程体系构建面临的挑战也不容忽视。传统生态学课程体系侧重理论知识讲授，实践教学环节薄弱，难以满足两大战略对学生实践动手能力的高要求；学科交叉融合的深化，对教师的知识储备和教学方法创新提出了更高的挑战，如何打破学科壁垒、实现知识的有机整合，成为亟待解决的问题；乡村工作环境相对艰苦，如何吸引学生投身乡村生态文明建设，从思想层面引导学生树立正确职业观，是课程思政建设的重点关注方向。

（二）现有生态学课程体系的现状分析

1. 优势传承

过往生态学课程体系在知识传承与人才培养上成果丰硕，为后续改革创新奠定基础。在理论教学领域，生态学历经长期的沉淀与积累，已形成一套系统完备的知识框架，从微观生物个体生态到宏观生态系统、景观生态学原理，全方位涵盖了生态学的核心内容。实践教学层面亦成效显著：众多高校凭借地缘优势，开辟出多样化的野外实习基地，让学生得以身临其境，观察生态系统的真实面貌，将理论与现实结合，掌握生态调查、样本采集与数据分析技能。部分高校还搭建了校内生态实验平台，通过模拟不同生态环境助力学生开展控制实验、探究生态因子作用机制、提升动手与科研能力，为学生投身生态领域筑牢根基。

2. 短板审视

然而，面对生态文明与乡村振兴协同推进的新使命，现有生态学课程体系的局限性逐渐凸显。其一，课程内容与乡村实际结合不够紧密，乡村生态系统独具特色，兼具农业生产、乡土文化与自然生态多重属性，但当前课程多聚焦于自然生态保护，对乡村生态产业发展、传统农耕生态智慧挖掘、乡村生态景观营造等方面涉及甚少，导致学生面对乡村生态问题时，缺乏系统全面的知识与针对性的策略。其二，生态文明理念融入深度不足，尽管生态学天然与生态文明紧密相连，但课程教学中往往偏重于知识灌输，未能充分将"绿水青山就是金山银山"等核心理念贯穿始终。这导致学生对生态文明内涵的理解浮于表面，难以在未来的职业生涯中创新性地践行生态优先、绿色发展的路径。其三，教学方法的创新性不足，传统的课堂讲授与有限的实践教学难以满足新时代对人才的需求。新兴技术如大数据、人工智能、虚拟现实等在生态学教学中的应用仍处于起步阶段，高校未能充分利用这些技术赋能教学、拓展教学边界，限制了学生对前沿生态知识与跨学科融合知识的深入探索。

二、新时代生态学课程体系构建原则

（一）习近平新时代中国特色社会主义思想

习近平新时代中国特色社会主义思想是生态文明和乡村振兴战略背景下的生态学课程体系构建的根本依据和行动指南。具体而言，在构建生态学课程体系时，应遵循以下几项原则：

1. 以生态为本的思政育人理念

习近平总书记强调"要像保护自己的眼睛一样保护生态环境，像对待生命一样对待生态环境，同筑生态文明之基，同走绿色发展之路"。在教育领域，这一理念体现为将生态文明与可持续发展的理念融入学科教学与实践活动之中，融入育人全过程。

从知识传授层面看，生态学课程体系应始终将生态保护、生态平衡的观念作为课程育人的核心，让学生深刻领悟到每一个生态学概念、每一条生态规律背后所承载的对地球家园存续的重大意义；在实践培养环节，当学生参与野外生态调研时，要求他们严格遵循最小干扰原则，从进入调研区域的路线选择，到样本采集的数量控制，都以不破坏当地生态为前提，在实验室开展模拟生态实验时，也需时刻考量实验成果对自然生态可能产生的潜在影响，确保科研进程与生态保护并行不悖；在价值引领层面，引导学生树立敬畏自然、顺应自然、保护自然的生态观，让学生深刻认识到生态学不仅是一门学科知识，更是关乎地球未来、人类生存的价值追求，使那些即将奔赴乡村基层的学生深刻认识到无论是参与乡村河道治理项目，还是规划乡村生态农业布局，都要抵制短期经济效益的诱惑，依据生态优先原则为乡村打造可持续发展的生态蓝图。

2. 服务乡村振兴大局观

习近平总书记高度重视乡村振兴。他指出，乡村振兴战略是实现中华民族伟大复兴的重要组成部分，必须坚持农业农村优先发展。生态学课程体系需紧紧锚定乡村振兴战略目标，在产业兴旺、生态宜居、乡风文明、治理有效、生活富裕的各个维度实施生态理念教育，让学生明白所学知识的实践意义和价值；培养学生助力乡村发展的使命感，鼓励学生将所学生态学知识转化为乡村生态产业规划的智慧、乡村生态环境修复的力量、乡村生态文化塑造的源泉，让学生全方位融入乡村振兴伟大实践。

3. 创新驱动发展思维

党的十八大以来，以习近平同志为核心的党中央高度重视科技创新工作，坚持把创新作为引领发展的第一动力。生态学课程应积极响应这一要求，在课程教学、实践环节、科研探索等多个方面进行创新。一方面，创新教学方法，采用诸如虚拟现实技术展现生态系统变迁、线上线下混合式教学模式研讨乡村生态困境等，激发学生的学习热情；另一方面，激励学生在乡村生态课题上大胆创新，探索如新型生态农业循环模式、乡村生态旅游新业态等创新发展模式，为乡村发展注入创新活力。

4. 系统整合协同思想

鉴于乡村生态系统是一个涵盖自然、社会、经济等多要素的复杂综合体，课程体系构建需遵循系统论。习近平总书记强调，要从系统工程和全局角度寻求新的治理之道。因此，在构建生态学课程体系时，必须整合生态学内部各分支的知识，确保其相互支撑；同时协同外部相关学科，形成知识合力。另外，还需联合高校、科研机构及乡村基层组织等多方力量，共同为课程实施和学生实践搭建广阔的平台，实现全方位协同育人与协同发展，合力推动乡村生态建设。

5. 以人为本的成长导向

生态学课程体系应关注学生个体差异，聚焦学生的全面成长与长远发展，因材施教。在课程内容规划上，兼顾不同学生的发展需求，对于那些基础牢固、有志于投身前沿科学探索的学生，课程中应包含提升研究能力的进阶内容；对于有意愿在乡村基层服务的学生，则应增加具有实际应用价值的技能训练模块。在课堂之外，还需提供充足的实践平台和职业生涯指导、丰富的实践机会和广阔的职业发展引导，确保每位学生在生态学课程学习中都能找到成长路径，实现个人价值与社会价值的统一，为生态文明建设和乡村振兴培养多样化人才。

（二）成果导向教育（Outcomes-Based Education，OBE）模式

在当今时代，生态文明建设和乡村振兴战略对生态学专业人才提出了全新要

求。传统生态学课程体系在一定程度上难以精准对接这些需求，而成果导向教育（OBE）模式以其强调学习成果产出为核心的特点，为生态学课程体系改革提供了新思路。该模式通过逆向设计，从设定学生应达成的最终学习成果入手，反向策划整个课程的教学流程，可以显著提升课程的针对性和实用性。

1. 基于 OBE 的课程目标重构

（1）精准对接行业需求。深入调研生态保护、环境修复、生态农业等与生态文明和乡村振兴紧密相关的行业领域，明确所需生态学专业人才应具备的知识、技能与素养。例如，了解生态规划公司对人才在生态系统建模、生物多样性评估方面的技能要求，以及乡村发展项目对人才所掌握的农业生态技术、乡村生态治理知识的需求。

（2）细化多元学习成果。除了掌握专业知识，还要设定学生在批判性思维、团队协作、沟通交流、问题解决等方面的学习成果目标。比如，要求学生完成一个乡村生态调研项目，并撰写规范报告、进行汇报展示，以此锻炼学生的团队协作、沟通及问题解决能力；同时，在课程学习中引导学生对生态学前沿研究论文进行批判性阅读与分析，培养学生的批判性思维。

2.OBE 导向下的课程内容优化

（1）筛选核心知识模块。依据重构后的课程目标，筛选出支撑学生达成学习成果的核心生态学知识模块。如生态系统生态学中的物质循环与能量流动原理，对理解生态修复过程中的生态平衡重建至关重要；乡村生态学中的乡村生态系统结构与功能知识，是开展乡村生态规划的基础。同时，摒弃那些与最终学习成果关联度不高的冗余内容。

（2）融入前沿与实践案例。将生态学领域最新研究成果、技术应用案例以及乡村振兴实践中的真实生态问题融入课程内容。例如，介绍新型生物监测技术在生态环境监测中的应用，讲述某乡村通过生态农业模式实现脱贫致富与生态保护双赢的实例，让学生真切感受到所学知识与实际应用的紧密联系，激发学生的学习兴趣。

3.OBE 模式驱动的教学方法革新

（1）项目式学习。设计以解决实际生态问题为导向的项目，如"某退化湿地生态修复方案设计""乡村生态旅游规划编制"等。学生在项目执行过程中，综合运用所学知识，主动探索解决方案，教师则作为引导者与资源提供者，全程给予学生支持与反馈。通过项目式学习，学生可深化对专业知识的理解，提升自身的实践操作能力与团队协作精神。

（2）问题导向教学。在课堂教学中，教师抛出源于实际生态场景的问题，如"如何应对农业面源污染对乡村水体的影响""怎样提高城市绿地生态系统服务功能"等，引导学生自主查阅资料、分析问题、提出假设并验证，促使学生养成主动思考、独立解决问题的习惯，培养学生的批判性思维能力。

4. 契合 OBE 的课程评估体系构建

（1）多元化考核指标。摒弃单一的以考试成绩为主的考核方式，建立涵盖知识掌握、技能应用、项目成果、课堂表现、小组协作等多维度的考核指标体系。例如，学生在项目式学习中的项目完成质量、团队协作中的角色担当与贡献、课堂讨论中的发言深度与创新性等都应纳入考核范畴，从而全面、客观地反映学生的学习成效。

（2）持续反馈与改进。利用学习管理系统等工具，对学生学习过程进行全程跟踪记录，定期向学生反馈学习进展情况，指出其存在的问题与不足，并提供改进建议。同时，教师依据学生反馈的信息，及时调整教学策略、优化教学内容与方法，确保教学活动始终朝着实现预期学习成果的方向推进。

5. OBE 强化下的实践环节设计

（1）多层次实践体系搭建。构建包含课程实验、专业实习、毕业设计、社会实践等多层次的实践体系。课程实验侧重于基础生态学技能训练，如生态采样与分析方法；专业实习可以安排学生到生态企业、乡村基层单位等实际工作场所，参与生态项目实施，积累实践经验；毕业设计要求学生结合实际问题，独立完成一个具有一定创新性的生态学研究或实践项目；社会实践鼓励学生参与生态环保志愿者活动、乡村生态科普宣传等，增强社会责任感。

（2）实践基地协同育人。高校可以与校外生态科研机构、环保企业、乡村示范基地等建立紧密合作关系，共建实践教学基地。基地为学生提供真实的实践环境与项目资源，学校则为基地提供技术支持与人才培养服务，双方协同育人，实现学校教育与社会需求的无缝对接。

OBE 模式在生态学课程体系中的应用是一个系统性工程，旨在通过对课程目标、内容、教学方法、评估体系以及实践环节的全方位改革，提升生态学课程教学质量，培养出具备扎实专业知识、较强实践能力和良好综合素质的生态学专业人才，为生态文明建设与乡村振兴战略提供有力的人才支撑。在未来的教学实践中，还需不断探索与完善 OBE 模式，使其更好地适应生态学学科发展与社会需求变化。

三、新时代生态学课程体系构建导向

（一）生态文明需求导向

1. 深植生态优先、绿色发展理念

在生态文明与乡村振兴协同推进的时代浪潮下，生态学课程体系构建应将生态优先、绿色发展理念深深植入每一个教学环节。从基础理论课程的开篇，便要向学生传递生态系统的内在价值，不局限于其为人类提供的物质资源，更在于其生态服务功能，如气候调节、水源涵养、土壤保持等，让学生直观领悟生态系统对地球生命维持的重要意义，从而使学生树立起保护生态就是守护人类未来的坚定信念。当课程推进至生态修复、生态规划等应用领域时，更是要以绿色发展为准绳。在生态规划课程中，以城市新区或乡村聚居点规划为实例，要求学生遵循生态红线划定原则，合理布局生产、生活、生态空间，确保发展不逾越生态承载边界，实现人与自然的和谐共生。通过这样全程贯穿、层层递进的教学渗透，让生态优先、绿色发展从抽象理念转化为学生未来职业实践中的自觉行动。

2. 掌握生态保护与修复核心知识

教师应在课程体系中着重纳入生态系统保护原理、受损生态系统修复技术等知识模块。例如，深入讲解湿地生态系统的结构与功能，让学生明晰湿地具有生物多样性保育、水源涵养、气候调节等关键生态服务功能，进而掌握湿地修复的工程技术与生态措施，如湿地植被重建、水文调控等方法，以应对当前湿地面积锐减、生态功能退化等严峻问题。

3. 培养生态保护技能

在生态危机频发的当今时代，生态保护技能已成为大学生必备的核心素养。此技能体系涵盖多个关键领域：①生物多样性监测：要求运用科学方法对物种丰富度、物种分布等进行精确观测与记录。②生态环境质量检测：借助专业仪器和

技术手段，针对大气、水、土壤等环境要素的污染指标与质量参数展开测定。③生态系统功能评估：通过综合分析生态系统的物质循环、能量流动、信息传递等功能，精准判定其健康状况与服务能力。④退化生态系统恢复规划：基于生态学原理，为受损生态系统量身定制恢复路径与策略。⑤生态修复技术实施：熟练运用植被恢复、土壤改良、水体净化等技术手段，推动生态系统的修复进程。⑥生态规划与管理技能：涉及对生态空间的合理布局规划以及对生态资源的高效管理。

（二）乡村振兴战略导向

生态学课程体系构建须紧密围绕乡村振兴的多元需求，突显乡村特色，强化实用导向。一方面，深度挖掘乡村生态产业潜力，在课程内容设置上，专门开辟章节聚焦生态农业、乡村生态旅游、农产品生态加工等特色领域；另一方面，直面乡村生态治理难题，设置针对性实践环节。

1. 培养识别乡村生态问题的能力

乡村作为生态系统的重要组成部分，面临着诸如生态破坏、环境污染、生态系统功能退化等诸多问题。乡村生态问题包括农业面源污染、生态空间破坏、乡村生态基础设施不完善等多个方面，涉及农学、社会学、经济学等多个学科的知识，然而现有课程往往局限于生态学这一单一学科，导致当代大学生普遍缺乏综合分析乡村生态、经济和社会关联问题的能力。培养能够精准识别乡村生态问题的专业人才，成为新时代生态学教育服务乡村振兴战略的关键使命。

2. 塑造乡村生态规划与设计能力

在乡村振兴战略背景下，乡村生态规划与设计成为推动乡村可持续发展的关键环节。培养具备这些能力的大学生，将为乡村带来新的活力，并赋予乡村生态新的内涵。

乡村生态规划与设计能力包括：①生态空间合理布局：能依据乡村地形、气候、生态资源分布，规划林地、耕地、水域、居住等功能区，构建生态安全格局。②生态产业融合设计：能结合乡村特色，将生态农业、生态旅游、农产品加工等产业有机融合，设计循环经济产业链。③乡土生态文化传承：挖掘乡村传统建筑、民俗、农耕文化中的生态智慧，并将其融入村落风貌改造、公共空间营造，打造特色生态文化景观节点。

当前生态学课程体系在培养学生的乡村生态规划与设计能力方面存在显著不

足。其一，课程设计实践多以理论推演或小型模拟为主，与真实乡村的规模及复杂性相脱节，致使学生在面对实际规划中土地权属、村民意愿协调等问题时应对乏力；其二，乡村生态规划需要生态学、城乡规划、人文地理等多学科的协同支撑，然而现有课程知识处于割裂状态，学生缺乏整合运用多学科知识设计乡村生态蓝图的能力；其三，教学过程偏重通用理论，对不同乡村地域在生态、文化、产业方面的独特性关注不足，导致规划成果趋于千篇一律，缺乏针对性与生命力。

鉴于此，生态学课程体系应聚焦乡村生态规划与设计能力培养目标，精准培养相关技能，并借助全方位保障措施确保落地实施，培育具备深厚生态学理论基础且熟练掌握乡村生态规划与设计实践技能的复合型人才。

3. 推广应用农业生态技术

当前，我国农业正处于转型升级的关键时期，传统农业生产方式面临着资源短缺、环境污染等诸多挑战。大学生作为新时代的知识型人才，具备较强的学习能力和创新思维，培养他们推广应用农业生态技术的能力，能够为农业生产带来新的理念和方法，进而推动农业向现代化、智能化、绿色化方向发展，提高农业生产效率和质量，增强我国农业在国际市场上的竞争力。农业生态技术强调在保护生态环境的前提下实现农业的发展，乡村振兴战略的实施需要大量既懂农业又懂生态的专业人才。

另外，当前我国农业科技人才队伍存在年龄结构老化、新进人员较少、部分人员缺乏实战经验和创新能力等问题，导致农业科技成果转化应用率不高。针对这些问题，教师应传授学生现代生态农业技术知识，培养大学生推广应用农业生态技术的能力，可以充实农业科技创新后备军力量，为解决农业科技人才短缺问题提供有效途径，促进农业科技供需的有效对接；教师还要鼓励学生深入乡村，将这些技术推广给农户，提高农业生产效益，减少农业面源污染，推动乡村绿色发展转型，保障农产品质量安全，实现乡村生态与经济良性互动。

（三）科技创新驱动导向

1. 推动学科发展与创新

科技创新是推动生态学学科发展的核心动力。随着科技的不断进步，生态学研究不断涌现新的理论、方法和技术，如生态大数据、人工智能等。将这些科技创新成果融入课程体系，能使生态学学科紧跟时代步伐，拓宽研究视野，深化对生态系统的理解和认识，促进学科的前沿性和创新性发展，为解决复杂的生态问题提供更有力的理论支持。

2. 促进生态环境问题解决

当前，生态环境问题日益复杂严峻，科学研究和技术创新成为解决这些问题的关键。通过应用先进的科学技术，可以更深入地了解生态环境的运行机制，预测和评估环境变化的趋势，以及开发有效的环境保护和修复技术。在生态环境保护方面，应用遥感技术、地理信息系统、大数据分析等现代科技手段，能够更精确地监测和评估生态系统的健康状况，及时发现潜在的环境风险；在污染治理和资源循环利用领域，纳米技术、生物技术等新型科技也展现出了巨大的潜力，为环境保护提供了新的解决方案。

科技创新驱动的生态学课程体系能够使学生掌握最新的生态监测、评估和修复技术，培养学生运用科技创新手段解决生态环境问题的能力，为生态环境的保护和可持续发展提供有力的人才支持，从而推动我国生态文明建设的进程。

3. 提高人才培养质量

新时代需要具备创新能力和实践能力的生态学专业人才。科技创新驱动的课程体系能够为学生提供更丰富的学习资源和更先进的学习工具，如虚拟仿真实验室、智能教学平台等，使学生在实践中更好地掌握生态学知识和技能，培养学生的创新思维和解决实际问题的能力，提高人才培养的质量和适应性，满足社会对生态学专业人才的多元化需求。

4. 增强国际竞争力

在全球生态环境保护的大背景下，各国都在加强生态学领域的研究和人才培养。我国要在国际生态环境保护中发挥重要作用，就需要培养具有国际视野和竞争力的生态学人才。科技创新驱动的课程体系有助于我国生态学教育与国际接轨，培养学生的国际合作意识和交流能力，提升我国生态学学科在国际上的地位和影响力。

5. 推动教育教学改革

传统的生态学课程体系和教学方法已难以满足新时代的教育需求。科技创新为教育教学改革提供了新的思路和方法，如在线教育、混合式教学、虚拟现实教学等。将这些新的教学模式和技术应用于生态学课程体系中，能够丰富教学内容，优化教学过程，提高教学效果，推动生态学教育教学的现代化改革。

生态学问题通常涉及跨学科的综合领域，因此课程体系应特别注重培养学生在这一方面的创新能力。通过参与跨学科的项目实践，培养学生综合运用多学科知识解决复杂生态问题的能力。例如开发基于物联网的生态环境实时监测系统，就需要学生整合电子工程、计算机编程以及生态学监测的知识；生态旅游规划项目则需融合旅游学、经济学与生态学的知识。

另外，课程需要紧跟生态学学科发展前沿，将基因编辑技术在濒危物种保护中的应用、遥感与地理信息系统（GIS）在生态监测与生态系统管理中的融合运用、微生物组技术助力土壤生态修复等前沿内容融入教学，拓宽学生技术视野，激发学生的创新思维。

（四）社会需求与人才培养导向

随着新兴产业的发展和传统产业的升级，社会对生态学人才的要求逐渐提高，需要生态学人才具备交叉学科背景和实践能力，以应对生态与经济、社会等多领域交叉的复杂问题，推动产业生态化发展。一些新兴生态产业如生态修复工程、环境咨询服务业，要求人才不仅深谙生态学原理，还需掌握经济学成本效益分析、产业发展规划等知识，以评估生态项目的经济可行性与社会效益，实现生态与经济的双赢。随着大数据、人工智能、物联网等技术在生态监测、资源管理领域的深度应用，生态学人才还需具备信息科学素养，能够运用先进技术手段提升生态研究与实践的精准性与效率。另外，产业生态化还涉及公众参与、政策法规制定等人文社科层面，人才需了解社会学、法学知识，这样才能促进生态项目落地过程中的社会沟通与合规运营。

生态学作为一门连接自然与社会经济的关键学科，肩负着推动产业生态化转型的重任。构建与之相适应的课程体系，培育兼具交叉学科知识与卓越实践能力的专业人才，是满足社会对生态学人才多元需求、实现经济可持续发展的必由之路。因此，生态学课程必须与时俱进，加强与其他学科的融合，并考虑学生个体的兴趣与职业规划，设置多元化选修课程与实践方向，强化学生职业素养的培育（如团队协作、沟通交流、项目管理等能力）；在课程体系中融入前沿科技和创新教学方法，培养学生的创新思维和运用科技创新手段解决生态问题的能力，以适应新时代生态学发展和社会需求。

第二节　新时代生态学课程体系设计

新时期背景下，传统生态学课程体系已难以满足时代需求，构建以生态文明和乡村振兴为导向的新时代生态学课程体系迫在眉睫。这不仅有助于培养适应时代发展的高素质专业人才，为生态保护与乡村建设提供坚实的智力支持，更是推动我国生态文明建设与乡村振兴战略落地实施的关键举措，对实现中华民族伟大复兴的中国梦具有深远意义。

本课程体系紧密围绕乡村振兴与生态文明建设两大战略需求，旨在培养具备扎实生态学专业知识、熟练掌握实践技能，且能将生态学原理灵活运用于乡村生态保护、资源利用、产业发展与生态治理等领域的复合型人才。学生通过课程学习，应深刻理解乡村生态系统的结构与功能，熟悉乡村生态环境问题的成因、现状及发展趋势，掌握生态修复、生态规划、生态农业等核心技术，为乡村振兴提供全方位的生态支持，助力打造产业兴旺、生态宜居、乡风文明、治理有效、生活富裕的美丽乡村，同时为生态文明建设贡献力量，推动人与自然的和谐共生。

本课程体系以成果导向教育（OBE）模式为切入点，以需求为导向明确课程目标：通过深入调研乡村振兴各领域对生态学人才的实际需求，与乡村产业发展、生态保护、文化传承等多方主体沟通，梳理出学生毕业后应具备的核心能力，将预期目标细化为具体、可衡量的学习成果指标，使成果具有明确的检验标准。然后，依据已明确的学习成果，从基础理论知识、专业技能培养到综合实践应用，反向设计课程架构，确保课程内容循序渐进，前期课程为后续深入学习与实践奠定基础。

一、课程目标设定

新时代召唤下，生态学课程的培养目标亟须与时俱进、精准定位。生态学课程体系的目标设定应与新时代背景下的国家战略需求和高校教育改革方向相契合，培养兼具生态文明理念和乡村振兴综合素养的新时代大学生。具体目标如下：

（一）知识掌握目标

1. 生态学基础理论认知

学生要全面掌握生态学的基础理论知识，包括个体生态学、种群生态学、群落生态学、生态系统生态学等核心内容，理解生物与环境相互作用的基本原理、生态系统的结构与功能、生态系统的服务价值、生态平衡的维持机制以及常用的研究方法（如样方法、标志重捕法在实际场景中的运用），学会运用经济学方法量化生态系统服务价值；学生应熟悉新时代背景下生态学的前沿知识，如生态大数据分析、人工智能在生态学中的应用、全球气候变化对生态系统的影响等，拓宽学术视野，紧跟学科发展趋势。

2. 生态文明知识目标

教师要引领学生深入探究生态文明建设的内涵与外延，从宏观层面阐述生态系统服务功能在维持地球生命系统中的关键角色，引导学生理解生态平衡对于人类社会可持续发展的基石意义，并且不局限于环境友好的表面意义，更要深挖其背后蕴含的人与自然和谐共生的哲学内涵；学生应熟知生态文明建设所遵循的基本原则，如尊重自然、顺应自然、保护自然，以及在实践过程中的技术支撑体系，涵盖清洁能源利用、生态工程构建等多领域技术；全面了解国家乃至国际层面围绕生态文明出台的各项政策法规，从宏观的发展规划到微观的行业规范，明确乡村生态系统作为生态文明建设关键阵地的独特地位与不可替代的作用，它既是生态产品的供给源，又是生态文化的孕育地。

3. 助力乡村振兴目标

生态学理论要深入挖掘乡村生态特色知识要点，结合乡村实际，围绕乡村独特的生态景观、生物多样性以及传统生态智慧展开，阐述乡村生态系统作为城市生态屏障、食物供应源等的独特地位。学生应熟悉在乡村振兴战略全方位布局下的生态宜居、产业兴旺、乡风文明等关键方面的生态需求要点：在生态宜居层面，懂得利用景观生态学原则营造健康舒适的乡村人居环境；在产业兴旺维度，明晰生态农业、生态旅游等绿色产业蓬勃发展所需的生态根基，熟悉生态农业、生态旅游、农产品加工等产业模式的基本运作规范；针对乡风文明范畴，理解生态知识普及、生态价值观树立对乡村精神文明建设的重要性，以及实现这些生态目标的具体路径，包括乡村科普、生态规划引领、生态技术落地等实践策略。

总之，学生通过深入了解生态学在乡村振兴、生态文明建设等社会发展领域的应用知识，能够掌握农业生态系统的特点和运作机制，以及如何通过生态学原理提高农业生产的可持续性；能够识别乡村面临的主要环境问题，并能自主思考、提出基于生态学的解决方案；熟悉国家关于乡村振兴的政策导向，理解政策背后的生态学原理和目标，为解决实际生态问题奠定基础。

（二）能力培养目标

（1）重点培养学生运用所学的生态学知识，发现实际生态问题的核心，并能精确地制定策略来有效解决这些问题的实战能力。学生应能够熟练使用专业仪器设备，对大气、水、土壤等环境要素进行精准监测，利用数据分析软件解读生态数据，科学评估生态系统健康状态；学生应掌握识别各类生态环境问题的基础知识和模型，能准确区分水污染、大气污染、土壤污染、生物多样性减少等问题的特征、成因与危害，了解物理修复、化学修复、生物修复等技术的原理与适用场景，以及生态工程技术在受损生态系统重建中的实践要点；学生应紧跟前沿，时刻关注气候变化、生物入侵、生态修复等领域的最新研究成果，熟悉生态大数据分析、生态修复新材料应用等新兴知识，拓宽科学视野。

（2）瞄准乡村振兴需求，着力培育学生服务乡村的综合能力。学生应具备乡村生态产业规划能力，能结合乡村特色资源，助力打造生态农业、生态旅游等绿色产业；掌握乡村生态环境监测和治理技术，能准确收集数据并深入分析，依据科学标准对乡村生态系统的健康状况、生态服务功能价值进行量化评估；针对受损的乡村生态环境，能综合运用物理、化学、生物等多学科修复手段，制订切实可行的修复方案，协助解决乡村面源污染、生活污水与垃圾处理等难题，助力乡村生态重回正轨；拥有乡村生态文化传承与创新本领，挖掘乡土生态文化内涵，促进乡村文化繁荣，学会利用乡村本土植物、材料打造特色生态景观，展现乡村独特生态风貌。

（3）锻炼学生跨学科合作与沟通交流的关键能力，打破学科壁垒，使其能与农学专业人员协同攻克土壤改良、农作物生态种植难题；与林学专家并肩守护乡村森林资源，优化森林生态系统结构；同社会学学者携手，将生态理念融入乡村社会治理，促进乡村生态文化传承与发展，凝聚多学科智慧，为乡村振兴注入强大合力。

（三）素质塑造目标

强化学生的生态文明素养，使其将生态保护内化为自觉行动，深刻认识到生态兴则文明兴的历史规律，培养其绿色发展理念和可持续发展意识。依据教育部《绿色低碳发展国民教育体系建设实施方案》，课程目标应确保学生在生态伦理和环境保护方面的素质达到行业标准。

价值观塑造层面，强化学生生态文明理念，让其领悟"绿水青山就是金山银山"的深刻内涵，激发学生投身乡村生态建设的使命感、责任感，培养他们的创新精神，让他们深知乡村生态建设对国家发展、民族复兴的重大意义，勇于担当时代赋予的使命，在面对乡村生态难题时，敢于突破传统思维，创新探索绿色发展新模式，积极传承乡土生态文化。

（四）国际化视野目标

拓宽学生的国际视野，鼓励其参与国际合作与交流，增强学生的跨文化沟通能力，激发他们对全球性问题的深入思考和对解决方案的创新。通过参与国际项目、学术会议和跨国交流活动，学生可以亲身体验不同文化背景下的环境保护实践，从而更加全面地理解全球环境问题的复杂性和多样性。此外，这种国际视野的拓宽还将有助于学生形成开放包容的心态，为未来的全球环境治理贡献力量。

二、课程内容与结构安排

聚焦新时代背景下生态学课程体系，依据个体生态学、种群生态学、群落生态学、生态系统生态学的不同层面，深入设计适配的教学内容，结合当前课程问题与社会发展需求，提出全面且具有针对性的优化方案。

（一）基础理论模块

基础理论课程作为生态学知识大厦的基石，在课程体系重构中起着关键的奠基作用。生态学课程体系包括个体生态学、种群生态学、群落生态学、生态系统生态学四个核心层面。

1. 个体生态学层面

（1）生物适应性机理：详细讲解生物个体如何在形态、生理、行为上适应环境变化，让学生深刻理解生物对光照、温度、水分等生态因子的响应机制。

（2）生态位理论应用：引入生态位概念，阐释生物个体在群落中的角色、地位及资源利用方式，分析个体间生态位的分化与竞争、共存关系，培养学生运用生态位理论分析生物多样性维持机制的能力。

2. 种群生态学层面

（1）种群动态变化规律：系统教授经典的种群增长模型（如逻辑斯蒂增长模型），结合实际案例，如濒危物种种群恢复过程中的数量变化监测，剖析种群出生率、死亡率、迁入迁出率等因素对种群增长、波动、稳定的影响，使学生掌握预测种群发展趋势的方法。

（2）种群遗传与进化：探讨种群基因频率变化、遗传漂变、自然选择在种群进化中的作用，结合实例讲解环境压力促使种群适应性进化的遗传机制，引导学生理解生物多样性形成的微观基础。

3. 群落生态学层面

（1）群落组成与结构：解析群落物种组成的多样性、优势种识别，以及垂直结构（如森林群落不同高度层次植被分布）、水平结构（如草原群落中不同地段植物群落差异）的形成原因，通过样方法实地调查不同群落，让学生掌握群落结构分析方法，明晰群落构建规律。

（2）群落演替过程：讲解原生演替、次生演替的概念、阶段与驱动因素，以废弃矿山植被恢复、湖泊湿地生态修复过程为例，跟踪观察群落从先锋物种入侵到顶级群落形成的动态变化过程，培养学生运用演替理论指导生态恢复实践的能力。

4. 生态系统生态学层面

（1）生态系统功能剖析：深入阐释生态系统的物质循环（如碳循环、氮循环在生态系统内的流转路径）、能量流动（如食物链、食物网中能量传递效率）和信息传递（如植物间化学信号传递病虫害预警信息）三大基本功能，结合生态系统模型构建，让学生明晰生态系统维持稳定运行的内在机制。

（2）生态系统服务价值评估：介绍生态系统为人类提供的产品供给（如森林木材产出、淡水供应）、调节服务（如湿地调节洪水、森林净化空气）、文化服务（如自然景观美学价值、生态旅游资源）等多元价值，运用经济学方法量化本地生态系统服务价值，提升学生生态经济综合分析能力。

5. 知识综合层面

将生态学原理、景观生态学等课程有机融合，以生态系统演变为逻辑主线串联知识，从微观生态因子到宏观生态格局进行讲解，使学生形成系统认知。通过这样层层递进、系统连贯的知识架构，帮助学生构建全面且深入的生态学核心认知体系，使其明晰生态系统从微观到宏观各个层级的内在联系与动态变化规律。

6. 知识前沿拓展与国际化视野层面

（1）生态大数据与人工智能：介绍生态大数据的采集、存储、分析技术，如利用卫星遥感、传感器网络获取生态数据，运用数据挖掘算法解析数据背后的生态规律；讲解人工智能在生态监测（图像识别、智能预警）、生态模型构建（机器学习预测生态变化）等方面的应用，让学生了解前沿技术如何赋能生态学研究。

（2）全球变化生态学：聚焦全球气候变化对生态系统的影响，研究气温升高、降水模式改变、海平面上升等因素引发的生态响应，如生物栖息地变迁、物种分布范围变化、生态系统功能受损等，探讨应对全球变化的生态策略，引导学生从全球视角思考生态学问题。

（3）新兴生态技术：涵盖基因编辑技术在濒危物种保护中的探索应用、纳米技术在环境修复中的创新使用、生物技术在生态农业中的推广等内容，让学生了解不同新兴技术的原理、优势与潜在风险，拓宽技术视野。

（4）国际视野：紧密追踪国际科研动态，及时将最新成果引入课堂，介绍生态学领域的最新研究成果和发展趋势，拓宽学生的学术视野，有助于学生紧跟学科前沿，激发其研究兴趣和探索精神；引入国际视野下的生态学课程，包括国际合作课程、海外交流项目等，培养学生的全球竞争力和国际合作能力。

（二）能力培养模块

1. 生态问题分析与诊断能力

（1）生态数据解读：教授学生如何收集、整理大气、水、土壤、生物种类等各类生态环境数据，运用统计学方法与专业软件进行数据分析，识别数据中的异常与趋势，如通过长期监测贵州省威宁草海湿地生态系统湿地的鸟类多样性数据，判断湿地的变化态势，总结贵州草海生态保护与综合治理案例的经验和启示（附录案例1：贵州省威宁草海的生态保护和综合治理）。

（2）问题根源追溯：引导学生依据生态学原理，从生物、环境、人类活动等多方面因素入手，剖析生态问题产生的根源，如以湖泊富营养化为例，探究是农业面源污染、生活污水排放还是水产养殖过度所致，培养学生系统思考与深度分析能力。

2. 生态规划与设计能力

（1）生态空间布局：讲授不同生态系统（如森林、湿地、城市绿地）的合理规划原则，依据地形、气候、生态资源分布，设计功能分区，构建生态安全格局，像在城市生态规划中，确定绿廊、绿楔的位置以保障生物迁徙与生态连通性。

（2）生态产业融合：介绍生态农业、生态旅游、生态工业等产业模式，让学生掌握设计循环经济产业链的方法，如以乡村为例，模拟规划"果园—果脯加工—生态旅游"一体化发展路径，实现经济与生态效益双赢。

3. 生态修复技术应用能力

（1）修复方法选择：详细讲解物理修复（如土地平整、客土改良）、化学修复（如土壤化学淋洗、水体化学絮凝）、生物修复（如微生物修复土壤污染、植物修复重金属污染）等多种技术手段的原理、适用范围与优缺点，使学生能针对不同受损生态系统（如矿山废弃地、退化湿地）精准选择修复方法。

（2）项目实施管理：通过模拟或真实修复项目（附录案例3：贵州省思南县"国家水土保持生态文明综合治理工程"和"山水林田湖草沙一体化保护和修复工程"），培养学生从项目规划、施工组织到质量监控、后期养护的全过程管理能力，确保修复项目科学、高效推进。

4. 生态科技创新与研发能力

鼓励学生参与科研项目、创新创业竞赛，在校内实验室开展自主研发，如设计小型智能生态监测设备、研发新型生态修复材料等，培养学生的创新思维与实践动手能力。

（三）生态文明模块

深入解读生态文明思想，追溯其历史渊源，从古代朴素的生态智慧，到现代生态文明理念的升华，剖析其核心要义，领会其对人类社会发展的深远引领意义；聚焦全球生态危机应对，探讨气候变化、生物多样性丧失、环境污染等紧迫问题的根源，从人类活动的过度扩张到打破生态系统的脆弱平衡，研究国际社会携手应对的前沿策略，如《巴黎协定》框架下各国的减排行动、生物多样性保护公约的落实举措；探讨生态伦理与公民责任，引导学生思考人与自然的道德边界，激发个体在日常生活、职业选择中践行生态保护的担当意识，从倡导绿色消费到参与生态志愿服务。

深度探讨乡村在生态文明建设中的角色转变历程，回顾传统农业以牺牲环境为代价追求产量的粗放模式，分析其带来的土壤退化、水体污染等生态问题；再聚焦当下蓬勃兴起的生态农业，展示有机种植、生态养殖如何实现经济效益与生态效益双赢，剖析典型生态乡村转型案例，像浙江安吉余村从"矿山"到"青山"的华丽转身，总结其经验模式，为乡村生态文明发展提供借鉴蓝本。

（四）乡村生态系统模块

在生态学课程体系中，针对乡村生态相关内容，可从以下几个关键方面进行优化与拓展：

（1）充分挖掘乡村生态特色，设置乡土专题案例。各地乡村生态系统具有显著的异质性，课程可通过设立乡土专题案例研讨，引导学生深入探究不同地域乡村生态的独特属性，如梳理乡村植被群落结构，从农田防护林至山地森林，分析其在涵养水源、调节气候与美化环境等方面的多重生态效益。

（2）引导学生关注乡土生态问题，如以贵州省湄潭县生态茶园为研究对象（附录案例4：贵州省乡村振兴引领示范县—湄潭县）开展研究性学习与毕业设计。学生可针对家乡乡村生态环境问题，如乡村河流污染溯源、古村落生态保护规划等课题展开调研，运用所学知识提出解决方案，在服务乡村的同时，深化对专业知识的理解掌握，提升科研与实践创新能力，为乡村生态振兴贡献智慧力量。

（3）聚焦乡村人居环境生态化建设实用知识，讲解生态建筑如何巧妙融合自然采光、通风与节能技术，如被动式太阳能房设计和绿色建材的选用；传授乡村污水处理前沿工艺，如人工湿地净化系统如何利用植物、微生物协同净化污水，实现水资源循环利用；普及垃圾分类在乡村的落地模式，依据乡村垃圾特点，制定简便易行的分类标准与资源化处理路径，打造宜居宜业美丽乡村。

（4）深入阐释生态农业模式的原理与实践路径，剖析有机农业依托生物防治、绿肥施用保障农产品品质与生态安全的技术体系，分享循环农业通过废弃物资源化、农牧结合等方式实现农业可持续发展的创新模式，展望智慧农业借助物联网、大数据精准管控农业生产全过程的未来图景；结合实例展示不同模式在乡村的成功应用，如农户小院的有机蔬菜种植和大型农场的智能化生态循环产业园。

（5）深度探寻生态产品价值实现途径，聚焦生态农产品品牌打造。从产地溯源、品质认证到品牌营销，讲述如何提升产品附加值，如五常大米凭借独特地域标识与品质口碑畅销全国；挖掘碳汇交易在乡村的潜力，评估森林、农田、湿地等生态系统的碳汇功能，带领学生探索农民参与碳市场、获取生态收益的可行机制，拓宽乡村生态产业增收渠道。

（6）带领学生深入挖掘乡村生态旅游资源，精准定位、巧妙包装。首先，带领学生进行实地考察和调研，了解乡村的自然景观、文化特色和民俗风情，为开发旅游资源提供基础数据；其次，引导学生们从生态保护和文化传承的角度出发，设计具有乡村特色的旅游项目和活动，如生态采摘、乡村民宿、文化体验等，让游客在体验乡村生活的同时，也能感受到乡村文化的魅力；同时，还要注重培养学生的创新思维和实践能力，鼓励他们在乡村旅游资源的开发中，不断尝试新的方法和理念，为乡村旅游业的持续发展贡献力量。

（7）保障实践教学落地，建设校内外实践平台。实践课程教学是生态学教育的关键环节，高校应精心设计多元化校外实践项目，如组织学生深入乡村开展生物多样性实地调查，绘制乡村物种分布图，分析物种多样性变化与乡村环境变迁的关联；参与乡村湿地生态修复项目，亲手实施植被恢复、水质净化等工程措施，积累实战经验；开展乡村生态旅游规划实践，结合当地自然景观与民俗文化，设计生态游线路、打造生态民宿方案。校内要强化生态实验室建设，配备先进的土壤检测、水质分析、气象监测等仪器设备，打造模拟生态场景教学基地，供学生开展实验实训；校外与乡村生态企业、自然保护区、基层乡村政府等建立紧密合作关系，搭建实习基地网络。如西北农林科技大学与周边多个乡村签订合作协议，定期输送学生进行实习，学生在实践中解决实际问题的能力显著增强，部分学生实习期间为乡村设计的生态农业发展方案得到采纳实施，推动当地产业升级。

（五）课程思政模块

生态学课程思政教学体系的构建，关键在于提炼和融入思政元素，使之与生态学专业知识相结合，达到立德树人的教育目标。

1. 生态伦理与责任担当

教师在课堂讲授中应结合生态系统破坏案例，如亚马逊雨林大火，讲述人类活动对生态造成的巨大创伤，引导学生树立保护生态环境的责任感，明白生态保护是全人类共同的使命，培养学生敬畏自然、尊重生命的生态伦理观；在野外实习、项目实践等环节，引导学生践行生态伦理，如要求学生在自然保护区实习时，严格遵守保护规定，不破坏生态环境，通过亲身实践强化思政教育效果。

2. 爱国主义与生态文明建设

教师还可以介绍我国在生态文明建设领域取得的伟大成就（如我国科研人员克服重重困难，使塞罕坝机械林场完成了从荒漠沙地到百万亩林海的转变），激发学生的民族自豪感与爱国情怀，让学生认识到个人在国家生态发展战略中的责任，为建设美丽中国贡献力量。

3. 科学精神与职业素养

教师在讲解生态学前沿科研成果时，要强调科学家们严谨的科学态度、勇于探索的精神以及团队协作的力量，如屠呦呦团队发现青蒿素，鼓励学生在生态学学习与未来工作中秉持求真务实、持之以恒的科学精神，培养良好的职业素养。

三、教学方法

（一）课堂教学

教师可以借助多媒体课件的强大表现力，运用系统且逻辑严谨的方式讲解理论知识，将复杂晦涩的生态过程直观呈现。如通过动画演示生态系统中的能量流动轨迹，让学生能直观地看到太阳能如何一步步被生物摄取、转化；展示高分辨率的乡村生态实景图片，从葱郁的山林到繁忙的生态农场，使学生如身临其境般感受乡村生态魅力；结合数据图表，剖析生态问题的严峻态势，如乡村水体污染浓度变化趋势、生物多样性逐年递减的数据对比，引发学生深度思考。

教师还可以紧密结合当下热点生态事件、乡村振兴政策动态进行知识拓展。通过解读最新出台的乡村生态产业扶持政策，激发学生探索政策红利下的创业机遇，培养学生关注现实、学以致用的敏锐洞察力。

（二）案例教学

案例教学全方位贯穿生态学课程始终，教师在教学过程中可以引入大量生态文明建设、乡村振兴中的成功与失败生态学案例，通过向学生展示案例并组织学生深入讨论案例背后的因果逻辑，组织学生深入分析讨论，引导学生运用所学理论知识进行复盘分析，能深化学生对理论的理解，培养其批判性思维，让学生在案例中深化对生态学知识的理解与运用，增强应对复杂乡村生态问题的决策能力，强化其生态意识与社会责任感。同时，要紧跟时代步伐，确保案例库定期更新，及时吸收最新的实践成果。

（三）项目驱动式教学

在项目驱动式教学模式下，教师应积极联动乡村基层组织、科研单位，挖掘各类乡村生态课题与竞赛项目，组织学生团队投身其中，为学生搭建起实战舞台，促使他们在乡村生态项目的锤炼中茁壮成长。项目驱动式教学通过设计一系列源于真实乡村生态需求的项目，深度嵌入乡村生态实践场景，切实提升学生的综合实践能力与团队协作精神，增强学生的职业认同感。

首先，学生通过参与源于乡村实际生态项目的任务，能够直接接触真实场景中的复杂问题，甚至需要亲自动手操作各类生态监测仪器、制定修复方案并付诸实践，将课堂所学的生态学理论知识精准应用，从而有效提升自身的实践动手能力，积累宝贵的实操经验，为毕业后投身乡村生态建设一线奠定坚实基础；在项目推进过程中，学生还需应对诸如施工进度把控、资金预算调配、突发环境变化等现实挑战，在这一过程中有助于学生学会灵活运用知识、提升应变能力，成长为能独当一面解决实际问题的专业人才。

其次，由于项目式学习通常以小组形式开展，来自不同背景、具备不同知识技能优势的团队成员们在项目实施期间定期交流、分享经验、分工合作，这样不仅能提高项目完成效率，还能培养学生的团队协作精神；且在项目推进过程中，学生们频繁与农户、村干部、专家交流协作，学生不仅专业技能突飞猛进，团队协作与创新精神更是得以深度淬炼,这与乡村振兴工作中多部门协同作战的现实需求高度契合。

最后,当学生切实参与改善乡村生态环境、助力乡村产业发展的实际项目,目睹自己的努力为乡村带来的积极变化时,会由衷地产生职业成就感,深刻认识到生态学专业在乡村振兴中的巨大价值,这种源自实践成果的正向反馈,能极大增强学生对生态学专业的认同感与热爱,激发他们扎根乡村、长期致力于乡村生态事业发展的决心,有效缓解专业人才外流问题,为乡村持续输送稳定的专业人才力量。

(四)实验、实践教学

实验和实践应用课程是理论知识落地现实的关键桥梁,能够让学生在真实场景中磨砺专业技能。

1. 校内实验、实践教学

(1)实验教学。

综合性实验项目设计:摒弃传统单一的验证性实验,设计涵盖多知识点、多技术手段的综合性实验;鼓励学生参与科研项目、创新创业竞赛,在校内实验室开展自主研发,如设计小型智能生态监测设备、研发新型生态修复材料,培养学生的创新思维与实践动手能力。例如开展校园生态系统模拟与分析实验,学生需要综合运用生态学原理、生态监测技术、数据分析方法,构建校园内小型生态系统模型,监测并分析其中物质循环、能量流动等过程,深入理解生态系统的运行机制。

虚拟仿真实验拓展:利用现代信息技术搭建虚拟仿真实验平台,模拟一些现实中难以开展或成本高昂的实验场景,如不同气候条件下生态系统的演替过程、深海生态系统研究、热带雨林生态修复过程模拟等,让学生突破时空限制,沉浸体验生态实践。还可模拟乡村污水处理厂建设运营,让学生体验从工艺选择到设备调试的各个环节,学生通过虚拟操作,熟悉复杂生态环境下研究方法与技术的应用,增强了实践体验感,拓宽了实践视野,提升了应对复杂生态问题的能力,同时还能降低野外实验的风险与成本。

(2)校园生态基地建设。

校园绿地生态规划:组织学生参与校园绿地的生态规划与设计,依据校园地形、建筑布局、师生活动需求等因素，划分不同功能区，如生态科普区、休闲游憩区、雨水收集净化区等，并选用本地适生植物进行绿化配置，既美化校园环境，又能让学生在实践中掌握生态空间布局与植物应用知识。

校园生态监测网络搭建：在校内建立全方位的生态监测网络，涵盖大气、水、土壤、生物多样性等多个方面。学生分组负责不同监测站点的数据采集、整理与分析工作，定期生成校园生态监测报告，实时掌握校园生态环境动态，培养学生的生态监测与数据分析能力，同时为校园生态管理提供依据。

（3）创新实践社团与竞赛。

组建生态创新社团：鼓励学生自发组建生态创新社团，围绕生态学领域的热点问题或校园生态需求开展活动。社团成员可自主设计小型生态项目，如研发校园垃圾分类智能识别系统、设计校园雨水花园生态景观等，通过团队协作、自主探索，培养自身的创新思维与实践能力。

举办校内生态竞赛：学校定期举办生态科技创新竞赛、生态规划设计大赛等活动，为学生提供展示平台，并通过竞赛激励机制，充分调动学生参与实践的积极性，发掘优秀生态人才。竞赛题目可要求紧密结合实际生态问题，要求学生在规定时间内提交创新性解决方案或设计作品，并进行现场答辩。

2. 校外实习实践

可通过校地合作共建校外实践基地网络，与乡村企业、社区等合作，为学生提供实地调研、实习机会，如安顺学院学生可通过利用课余时间定期入驻全国生物多样性优秀案例——安顺市镇宁蜂糖李生产基地（附录案例 2 全国生物多样性优秀案例——贵州镇宁蜂糖李），参与基地的日常运营、生态监测、项目研发等工作，积累丰富的一线实践经验，同时也为乡村生态建设注入新鲜活力与专业智慧；乡村生态教育与科普实践则鼓励学生积极传播生态知识，如面向乡村居民开展生态环保讲座、组织生态科普活动，在提升村民生态意识的同时，锻炼自身的沟通表达与组织协调能力，全方位融入乡村生态建设实践，实现知识与行动的完美融合。

实践教学环境可贯穿大学生培养的全过程，主要从以下三个层面展开：

（1）认知实习：在大一或大二阶段，学生正处于知识积累与认知拓展的关键时期，此时安排他们赴乡村进行短期生态认知实习恰到好处。带领学生走进真实的乡村场景，参观生态农场，让他们目睹生态农业模式的实际运营过程，从有机农作物的种植管理到生态养殖的循环模式，感受农业与生态的和谐共生；观摩乡村污水处理设施，了解污水净化的工艺流程，知晓乡村如何应对生活污水带来的环境挑战，初步建立起对乡村生态系统直观而感性的认识，为后续深入学习生态学知识筑牢根基。

（2）专业实践：在大二大三阶段，学生已经具备了一定的理论基础，结合课程内容有序开展阶段性实践项目正当其时。在这一阶段可以组织学生深入乡村，开展乡村生态调查，运用所学的生态学调查方法，精准识别乡村的生物多样性状况、生态环境质量等关键信息；推进生态农业技术应用试验，将课堂上学习的有机农业、循环农业技术在试验田或农户家中进行小范围实践，探索适合当地实际情况的生态农业发展路径，切实培养学生的专业技能，提升他们解决实际问题的能力。

（3）综合实践：在大四阶段，学生经过前几年的学习与积累，知识储备与实践能力都达到了一定高度，此时可以要求学生组队完成一项完整的乡村生态规划或生态产业项目并将其作为毕业设计内容，这样能够全面检验学生知识与能力的整合水平。学生们需要综合运用生态学原理、乡村振兴战略知识以及多学科协作技巧，从乡村生态资源勘查评估，到生态规划蓝图绘制，再到生态产业项目的落地运营策划，全程独立完成，充分展现他们的综合素质，为步入社会、投身乡村生态建设做好充分准备。

（五）线上线下混合式教学

根据教育部《教育信息化十年发展规划（2011—2020年）》，线上线下混合式教学模式已成为高等教育教学的新常态。线上线下混合式教学模式巧妙融合了传统课堂教学的面对面互动优势与线上学习的灵活性和便捷性。通过线上平台，学生能够获取丰富的课程资源，进行自主学习；而线下课堂则专注于深入讨论、实践操作和面对面的互动交流。这种模式既保留了教师现场指导和学生即时反馈的互动氛围，又充分利用了网络资源，使学生能够按照自己的学习节奏进行自主预习、复习和深入学习。这种教学模式不仅提升了教学效率，还激发了学生的学习主动性和参与感。如中国农业大学某生态学课程采用混合式教学后，学生线上学习参与度高达95%，课程考核成绩优秀率提升15%，学生反馈学习自主性、积极性显著增强，对乡村生态知识的理解更为深入透彻。

具体方法是：教师利用丰富网络资源，精心搭建线上课程专属学习平台，整合丰富的优质学习资源，上传基础生态学概念讲解短视频、乡村生态案例、生态科普视频、学术讲座、虚拟仿真实验等学习资料，供学生自主学习、反复观摩；开设在线讨论区，师生、生生围绕乡村生态热点话题互动交流，激发思维碰撞；推送课后拓展阅读，涵盖前沿研究论文、行业深度报告，拓宽学生的知识视野；设置在线测试，依据课程进度与知识点分布，精准出题，实时检验学生学习效果；开通在线答疑通道，及时解决学生学习困惑，保障学习进程顺畅。线下课堂开展小组讨论、实验操作、实地调研等活动，强化面对面交流指导，及时解决学生的疑难问题。

四、教学资源

（一）教材与参考书籍

根据教育部《绿色低碳发展国民教育体系建设实施方案》，生态学教材应全面更新，以反映最新的生态学研究成果和国家生态文明建设的需求。故而，生态学课程需选用既能夯实基础生态学知识，又能紧密对接乡村生态应用实践的权威教材，确保知识体系的系统性与实用性；应注重其内容的更新与前沿性，确保学生能够接触到最新的生态学研究成果和技术应用；教材应具备良好的可读性和启发性，能够激发学生的学习兴趣和探究欲望，引导他们主动思考和解决问题；教材中应包含丰富的案例分析和实践操作指导，帮助学生将理论知识转化为解决实际问题的能力。同时，教师应广泛推荐一系列拓展阅读书籍，为学生提供更为广阔的学术视野，帮助他们深入了解生态学在不同领域中的实际应用，从而进一步巩固和深化所学知识。

通过教材的精心选择与拓展阅读的广泛推荐，为学生构建一个既扎实又前沿、既理论又实践、既系统又多元的学习体系，为他们的生态文明建设和乡村生态应用实践之路奠定坚实的基础。

（二）网络资源

网络资源的开发为生态学教学提供了丰富的辅助材料和互动平台。

为了实现教学资源的最大化利用，多个高校和研究机构共同建设了生态学教学资源共享平台。这些平台汇集了全国范围内的优质生态学教学资源，包括开放课程、研究数据和教学工具等，为教师和学生提供了便捷的资源获取渠道。这些网络资源不仅方便学生随时随地学习，也方便教师对教学反馈和学生学习进度进行实时监控。

学术数据库资源，如中国知网、Web of Science 等国内外知名平台，为学生提供了一键查阅前沿生态研究论文的便利，使他们能够追踪学科的最新动态。从顶级学术期刊发表的生态修复新技术，到国际会议探讨的乡村生态发展新模式，这些资源为学生打开了一个充满知识的宝库。

网络上一系列优质的开放性资源，包括网易云课堂的乡村振兴专题讲座、科普视频（如央视纪录频道的生态纪录片、B 站上的乡村生态科普动画），以及"生态乡村观察"公众号分享的一线实践经验和"绿色田园资讯"推送的政策解读，能有效拓展学生的学习渠道，使知识获取更加便捷。

（三）实践基地资源

与周边生态示范村、农业科技园区、自然保护区建立深度、长期合作关系，打造稳固的实践教学基地。生态示范村作为乡村生态建设样板，为学生展示人居环境整治、生态产业发展成果；农业科技园区汇聚先进农业技术与创新模式，供学生学习观摩生态农业实践；自然保护区则是生态保护前沿阵地，让学生直观感受生物多样性保育、生态系统修复实景。

各基地配备专业指导人员，包括经验丰富的技术专家、基层管理人员，能够手把手传授实践技能；完善实验设备配置，保障实践教学顺利开展，让学生在实战环境中成长。

五、师资队伍建设

对内，各生态学专业教师作为核心骨干，凭借其深厚的专业造诣，负责基础理论教学，从生态学经典理论阐释到前沿研究动态分享，为学生筑牢知识根基；定期选派教师参加生态文明与乡村振兴专题培训，走进国内顶尖学术研讨班、行业高端论坛，与同行精英交流切磋，汲取最新研究成果与实践模式；鼓励教师深入乡村进行挂职锻炼，扎根基层，参与实际项目，从乡村生态规划编制到产业项目运营，积累一手经验，提升实践指导能力，反哺教学质量提升；加强校际师资交流，邀请兄弟院校的生态学专家、乡村振兴领域学者讲学授课，分享最新研究成果与实践经验；推动教师与乡村生态企业工程师结对互助，实现理论与实践优势互补。

对外，广泛引入农业生态学专家，助力学生探索农业生态系统优化路径；邀请景观生态学学者为学生带来乡村景观规划美学与生态融合智慧的相关内容；环境科学专家则向学生传授乡村环境污染治理前沿技术，多元知识碰撞，丰富课程知识体系，拓宽学生学术视野；邀请致力于乡村发展研究的学者及基层乡村干部担任兼职讲师，他们将结合自身丰富的实践经验和深厚的学术背景，通过分享成功案例、剖析发展难题、探讨解决策略，帮助学员深入理解乡村发展的复杂性和多样性，提升解决实际问题的能力。

六、教学评价体系

生态学课程教学效果评价体系是衡量教学活动成效的重要工具，它包括过程性评价和结果性评价两个维度，以全面反映学生的学习成果和教学活动的实施效果。评估内容不仅包括学生对生态学知识的掌握程度，还包括其价值观、伦理观和责任感的形成情况。通过定期的反馈和调整，确保教学目标的实现和教学质量的持续提升。

（一）过程性评价

过程性评价侧重于教学活动的过程监控和及时反馈，关注的是学生学习过程中的表现和进步。过程性评价一般实行多元化评价主体参与评价的模式，即除教师评价外，引入乡村社区居民、乡村企业雇主、同行学生等多元评价主体。乡村社区居民可对学生参与的生态环境改善项目成果进行直观感受评价；乡村企业雇主从职业素养与专业技能匹配度评价实习学生；学生互评促进团队合作反思，全面反映学生学习成效。

平时成绩（20%）：通过课堂出勤率、在线学习平台的活跃度等数据，评价学生的参与情况；通过课堂表现观察学生课堂参与积极性、发言质量、是否能提出独到见解等，评价学生的学习态度和行为；通过定期的作业和测验，评价学生对知识的掌握情况和应用能力，帮助教师及时调整教学策略，以满足学生的学习需求。

小组成绩（10%）：通过小组讨论、小组作业考查学生团队协作能力，从任务分工合理性到成果整合的有效性。

实践成果评估（20%）：依据学生在实践基地的全程表现，从实践操作熟练程度、问题解决机智应变能力，到团队协作融入状况、技能掌握扎实程度，由基地导师给予详实评价，并量化纳入课程总成绩，真实反映学生实践水平；通过实验报告、案例分析报告检验学生运用知识剖析实际问题的深度与广度；通过项目报告和论文来评价学生的综合分析能力、创新能力和实践能力。

另外，建立校外评价反馈渠道，定期收集乡村一线对学生培养质量的意见，及时调整课程内容与教学方式，确保与乡村实际需求紧密衔接。

（二）结果性评价

结果性评价则侧重于教学活动结束后对学生学习成果的评价，它关注的是学生最终达到的学习目标和教学目标的实现程度。结果性评价的主要内容包括：

期末考试（50%）：通过期末考试来评价学生对生态学知识的掌握程度和应用能力，着重考查学生对知识的融会贯通与解决实际问题的能力；精心设计乡村生态情境题，如给定某乡村生态退化现状，要求学生制订综合生态修复方案，涵盖生态学原理运用、技术手段选择、社会经济可行性分析，全方位检验学习成效。

课程项目报告和论文（不列分值，额外设置第二课堂学分）：对学生实践项目成果（如生态规划报告、生态产品设计方案等）进行评价，邀请校外专家（行业资深学者、企业技术骨干）和当地利益相关者（乡村干部、村民代表），组织严格答辩评审，共同参与打分，确保评价客观公正。

能力提升评估（不列分值，学生自评）：通过让学生对比在课程开始和结束时的能力水平，让学生评估自己的能力提升情况——可以通过标准化测试、自我评估的方式进行。

满意度调查（不列分值，仅作参考）：通过学生对课程的满意度调查，评价教学活动的整体效果。满意度调查可以反映学生对教学内容、教学方法和教学资源的满意程度，为教学改进提供依据。

综合过程性评价和结果性评价,生态学课程教学效果评价体系能够全面反映学生的学习成效和教学活动的实施效果。通过这种评价体系,教师可以及时了解学生的学习进展,调整教学策略,提高教学质量;学生也可以通过反馈了解自己的学习状况,明确学习目标,提高学习效率。

七、课程管理

(一)教学计划管理

本课程体系依托于生态学这一学科的严谨知识框架,并充分考虑生态文明建设与乡村发展的最新动态需求,构建既详实又高度灵活的教学计划。

在理论教学时间安排上,充分考量基础生态学知识的系统性传授,给予充足课时让学生通过课堂、线上资源的学习,深入理解生态学原理、方法以及前沿动态,确保他们扎实掌握生态系统的结构、功能、平衡及演化等核心要点。精准规划实践教学时段,巧妙地将其与理论知识学习进程相契合。例如,在讲解完乡村生态系统剖析章节后,立即安排学生奔赴乡村实地调研,使学生能够及时将课堂所学应用于实践,亲身体验乡村自然生态要素的特征与各要素间的相互关系,切实感受乡村人居环境生态化建设的实际情况,保障课程目标的稳步达成。

另外,还需建立一套科学高效的教学计划定期修订机制,时刻保持对行业动态的敏锐洞察力,密切关注生态学领域前沿技术的突破,以及生态文明和乡村振兴战略下政策的调整(像生态产业扶持重点的转移、乡村生态建设标准的更新等)。同时,高度重视学生的反馈信息——无论是他们在学习过程中遭遇的难点困惑,还是基于自身兴趣导向提出的宝贵建议——都将作为调整课程内容、优化教学方法的关键依据,确保教学计划始终贴合学科发展与学生成长需求。

(二)教学质量管理

全方位构建完善的教学质量监控体系,多管齐下保障教学过程的高质量运行。通过学生评教这一直接反映教学效果的窗口,收集学生对教师教学态度、教学方法、教学内容等方面的真实评价,了解他们在学习过程中的体验与收获;组织同行听课,促进教师之间的相互学习、交流切磋,借鉴彼此的教学亮点,共同攻克教学难题;借助教学督导检查,凭借督导专家丰富的教学经验与专业眼光,对教学全过程进行深入细致的监督和评估,从教案编写的规范性到课堂教学的组织实施,再到实践教学的指导落实,确保每一个教学环节都符合高标准。

教学小组定期举行教学研讨会,汇聚集体智慧,针对教学过程中出现的问题(包括理论教学中知识讲解的深度与广度问题、实践教学中项目设计的合理性及指导跟进等问题)进行深入讨论。通过及时分析问题根源,商讨改进措施,并迅速制定出切实可行的整改方案,持续优化教学质量,为学生提供更优质的教学服务。

八、第二课堂拓展

(一)学术讲座与论坛

根据教学计划,定期举办生态学前沿讲座、乡村振兴学术论坛,搭建起学生与国内外知名专家、企业家交流互动的优质平台。邀请生态学领域顶尖学者分享最新研究成果,让学生紧跟学科前沿步伐;汇聚乡村振兴一线的企业家,讲述生态产业发展的实战经验,从生态农业企业的创业历程到生态旅游项目的运营管理,为学生展现真实的行业发展状况。

设立大学生生态论坛,建立大学生学术报告平台,鼓励学生勇敢地汇报自己的研究项目、实践心得,与同行交流切磋,锻炼学术交流能力,并培养其自信与独立思考精神。

(二)生态科普与宣传活动

积极组织学生参与乡村生态科普下乡活动,充分发挥学生的知识传播力量。组织大学生成立生态科普志愿者团队,在此基础上大学生们既可通过举办讲座的方式,用通俗易懂的语言向村民普及生态知识,从垃圾分类的重要性到生态农业的好处;发放精心制作的宣传册,将复杂的生态原理转化为图文并茂的小贴士;设置科普展板,展示乡村生态建设的成功案例与美好前景,提高村民的生态意识,助力乡村生态文明建设。

充分利用校园媒体和社交媒体平台的广泛传播能力,积极推广课程实践的成果和乡村生态建设的成功案例。将学生们在乡村实践中的精彩时刻和创新成果,制作成短视频和图文进行报道,在校园公众号、抖音等平台进行发布,以吸引更多的师生关注乡村生态；借助社交媒体的传播效应，将乡村生态建设的经验和成就推广到更广阔的社会领域，从而扩大课程的影响力，吸引更多的人才和力量参与到乡村生态的振兴中来。

（三）学科竞赛与创新创业活动

大力鼓励学生参与生态领域的学科竞赛，例如全国大学生环境生态科技创新大赛和全国乡村振兴创意设计竞赛，为他们搭建竞技平台，激发其创新潜力。通过参与这些竞赛，学生们能够积极地针对乡村生态问题进行思考，并提出创新的解决方案，在竞赛中获得宝贵的实践锻炼和展示自己才华的机会。

依托学校创新创业平台雄厚的资源，精心孵化学生乡村生态创新创业项目。为学生争取资金援助，助力项目启动；配备专业技术导师，指导技术难题攻克；提供实验室、室外场地等保障，满足项目实践需求，全方位扶持学生将创意转化为现实生产力，为乡村生态建设注入活力。

综上所述，通过对课程体系的全方位革新，从精准锚定培养目标、优化课程内容、创新教学方法，到打造坚实的实施保障体系，能够有效解决当前生态学教育中存在的诸多问题，全面提升人才培养质量。未来，随着生态文明建设与乡村振兴战略的持续推进，生态学课程体系将不断与时俱进、日臻完善，为实现美丽中国、乡村繁荣的宏伟蓝图提供坚实的人才支撑与智力保障，让天更蓝、山更绿、水更清、乡村更具魅力的美好愿景早日成为现实。

第五章

生态学与高校生态化课堂的构建

一、生态化课堂教学框架的理论基础

生态化课堂的理论根植于生态教育理念和教育生态学理论之中。教育生态学和生态化课程是紧密相关的两个概念，它们都是以生态学的理念和方法来指导教育实践的。

生态教育理念发端于20世纪中叶，随着环境问题的加剧和可持续发展理念的兴起而逐步发展，它主张教育应与自然和社会环境保持和谐，其核心内容涉及生态平衡、生态环境适应性、人际关系等多个维度。生态教育理念突破了传统教育的局限，将教育视为一个多元且复杂的生态系统。它不仅包括学校教育，还涉及家庭教育和社会教育等多个子系统。这些子系统之间相互作用、相互影响，共同构成了一个协同育人的宏大体系。

教育生态学是一门新兴的交叉学科，它依据生态学的原理，特别是生态系统、生态平衡、协同进化等原理，研究教育与其周围生态环境（包括自然的、社会的、规范的、生理心理的）之间相互作用的规律和机理。这一学科强调教育的整体性和系统性，认为教育不是一个孤立的过程，而是与周围环境相互依存、相互影响。它通过分析教育生态系统中的各个要素，如教育者、学习者、教育内容、教育方法、教育环境等，揭示它们之间的内在联系和相互作用方式，从而为我们更深入地理解教育的本质和规律提供了新的视角和方法。

生态化课堂以生态学原理、生态教育理念和教育生态学为基石，将课堂视作一个有机、动态、和谐的生态系统，其中包括物理环境、社会环境和心理环境等多个层面。在这个系统里，教师、学生、教学内容、教学环境等要素相互依存、彼此促进，如同生态系统中的生物与非生物成分，紧密交织、缺一不可。生态化课堂的构建不仅是教育模式的创新，也是对传统教育的一次深刻反思和改革。

传统教学模式往往以教师为中心，强调知识的传授和技能的训练；生态化课堂则以学生为中心，强调学生的主动参与和整体发展，教师的角色从知识的传递者转变为学习过程的引导者和促进者。生态化课堂注重师生之间的平等互动和合作，营造了一个开放、包容、富有创造性的学习环境。在生态化课堂中，学生不再是被动接受知识的容器，而成为主动探索、发现和构建知识的主体。这种转变不仅有利于激发学生的学习兴趣和积极性，还能培养他们的批判性思维和创新能力。

二、高校生态化课堂构建的必要性与目标

（一）适应现代教育需求

传统的教育模式侧重于知识的灌输和单向传授，往往忽视了学生的主体性和个性化成长；学生因此缺乏自主学习和自我发展的内在动力，过分依赖教师的指导和评价。随着知识经济和信息化社会的到来，现代教育需求正发生深刻变化，现代社会对学生的期望远不止于知识和技能，更重视学生的全面素质和创新能力。高校生态化课堂的构建显得尤为迫切，以适应这些变化。

（1）现代教育需求强调学生的个性化和多样化发展。生态化课堂通过提供更加灵活和多样化的教学环境，能够更好地满足学生的学习需求，促进其个性化发展。

（2）现代教育需求注重培养学生的创新能力和实践能力。生态化课堂通过探究式学习和项目式学习等教学模式，能够显著提高学生的创新能力和实践能力。

（3）现代教育需求强调终身学习和自主学习能力的培养。随着知识更新速度的加快，终身学习能力成为现代社会对人才的基本要求，生态化课堂通过培养学生的自主学习能力，为其终身学习打下坚实基础。

（4）现代教育需求关注教育的公平性和包容性。生态化课堂通过提供平等的学习机会和资源，有助于缩小不同背景学生之间的学习差距。

（二）促进学生全面发展

高校生态化课堂的构建旨在促进学生的全面发展，这包括知识、能力、情感、价值观等多个维度。

在知识层面，生态化课堂强调跨学科学习，通过整合不同学科的知识和方法，培养学生的综合知识体系；在能力层面，生态化课堂注重培养学生的批判性思维、问题解决能力和团队合作能力；在情感层面，生态化课堂关注学生的情感发展和心理健康，通过建立积极的师生关系和同伴关系，营造支持性和包容性的学习氛围；在价值观层面，生态化课堂强调培养学生的生态意识和社会责任感。

三、生态学原理赋能生态化课堂构建

（一）生态平衡：课堂要素的和谐共处

课堂生态系统恰似一个微观的自然生态系统，涵盖了教师、学生、教学内容、教学方法、教学环境等诸多要素，当这些要素处于和谐共生、相互促进的状态时，课堂便达成了生态平衡。然而在传统的课堂环境中，往往会出现一种失衡状况，具体表现为教师的主导地位过于突出，使学生被动接收知识，导致课堂氛围沉闷且压抑。同时，教学内容与学生实际需求脱节，使得学生的学习兴趣寡淡，参与度也随之降低。

针对这一状况，构建一个更加开放、互动和包容的课堂生态系统是非常必要的。在这个生态系统里，教师的角色应转变为引导者和促进者，致力于激发学生积极参与和主动探索的精神，以此点燃学生的学习热情和培养学生的创新精神；教学内容应与学生的实际需求紧密相连，强调知识的实用价值和前沿性，以提高学生的学习效果和满意度。此外，采用多样化的教学手段和技术，创新教学方法，能够营造更加生动和引人入胜的课堂环境。通过这些措施，实现课堂生态系统的平衡与和谐，进而推动学生的全面成长。

（二）多样性共生：满足多元学习需求

在教育领域，学生群体可比作一片生机勃勃的森林，其中每个学生代表了不同的"树种"，各自在学习风格、兴趣爱好、学习能力等方面展现出独特的差异。然而，传统的课堂教学模式往往采取统一化的方法，这类似于使用同一工具对形态多样的枝叶进行修剪，未能充分考虑到学生的个体差异性。这种做法可能导致部分学生的潜能未能得到充分的培养和发挥，从而影响了他们的学习效果。

生态化课堂依据生态学的多样性共生原理，尊重并顺应学生的差异，为不同学生提供个性化的学习路径。在课程设计初始阶段，教师需要全方位、深入地了解学生，通过课堂观察、问卷调查、与学生一对一交流等多元方式，明晰每一位学生的优势与短板、兴趣聚焦点；在课堂教学实战环节，实施分层教学与小组合作学习。分层教学过程中，教师依据学生的知识掌握程度，将教学内容分为基础、提高、拓展等多个层次，并根据学生的差异进行巧妙分组，确保每组都涵盖不同学习风格、知识水平的成员。在小组相互协作中，每个学生都能找到自己的价值，不仅知识得以增长，团队协作能力、沟通交流能力等综合素质也得到显著提升。

再者，评价体系也需紧密围绕个性化学习路径进行革新，构建多元化评价体系。除学业成绩外，增加课堂参与度、小组项目贡献度、个人成长进步幅度等多个维度的评价指标。

综上所述，在生态化的教学环境中，利用生态学中多样性共生的原理，通过深入挖掘学生之间的差异、精心设计课程内容、精确运用教学方法以及全面革新评价体系，为每位学生开辟通往知识殿堂的个性化学习道路，最终达成教育生态的和谐与繁荣，培养出能够适应未来社会发展需求的多样化人才。

（三）物质循环、能量流动与信息传递：知识的传递与转化

物质循环、能量流动和信息传递是生态系统的三大基本功能，它们相互依存、相互制约，共同维持着生态系统的稳定和繁荣。在生态化课堂中，我们可以模拟生态系统的运作方式，将物质循环、能量流动和信息传递的概念融入教学设计中。

1. 物质循环理论在生态化课堂中的应用

（1）知识的循环利用与拓展。在生态化课堂中，知识就如同生态系统中的物质，处于不断循环利用和拓展的状态。课堂中的知识传递恰似生态系统中的物质循环，教师将知识"输入"给学生，学生经过消化、吸收，再将知识以作业、作品、讨论等形式"输出"，实现知识的循环往复。

如何实现知识的高效循环，是生态化课堂构建的核心问题之一。在生态化课堂的构建中，实现知识的高效循环意味着要打破传统教学的单向传输模式，转而构建一个能够促进学生主动学习、深度参与和持续反馈的知识循环体系。这要求教育者不仅要关注知识的传授，更要注重知识的内化、应用和再创造。

教师可以通过设计具有情境性、探究性和合作性的学习任务，引导学生主动探索知识，将所学知识应用于解决实际问题，并在此过程中不断深化理解、拓展思维。同时，鼓励学生之间的交流和分享，以及自我反思和总结，有助于形成知识的良性循环，促进生态化课堂的持续发展。

学生对知识的掌握程度以及学习过程中的反馈，会以一种类似"物质循环"的形式回馈给教师。教师依据学生的课堂互动、作业完成情况、考试成绩等反馈信息，调整教学策略、优化教学内容，并将改进后的教学模式再次传递给学生。

这种反馈的物质循环确保了教学过程能够持续适应学生的学习需求，正如生态系统通过物质循环反馈来保持其动态平衡一样，维持了教学效果的质量。

（2）学习资源的循环共享。除了知识本身，学习资源也遵循着物质循环的原理。课堂上使用的教材、教具等可以在不同届次的学生、不同班级之间循环使用，每一届学生使用后都会在上面留下不同的笔记、感悟，新的使用者在阅读时就能汲取前人的思考，实现知识信息在不同个体间的传递，就像生态系统中营养物质在食物链间传递一样。通过这种资源的循环共享，不仅提高了资源的利用率，也让知识传播的渠道更加丰富，如同生态系统中物质循环保障着整个生态的正常运转一样。

2. 能量流动理论在生态化课堂中的应用

（1）教师到学生的能量传递。在生态化的课堂环境中，教师承担着类似生态系统中生产者的角色。他们凭借丰富的知识储备和精湛的教学技巧，成为知识能量的主要来源。教师通过生动的讲解和引人入胜的演示，将知识的能量传递给学生，这与植物通过光合作用将太阳能转化为化学能并储存起来的过程相似。随后，这些能量随着学生走向工作岗位，沿着生态文明和乡村振兴的"食物链"继续传递。

（2）学生之间的能量流动与转化。学生之间也存在着能量流动，而且这种流动还会发生转化。当小组合作学习时，知识掌握较好、思维活跃的学生能够主动分享自己的见解和思路，这是一种能量的输出；而其他同学在接收这些信息后，结合自身的想法进行消化吸收，可能会产生新的观点和创意，从而实现了能量的转化。在这个过程中，原本单一方向的能量流动就转化为多元、交互的能量流动，促进了整个小组乃至全班同学对知识的深入理解和掌握，如同生态系统中能量在不同营养级间流动并在流动中促使生态不断发展进化一样。

3. 信息传递理论在生态化课堂中的应用

（1）师生间的信息传递。教师和学生之间的信息传递是生态化课堂的核心环节之一。教师向学生传递课程内容相关信息，包括知识讲解、学习要求、作业布置等，这是一种单向的信息输出过程，是保障学生学习的基础。但同时，师生之间还有双向的互动信息传递。学生向教师提问、表达自己的困惑或者分享自己的学习心得，教师根据这些信息给予回应和指导，这个过程就是重要的信息传递与交流，有助于学生更好地把握知识要点，也让教师更了解学生的学习状况。

（2）生生间的信息传递。学生之间的信息传递形式多样且十分活跃。在课堂讨论中，同学们各抒己见，分享自己对某个问题的看法、收集到的资料等，实现信息的共享。比如讨论不同地区的气候特点时，有的学生去过当地旅游，能分享亲身感受和观察到的实际情况；有的学生查阅过相关学术论文，能提供专业的数据和分析。通过这种生生间的信息交流，大家能获取更全面、更丰富的信息，从而拓宽视野，加深对知识的理解，就像生态系统中生物之间通过化学信号、声音等多种方式传递信息来协调彼此的行为和生存状态。

（3）课堂与外部环境的信息传递。生态化课堂不是封闭的，它还与外部环境有着广泛的信息传递。学校组织的学术讲座、科普展览等活动会将前沿的学术动态、科学知识等信息引入课堂；而课堂中学生的学习成果、创新想法等也可以通过参加竞赛、发表作品等方式传播到校外，与社会大环境进行信息交换。

例如，学校邀请环保专家来校举办讲座，介绍最新的环境保护技术和理念，这些信息就进入了课堂生态，丰富了师生在生态环境教育方面的知识储备；而学生们制作的环保创意作品参加市级比赛并获奖后，其蕴含的创新信息又能传播出去，引起更多人对环保的关注和思考，如同生态系统与外界环境不断进行物质、能量和信息的交换，维持自身的开放性和活力。

四、生态化课堂构建的路径

（一）打造生态课堂环境

创设良好的学习环境是实施生态化课堂教学的首要步骤，直接影响学生的学习体验和教学效果。

（1）物理环境的优化。课堂物理环境是教学活动的基础。良好的光照、适宜的温度和安静的环境可以提高学生注意力，从而提升学习效果；科学的座位排列和宽敞的学习空间同样有助于构建一个有利的学习环境；保证教室内各项设施如课桌椅、黑板、多媒体设备等运作正常，能够有效辅助教学活动的开展。同时，教室的布局和色彩运用亦应受到重视，因为它们能在无形中对学生的情绪和学习积极性产生影响。

（2）心理环境的构建。课堂心理环境的舒适度同样重要，研究表明，包容、尊重、鼓励的氛围能有效激发学生的学习热情。生态化课堂中积极的师生互动和支持性的课堂氛围能够提高学生的自我效能感和学习动机，这对于学生的长期学习和发展至关重要。自我效能感较高的学生往往更加自信，相信自己有能力克服学习中的困难，从而在学习上投入更多的时间和精力。同时，支持性的课堂氛围使学生感受到教师的关怀和同学的鼓励，这种正面的情感体验进一步激发了他们的学习主动性，使学生更愿意积极参与讨论，提出问题，分享观点，这不仅促进了知识的吸收和内化，还培养了学生的批判性思维和创新能力。因此，构建生态化课堂，强化师生互动，营造支持性学习氛围，是教育实践中不可或缺的一环。

（3）技术环境的融合。随着信息技术的发展，现代教育技术如智能教室、在线学习平台等成为创设学习环境的重要工具。这些技术不仅改变了传统的教学方式，还极大地丰富了学生的学习体验。智能教室通过集成先进的多媒体设备和互动软件，使学生能够沉浸在更为生动、直观的学习场景中；在线学习平台则打破了时间和空间的限制，让学生可以随时随地进行自主学习，获取多样化的教育资源，促进了教育资源的均衡分配。偏远地区的学生也能通过远程教学系统接触到优质的教育内容，不再受到地域的束缚。同时，数据分析工具的应用，使教师能够更准确地掌握学生的学习进度和难点，从而进行个性化的教学指导，进一步提升教学效果。

（4）社区环境的整合。生态化课堂还强调与社区环境的整合，通过社会实践和社区服务活动，让学生将课堂学习与现实世界联系起来。《中国青年志愿者行动发展研究报告》显示，参与社区服务的学生在社会责任感和团队合作能力方面的表现更为突出。通过与社区成员的互动，学生们能够更加深刻地理解社会现象，增强对社会的责任感和使命感。此外，社区服务活动还为学生们提供了一个展示自我、锻炼领导力的平台，使他们在团队合作中学会倾听、理解和尊重他人，从而全面提升综合素质。

（二）针对学生需求的教学设计

基于学生需求的教学设计是生态化课堂教学实施路径中的关键环节，它要求教育者深入了解并响应学生的个性化需求。

1. 学生需求分析

教师需要通过问卷调查、访谈和日常观察等多种方式，深入了解不同学生的学习需求和期望。只有充分理解学生的个体差异，教师才能设计出更符合学生需求的教学方案，从而激发学生的学习兴趣，提高他们的学习效果。同时，这种深入了解还有助于教师发现学生在学习过程中可能遇到的困难，及时给予指导和帮助，确保每位学生都能在教育中获得成长和进步。

2. 教学内容的个性化

基于学生需求分析，教师可以设计更加个性化的教学内容，以适应不同学生的学习风格和兴趣。例如，根据不同学生的兴趣点进行分组式教学：对于偏好动手操作的学生，可以鼓励其参加设计实验和实践项目，过程性考核以实验报告或实践总结的方式进行；而对于喜欢通过阅读来学习的学生，可以通过提供丰富的阅读材料来满足他们的学习需求，如定期更新图书资源、引入最新的出版物和经典著作，引起学生的阅读兴趣和思考，过程性考核以读书笔记或者心得体会的方式进行。这样的个性化教学策略能够激发学生的学习兴趣，提高他们的学习积极性和参与度。

3. 教学方法的多样化

生态化课堂鼓励教师采用多样化的教学方法，如探究式学习、项目式学习等，以适应不同学生的需求。对于性格各异、学习能力参差不齐的学生群体而言，这些多样化教学方法意义非凡。内向的学生在传统课堂上往往因害怕犯错、羞于表达而被忽视，但在探究式学习的小组讨论、项目式学习的团队合作中，他们有更多时间沉淀思考，将自己独特的见解通过书面报告或私下交流展现出来，得到教师与同伴的认可，从而逐渐克服心理障碍，变得开朗自信；而学习困难的学生，在单一讲授式教学下容易因听不懂、跟不上而丧失学习兴趣。在这种情况下，多样化教学方法为他们提供了从不同角度切入学习的机会，比如在项目实践中通过做力所能及的体力活或简单数据记录，慢慢领悟知识原理，重拾学习热情。

教师运用多元化的教学策略，能够营造出充满活力的课堂环境。各种教学方法的交织，就像生态系统中多样化的生态位，为各类"学习生物"提供了适宜的成长空间。探究式学习引发的思维碰撞，项目式学习产生的实践成果，让课堂充满惊喜与创新。知识不再是单调的文字，而是生动的体验，吸引着学生不断深入探索，最终达成生态化课堂的教育目标，培养出能够适应新时代发展需求的复合型人才。

4. 评价方式的多元化

为了全面反映学生的学习成果，生态化课堂应采用多元化的评价方式，包括同伴评价、自我评价和项目评价等，这种评价方式能够更准确地捕捉学生的学习进步和个性化发展情况。

五、教学效果评价与反馈

（一）教学效果评价

教学效果评价是衡量高校生态化课堂教学成功与否的关键指标。评价指标应当全面覆盖教学活动的各个方面，以确保教学目标的实现和教学过程的持续改进。主要涵盖以下几个方面：

（1）知识掌握程度：知识的掌握是学生学习的基础部分，通过定期的考核和测试，如章节测验、期中期末考试等去精准评价学生对课程知识的掌握程度。这些考核与测试从不同角度出发，既能考查学生对基础知识的记忆力，又能衡量他们对重点难点知识的理解与运用能力，从而全面了解学生是否真正将所学知识内化为自己的储备。

（2）能力发展水平：在当今注重综合素质培养的教育环境下，评估学生在批判性思维、问题解决和团队合作等能力方面的发展显得尤为重要。批判性思维评价学独立思考、分析问题的能力；问题解决能力则关乎学生在面对实际困难时，能否运用所学知识去找到有效的解决办法；而团队合作能力更是契合未来社会众多工作场景的需求，通过小组项目等方式观察学生在团队中能否发挥自身优势，与他人协作以共同达成目标。

（3）教学方法的有效性：对于探究式、讨论式和合作式等教学方法的有效性评价不容忽视。通过观察学生在这些教学方法下的参与度、收获成果等方面，来判断教学方法是否有效。

（4）环境适应能力：考察学生对课堂物理环境、心理环境和技术环境的适应能力同样关键。物理环境方面，如教室的布局、设施的配备等是否能让学生感到舒适，利于学习；心理环境上，师生关系是否融洽、课堂氛围是否和谐，会极大影响学生的学习心态；技术环境层面，多媒体设备、线上教学平台等现代教育技术的运用，能否使学生快速适应并利用其更好地学习，也是衡量教学效果的一部分。

（5）教学目标的达成度：教学活动都是围绕着预定的教学目标展开的，而评价教学活动是否能够实现这些目标，需要从多维度去考量。例如，从课程大纲中规定的知识传授量、能力培养目标以及情感态度价值观的引导等方面，看最终学生是否在这些层面都达到了预期的要求，以此判断教学目标达成情况，进而总结教学的成效与不足。

（二）学生学习体验反馈

学生学习体验的反馈是评价高校生态化课堂教学成效的另一个重要指标。这些反馈能够直接反映学生的学习感受和教学的实际效果。主要涵盖以下几个方面：

（1）学习满意度：学习满意度是了解学生对生态化课堂教学认可程度的关键维度。通过科学合理地设计问卷调查以及开展深入细致的访谈等方式，去广泛收集学生对生态化课堂教学的满意度情况。问卷内容可以涵盖教学内容的趣味性、教学方法的适用性、教师教学风格等多个方面；访谈则能更深入地挖掘学生内心真实的想法和感受，从而全面知晓学生对整个课堂教学是否满意，进而为教学改进提供参考依据。

（2）学习参与度：评估学生在课堂中的参与程度同样重要。学生在课堂上是否积极主动地参与讨论、回答问题、参与小组活动等，都能反映出他们融入课堂的状态。参与度高意味着学生对教学内容有着浓厚的兴趣，并且愿意投入精力去深入学习，而这也从侧面体现了教学环节设计的吸引力以及教师引导的有效性，所以对这一指标的考察有助于优化教学互动环节，提升教学质量。

（3）学习动机和自我效能感：学习动机是驱动学生持续学习的内在动力源泉，当学生有着强烈的求知欲、好奇心等积极的内在动机时，他们会更主动地去探索知识；而自我效能感则关乎学生对自己能否完成学习任务、达成学习目标的自信程度，较高的自我效能感会让学生更勇于挑战难题，更积极地应对学习过程中的各种情况。通过观察学生日常的学习表现、面对困难时的态度等方面，来衡量这两项指标，以便更好地引导学生提升学习动力和自信。

（4）学习成果的应用：评价学生将课堂学习成果应用到实际生活和未来工作的能力，是检验教学实用性的重要环节。高校的教学目标不仅要让学生掌握理论知识，更重要的是使学生能够将所学运用到实际场景中去解决问题。通过了解学生在这方面的能力表现，能够判断教学内容与实际需求的契合度，进而调整教学方向。

（5）情感和社交发展：评估学生在情感健康和社交能力方面的发展也是不可忽视的部分。在课堂学习过程中，和谐融洽的师生关系、积极向上的同学交往氛围等都会对学生的情感健康产生积极影响，让学生感受到温暖、支持，从而更愉悦地投入学习；同时，在小组合作、课堂交流等活动中，学生的沟通能力、协作能力、社交能力也能得到锻炼和提升。关注这一指标有助于营造更有利于学生全面成长的教学环境。

六、生态化课堂的深远意义与未来展望

从教育发展的宏观角度来看，生态化课堂是推动传统教学模式革新的强大动力，对学生的成长和全面发展具有深远的影响。它有效地促进了教学理念的更新，激励教育工作者摒弃过时的观念，接受以学生为中心、因材施教的新理念；推动教学模式的变革，从单一走向多元，从封闭走向开放，为教育持续注入活力；重塑评价体系，不再单纯以成绩为标准，而是全面、多角度地评估学生的成长与进步，确保每个学生的努力都能得到认可。生态化课堂帮助学生培养终身学习的习惯，为他们在未来漫长的人生道路上储备必要的能量，使他们能够自信地面对时代的变迁。

随着科技的飞速进步，生态化课堂迎来更加广阔的发展空间，传统的教学方式正逐渐被智能化、个性化的教学模式所取代。大数据技术可深入分析学生的学习行为数据，为个性化教学提供坚实的支持，助力教师针对每个学生的特点和需求进行定制化教学，确保教学内容和方法与每个学生的独特需求精准匹配，真正实现因材施教；人工智能实时辅助教学，为学生随时随地答疑解惑，为学生提供定制化的学习支持；虚拟现实（VR）和增强现实（AR）技术将突破时空限制，创造沉浸式学习环境。借助这些前沿技术，生态化课堂将大步迈向更加个性化、智能化、高效化的未来。

参考文献

[1] 阿尔伯特·史怀哲. 文明与伦理 [M]. 贵阳：贵州人民出版社, 2018.

[2] 何星亮. 中国自然神与自然崇拜 [M]. 上海：上海三联书店, 1992.

[3] 郇庆治. 绿色变革视角下的当代生态文化理论研究 [M]. 北京：北京大学出版社, 2019.

[4] 李时昌. 国医昆仑：中医人体生命哲学观 [M]. 北京：东方出版社, 2020.

[5] 骆世明. 普通生态学 [M]. 2版. 北京：中国农业出版社, 2011.

[6] 牛翠娟, 娄安如, 孙儒泳, 等. 基础生态学 [M]. 3版. 北京：高等教育出版社, 2015.

[7] Robert E. Ricklefs. 生态学（中文版）[M]. 5版. 孙儒泳, 尚玉昌, 李庆芬, 等译. 北京：高等教育出版社, 2004.

[8] 尚玉昌. 普通生态学 [M]. 3版. 北京：北京大学出版社, 2010.

[9] 余谋昌. 生态伦理学：从理论走向实践 [M]. 北京：首都师范大学出版社, 1999.

[10] 段晓梅. 城乡绿地系统规划 [M]. 北京：中国农业大学出版社, 2017.

[11] 艾训儒, 姚兰, 朱江, 等. 以OBE理念为指导的线上线下混合式教学的设计与实践——以"普通生态学"课程为例 [J]. 中国林业教育, 2022, 40（2）：53-56.

[12] 安倩. 生态心理治疗研究综述 [J]. 科研应用, 2015（35）：180-190.

[13] 敖祖良. 关注生命教育, 共享生态文明——深圳市南山区松坪学校生态文明教育纪实 [J]. 环境教育, 2024（12）：115.

[14] 巢林，王爱华，刘艳艳.地方高等院校生态学课程教学改革探索——以南宁师范大学为例[J].教育现代化，2020，7（11）：79-81.

[15] 陈仁秀，谷松岭.试析当代大学生正确的生态价值观培育[J].改革与开放，2015（5）：115-116.

[16] 陈伟，姜立春，游章强.地方高校生态学"六位一体"一流学科建设的实践与思考[J].绵阳师范学院学报，2024，43（5）：81-86.

[17] 陈晓，王博，张豹.远离"城嚣"：自然对人的积极作用、理论及其应用[J].心理科学进展，2016，24（2）：270-281.

[18] 程相占，高伟.营境以致善境：生态美学与善境伦理双重视野下的城市规划[J].北京规划建设，2024（4）：27-30.

[19] 丛巍巍，李思瑶，王岩，等.基于"云-数-地"教学模式的生态学实践课程教学改革与探索[J].高教学刊，2023，9（26）：133-136.

[20] 邓静.中国生态美学的理论革新及其意义[J].文艺美学研究，2022（2）：66-81.

[21] 方精云.生态学学科体系的再构建[J].大学与学科，2021，2（4）：61-73.

[22] 生态环境部环境与经济政策研究中心.公民生态环境行为调查报告（2020年）[J].中国环境监察，2020（7）：4.

[23] 龚家欣.乡村振兴视角下村寨文化发展研究[J].智慧农业导刊，2023，3（23）：167-170，175.

[24] 龚裕勤.乡村振兴背景下生态农业工程发展研究[J].农村科学实验，2024（8）：13-15.

[25] 巩政，常大勇，蒋万祥.任务驱动法在高校生态学课程教学改革中的应用实践[J].科技风，2023（28）：106-108.

[26] 顾红霞，吴辉生.基于生态学原理的富硒湖羊养殖模式探索[J].江西畜牧兽医杂志，2024（04）：33-36.

[27] 韩天澍.习近平生态文明思想的主旨要义及伦理透视[J].大庆社会科学，2024（6）：15-19.

[28] 何季霖.高校生命教育与心理健康教育的融合路径研究[J].西部素质教育，2024，10（23）：135-138.

[29] 胡孚琛. 道学及其八大支柱 [J]. 世界宗教研究，1999（3）：10.

[30] 郇庆治. 论习近平生态文明思想的马克思主义生态学基础 [J]. 武汉大学学报（哲学社会科学版），2022，75（4）：18-26.

[31] 黄承梁. 新中国 70 年生态文明建设 [J]. 当代兵团，2019（24）：12-13.

[32] 黄惠涛，丁奕然. 面向环境主题的生物学跨学科实践教学研究 [J]. 天津师范大学学报（基础教育版），2023，41（4）：36，41-46.

[33] 季羡林. "天人合一" 方能拯救人类 [J]. 哲学动态，1994（2）：2.

[34] 季学凤. 教育的高质量发展赋能乡村振兴的推进路径 [J]. 山东农业工程学院学报，2024，41（7）：59-63.

[35] 姜文婷，田野，田惠曼，等. 基于创新导向下生态学专业实践教学分析 [J]. 科学咨询（教育科研），2023（10）：137-139.

[36] 蒋洵. 基于生态学视角的高校创业教育实践研究 [J]. 宁波工程学院学报，2023，35（3）：57-62.

[37] 蒋宇，方成智. 乡村振兴背景下乡土教材生态系统研究 [J]. 中国职业技术教育，2023（32）：35-41，66.

[38] 焦国成. 传统仁学的生态伦理意义 [J]. 森林与人类，1995（1）：2.

[39] 李毳，柴宝峰. 新时代背景下生态学教学改革的探讨 [J]. 教育教学论坛，2019（51）：99-100.

[40] 李红琴. 生态文明背景下的高等师范院校生态学的教学改革 [J]. 科技视界，2021（9）：23-24.

[41] 梁娟，肖龙骞，姚元枝. 基于生态文明建设的普通生态学课程思政教学改革初探 [J]. 科教文汇，2023（23）：140-142.

[42] 林谕彤，朱俊华，梁芳，等. 园林生态学服务乡村振兴研究 [J]. 智慧农业导刊，2023，3（16）：149-152.

[43] 刘鞠善，巴雷，李海燕，等. 生态学课程思政教学改革探索 [J]. 长春师范大学学报，2022，41（2）：89-92.

[44] 刘琳. 生态文明建设背景下 "生态学" 课程思政探讨 [J]. 现代园艺，2023，46（3）：201-202.

[45] 刘鑫姿，姜洋，杨金花，等. 青少年人类共情能力与亲环境行为的关系：拟

人化的中介作用 [J]. 社会科学前沿，2021，10（10）：2945-2955.

[46] 刘讯，符裕红，彭雪梅，等. 基于生态文明背景的大生态课程群建设 [J]. 环境教育，2024（11）：46-49.

[47] 卢国成. 大学实施生态文明教育的伦理认知、伦理原理和道德原则 [J]. 百科知识，2024（33）：19-21.

[48] 陆继霞. 从"天人合一"到"绿水青山"：中国生态观的发展历程 [J]. 人民论坛，2022（8）：120-122.

[49] 彭荔红，王小俊，陈静静，等. "双碳"目标下产业生态学课程思政融入途径与实践研究 [J]. 高教学刊，2023，9（13）：51-54.

[50] 平晓燕，纪宝明，董世魁，等. 基于 OBE 和科教融合理念的创新型教学模式的探索与实践——以"高级草地生态学"研究生课程为例 [J]. 中国林业教育，2024，42（3）：53-57.

[51] 任丽华，董杨，陈浩. 乡村生态振兴的三维解析：价值、困境与路径 [J]. 山西农经，2024（23）：97-100.

[52] 沙沙，郑凤英. 生态学实验教学中大学生生态文明思想和研究能力的培养 [J]. 湖北开放职业学院学报，2021，34（12）：148-149，156.

[53] 佘新松，董丽丽，马明海. 生态文明建设背景下《生态学》课程教学改革实践 [J]. 铜陵学院学报，2021，20（5）：111-113.

[54] 沈青群. 四重生命观教育与责任伦理思想在大学生心理健康的教育路径 [J]. 三角洲，2024（32）：140-142.

[55] 史宝库，习佳悦，张建颖，等. 应用生态学实践教学体系的构建与改革 [J]. 长春师范大学学报，2023，42（4）：154-156，165.

[56] 史宝库，张涛，孙伟. "应用生态学"教学改革的探讨与实践 [J]. 教育教学论坛，2021（51）：113-116.

[57] 石国玺，周向军，王静. 基于 OBE 理念的混合式教学模式探索与实践——以《基础生态学》课程为例 [J]. 曲靖师范学院学报，2022，41（3）：97-102.

[58] 石国玺，周向军，汪之波. 疫情背景下基于 OBE 理念的混合式实验教学模式的探索与实践——以"基础生态学实验"课程为例 [J]. 甘肃高师学报，2022，27（5）：86-89.

[59] 孙亮. 生态学课程思政改革与实践路径探索 [J]. 天津农学院学报，2024，31（2）：94-98.

[60] 孙杨，王志贤. 新质生产力驱动生态文明建设的逻辑理路 [J]. 中南林业科技大学学报（社会科学版），2024，18（5）：20-29.

[61] 汤一介. "天人合一"思想的现代价值 [J]. 山东人大工作，2013（11）：62.

[62] 王刚. 当代大学生生态价值观培育现状考察 [J]. 文教资料，2020（2）：173-174，189.

[63] 王会玲. 乡村振兴视域下的生态文学研究 [J]. 中国果树，2023（6）：166.

[64] 王宽. 论"尊重自然"的证明——基于西方生态伦理与中国传统生态伦理的比较分析 [J]. 北京林业大学学报（社会科学版），2024，23（4）：8-13.

[65] 王晓荣. 将生命融入自然："三体"教育的价值追寻与实现路径 [J]. 湖北教育（教育教学），2024（12）：50-52.

[66] 王芸芸. 新农科背景下生态学专业"金课"建设的思考 [J]. 农业开发与装备，2021（3）：75-76.

[67] 肖军虎，韩晋花. 乡村学校生命关怀教育的现实问题与应对策略 [J]. 教育评论，2024（11）：64-69.

[68] 肖烨，黄志刚. 新时代背景下环境生态学课程教学改革探析 [J]. 高教学刊，2022，8（11）：141-144.

[69] 薛冰，李宏庆，刚爽，等. 发展新时代的乡村生态学 [J]. 应用生态学报，2024，35（1）：268-274.

[70] 薛建福，高志强，韩敬敬. 生态文明和新农科建设双驱下的农业生态学课程改革探索 [J]. 安徽农学通报，2022，28（6）：162-165，175.

[71] 杨如松. 教育家精神引领下"生命教育"的校本化思考与实践 [J]. 辽宁教育，2024（22）：18-20.

[72] 杨昀泰. 马克思生态伦理观视域下对"两山理论"的哲学探究 [J]. 西南林业大学学报（社会科学），2024，8（5）：1-8，75.

[73] 叶冬娜. 现代生态危机与新时代国家治理现代化的生态伦理自觉 [J]. 自然辩证法研究，2024，40（8）：22-27.

[74] 佚名. 努力建设人与自然和谐共生的美丽中国 [J]. 资源导刊, 2022（13）: 4-5.

[75] 余谋昌. 人类文明: 从反自然到尊重自然 [J]. 南京林业大学学报（人文社会科学版）, 2008（3）: 1-6, 12.

[76] 余谋昌. 从生态伦理到生态文明 [J]. 马克思主义与现实, 2009（2）: 112-118.

[77] 余谋昌. 中国古代哲学是生态哲学——蒙培元先生的生态哲学观 [J]. 鄱阳湖学刊, 2016（5）: 11-14, 125.

[78] 余谋昌. 生态哲学是生态文明建设的理论基础 [J]. 鄱阳湖学刊, 2018（02）: 5-13, 2, 129, 125.

[79] 原作强, 尹秋龙, 刘晨, 等. 生态文明建设背景下的"生态系统生态学"课程教学改革探索——以西北工业大学为例 [J]. 高校生物学教学研究（电子版）, 2024, 14（1）: 30-34.

[80] 张翠萍, 周元清, 陈祯, 等. 云南地方应用型高校生态学课程教学改革探索 [J]. 高教学刊, 2021（10）: 123-126.

[81] 张岱年. 中国哲学中"天人合一"思想的剖析 [J]. 北京大学学报（哲学社会科学版）, 1985（1）: 8.

[82] 张东, 何文文. 积极心理学视角下高校大学生生命教育的困境与对策 [J]. 扬州教育学院学报, 2024, 42（4）: 92-95.

[83] 张健, 徐明. "生态学研究方法"课程思政教学改革与实践 [J]. 环境教育, 2024（8）: 41-43.

[84] 张康. 感受生命之美: 生命教育的时代之维 [J]. 中小学德育, 2024（11）: 1.

[85] 张立文. 中国文化的精髓——和合学源流的考察 [J]. 中国哲学史, 1996（Z1）: 43-57.

[86] 张萌, 王建兵, 王春荣, 等. 生态学课程思政教学体系构建 [J]. 现代职业教育, 2020（36）: 46-47.

[87] 赵满兴. 新农科背景下园林专业与生态学学科融合发展培养创新应用型人才研究 [J]. 创新创业理论研究与实践, 2022, 5（17）: 165-167, 185.

[88] 赵永吉, 丁昱廷. 涉农高校大学生生态伦理教育路径研究 [J/OL]. 沈阳农业

大学学报（社会科学版），2024，26（5）：1-7.

[89] 赵志猛. 课程思政背景下的生态学教学改革探索 [J]. 科教文汇，2022（17）：105-109.

[90] 周建，张毅川，姚正阳. 新农科背景下园林专业"景观生态学"课程教学改革的思考 [J]. 西部素质教育，2023，9（2）：154-157.

[91] 朱江. 生态教育与高校学生生态意识的培养 [J]. 东北师大学报（哲学社会科学版），2013（3）：248-250.

[92] 朱利霞，常云霞，郭婕，等. OBE 理念下生态学课程思政研究与实践 [J]. 现代农村科技，2022（4）：61-63.

[93] 朱利霞，郭婕，常云霞，等. 在生态学教学中融入纪录片的实践研究 [J]. 遵义师范学院学报，2022，24（6）：125-127.

[94] 庄晓敏，杜波. 文化生态学视域下乡土植物的文化意蕴与乡村振兴中的应用 [J]. 中外建筑，2024（3）：109-114.

[95] 生态环境部. 全国生态文明意识调查研究报告 [N]. 中国环境报，2014-03-24.

[96] 习近平. 保持生态文明建设战略定力 努力建设人与自然和谐共生的现代化——在中共中央政治局第二十九次集体学习时的讲话 [N]. 人民日报，2021-05-02（1）.

[97] 于雅迪，孙宇航. 人类中心主义与生态中心主义的对抗与融合 [N]. 科学导报，2024-10-29（B04）.

[98] 毕然. 生态伦理的现代管理价值研究 [D]. 哈尔滨：黑龙江大学，2021.

[99] 陈健. 庄子生命观之于大学生生命教育价值研究 [D]. 芜湖：安徽师范大学，2019.

[100] 陈帅霖. 大学生人与自然生命共同体理念培育研究 [D]. 哈尔滨：东北林业大学，2023.

[101] 程郢念. 新时代大学生环境伦理观的培育研究 [D]. 沈阳：沈阳师范大学，2022.

[102] 邓文辉. 乡村振兴背景下的古县集中连片美丽乡村规划设计 [D]. 咸阳：西北农林科技大学，2024.

[103] 高潮. 生态审美模式的理论建构研究 [D]. 西安：西安电子科技大学，2023.

[104] 宫宇强. 高校大学生生态文明观教育存在的问题及对策研究 [D]. 长春：长春师范大学，2020.

[105] 郭蕊. 新时代大学生生态文明观培育路径优化研究 [D]. 长春：东北师范大学，2023.

[106] 何明润. 马克思主义生态美学思想研究 [D]. 重庆：重庆师范大学，2023.

[107] 黄洁君. 新时代大学生生态价值观培育研究 [D]. 桂林：广西师范大学，2023.

[108] 吉玮玮. 新时代大学生生命教育存在的问题及对策研究 [D]. 重庆：重庆交通大学，2024.

[109] 贾红瑞. 生态文明教育融入高校思想政治教育研究 [D]. 济南：山东财经大学，2023.

[110] 蒋少容. 当代大学生生命价值教育研究 [D]. 上海：上海大学，2017.

[111] 康玲玲. 大学生生命教育的生态转向研究 [D]. 南京：南京理工大学，2020.

[112] 寇瑜笑. 乡村振兴背景下的乡村旅游景观规划设计研究 [D]. 西安：西安理工大学，2024.

[113] 李建林. 美丽中国视域下大学生生态文明意识培育研究 [D]. 石家庄：石家庄铁道大学，2019.

[114] 李泽政. 儒家积极生命观融入大学生生命教育研究 [D]. 曲阜：曲阜师范大学，2024.

[115] 梁天玉. 新时代大学生绿色发展理念培育的研究 [D]. 太原：中北大学，2022.

[116] 刘晓函. 新时代大学生生命教育问题研究 [D]. 吉林：东北电力大学，2024.

[117] 罗红玉. 新时代大学生生态文明素养培育研究 [D]. 西安：西安科技大学，2019.

[118] 马琳. 新时代大学生生态意识及其培育研究 [D]. 沈阳：辽宁大学，2022.

[119] 孟津名. 大学生马克思主义生命观教育研究 [D]. 长春：长春工业大学，2024.

[120] 欧阳慧敏. Research on Eco-civilization Education of College Students Based on "Course Ideology and Politics" [D]. 徐州：中国矿业大学，2019.

[121] 石庆龙. 乡村振兴背景下西南喀斯特山地民族村落景观提升规划设计研究[D]. 贵阳：贵州师范大学，2023.

[122] 宋林瑜. 道教生态伦理：生命的反思[D]. 杭州：杭州师范大学，2023.

[123] 王佳玲. 老子生态伦理思想对提高大学生生态道德素养的启示研究[D]. 长春：长春理工大学，2023.

[124] 王楠. 新时代大学生生命价值观教育研究[D]. 兰州：兰州财经大学，2024.

[125] 王瞳. 乡村振兴背景下的乡村生态农业景观设计[D]. 南昌：江西科技师范大学，2023.

[126] 王亚媚. 曾繁仁生态美学思想渊源考论[D]. 伊犁：伊犁师范大学，2023.

[127] 王颖. 大学生生命观教育研究[D]. 沈阳：辽宁大学，2017.

[128] 谢欣. 新时代大学生生态文明意识现状及其提升路径[D]. 武汉：武汉纺织大学，2023.

[129] 徐思雨. 德国古典美学中的"自然美"问题研究[D]. 济南：山东大学，2023.

[130] 杨栋. 绿色发展理念下大学生生态意识培育研究[D]. 太原：中北大学，2021.

[131] 杨家华. 兵团某高校大学生生态环境与健康素养及亲环境行为相关性分析[D]. 石河子：石河子大学，2023.

[132] 姚文婷. 数字游戏虚拟生态美学研究[D]. 长沙：中南大学，2023.

[133] 张培. 我国大学生生命观教育研究[D]. 郑州：郑州大学，2022.

[134] 赵慧敏. 新时代大学生生态文明观培育研究[D]. 大连：辽宁师范大学，2023.

[135] 周海艳. 大学生生态文明观培育研究[D]. 南昌：南昌大学，2023.

[136] 周星宇. 生态文明教育融入高校思想政治教育路径研究[D]. 长春：吉林农业大学，2023.

[137] Gare A. The Philosophical Foundations of Ecological Civilization: A Manifesto for The Future[M]. London and New York: Routledge, 2017.

[138] Organisation for Economic Co-operation and Development. Financing Education: Investments and Returns: Analysis of the World Education Indicators (2002 ed.)[M]. Paris: OECD, 2003.

[139] Dimopoulos D, Paraskevopoulos S, Pantis J D. The Cognitive and Attitudinal Effects of a Conservation Educational Module on Elementary School Students[J]. The Journal of Environmental Education, 2008, 39(3): 47−61.

[140] Gare A. Toward an ecological civilization[J]. Process Studies, 2010, 39(1): 5−38.

[141] Saje E S. Systemic Thinking in Environmental Management: Support for Sustainable Development[J]. Journal of Cleaner Production, 2004, 12(8−9):853−863.

附录

附录1：教学大纲（仅供参考）

生态文明和乡村振兴双驱下的《普通生态学》教学大纲

一、课程基本信息

课程名称：普通生态学

课程类别：专业基础课

学分：3

学时：54课时（理论讲授36课时，实践教学18课时）

授课对象：生物学/生态学/农学本科大三学生

先修课程：生物学、植物学、动物学、化学、高等数学等

二、课程目标

（一）知识目标

（1）全面、系统地掌握生态学的基本概念、原理、规律和基本的研究方法，了解国内外生态学发展的现状与趋势。

（2）深入理解生物与环境之间在个体、种群、群落、生态系统等各个层次的相互关系。

（3）熟悉生态学在农业、林业、渔业、环境保护等领域的应用案例，掌握生态系统管理、生态修复、生物多样性保护等方面的基础知识。

（二）能力目标

（1）具备运用生态学知识分析和解决实际问题的能力，能够针对生态文明建设、美丽乡村建设、农业面源污染治理、生态旅游规划等具体问题提出合理的解决方案。

（2）熟练掌握生态学研究的基本技能，如野外调查、采样、数据分析等，能根据理论模型进行环境生态评估、风险预测、多样性分析等，能够独立或合作完成小型生态学实践项目。

（3）培养学生的团队协作能力与抗压能力，通过小组讨论、项目参与等活动，学会与他人有效沟通、分工协作，面对困难和挑战时能够保持积极乐观的心态，冷静思考、勇于面对。

（4）提高学生的自主学习能力和创新思维能力，能够关注生态学前沿动态，自主探索新知识，并尝试将生态学原理与其他学科知识相结合，为生态文明建设和乡村振兴提供创新性的思路和方法。

（三）思政目标

（1）树立学生正确的生态文明理念，深刻认识生态环境保护的重要性和紧迫性，增强学生对自然环境的敬畏之心和责任感。

（2）强化学生服务乡村振兴的意识，培养学生热爱乡村、关注农业农村发展的情怀，使学生愿意将所学生态学知识运用到乡村生态建设、产业发展等实践中。

（3）培养学生严谨的科学态度、实事求是的工作作风和勇于探索的科学精神，在学习和实践过程中严格遵守学术规范和伦理道德。

（4）培养学生积极健康的生命观，使其认识到生命的宝贵与脆弱，理解生命之间的相互依存关系，树立对自然、社会和他人生命的尊重关爱意识，提升生命意识与自我保护能力。

（5）培养学生生态审美意识，使其能够了解生态整体美、生态和谐美及生态系统的审美价值等生态美学的基本概念，发现不同生态系统的美学特征，并能识别和描述其中的自然美与生态美表现形式，学会运用生态美学原理对自然景观、生态现象和环境艺术作品进行鉴赏与评价。

三、学情分析

授课对象为生物学、生态学、农学本科大三学生，他们已系统学习植物学、动物学、生物化学等生物学基础课程，掌握了生物基本结构、生理机能及分类知识，熟悉了细胞代谢、遗传变异等原理，这为理解个体生态学中生物与环境之间的相互作用筑牢了根基。但学生对生态学专业知识的系统认知尚浅，多停留在理论记忆层面，缺乏实际运用与深度剖析复杂生态问题的能力。

此阶段的学生思维活跃、好奇心强，喜欢探索自然奥秘，对生态现象兴趣浓厚，但学习方法较传统，自主学习、团队协作及实践创新能力有待提升。同时，面对海量知识信息，整合归纳与拓展应用能力尚显不足。

四、教学内容与方法

（一）绪论（2课时）

1. 生态学的定义与内涵

运用讲授法，开篇阐述生态学的经典定义，即一门研究生物与环境之间相互关系的科学。通过剖析这一定义，详细讲解生物涵盖的从微观个体到宏观生物群落的各个层次，以及环境所包含的非生物环境（如气候、土壤、水体等）和生物环境（种内、种间关系等）要素，让学生深入理解生态学所涉及的多元关系网络。

2. 生态学发展历程与趋势

继续采用讲授法，沿着历史脉络，回顾生态学从萌芽时期古人对自然现象的朴素观察，到近代学科体系逐渐建立。着重介绍现代生态学前沿趋势，如生态修复新技术、全球气候变化下的生态响应、生物多样性基因组学研究等，引用相关科研成果报道，激发学生对学科前沿的探索兴趣。

3. 生态学分支学科概览

结合多媒体资料，展示生态学各分支学科，重点展示方精云院士构建的生态学学科体系，让学生了解不同分支学科的特色与应用领域。

4. 学习生态学的意义与价值

组织学生开展小组讨论，引导学生从环境保护、资源可持续利用、生态系统服务功能、乡村产业绿色发展等多个角度探讨学习生态学的意义。每组选派代表总结发言，教师进行点评与补充。通过理论与实践相结合，让学生深刻认识到生态学在当今社会发展中的核心价值，激发学生的学习动力与责任感。

（二）个体生态学（10课时：8课时理论+2课时实践）

1. 生物与环境的基本概念（2课时）

运用讲授法，详细阐释生态因子的概念、分类及其性质（综合性、主导性、不可替代性等），引入具体案例，说明生态因子对生物的全方位影响。同时讲解生境的概念，对比不同生物的生境特点，帮助学生理解生物的生存背景。

2. 生物对生态因子的适应机制（4课时）

通过案例分析法，从形态、生理、行为等维度剖析生物适应各种生态因子（主要是光、温度、土壤、大气、水分等）的机制。组织小组讨论，这些适应机制如何应用到生态环境修复和乡村建设中来，如贵州省的喀斯特石漠化治理、乡村的污水治理、乡村的种植养殖业等。

3. 生态因子的综合作用与限制因子定律（2课时）

结合国内学者有关作物生产类的研究报告图表与实例，阐述生态因子的综合作用，论证限制因子定律，说明限制因子的动态变化，培养学生分析复杂生态关系的能力。

4. 实地观察与分析生物对环境的适应（2课时）

组织学生前往校园的绿地、山体公园、人工湖等不同生境进行实地考察，提前布置观察任务，设置观察指标点。如记录不同生境植物的形态特征，动物的种类、栖息行为、觅食方式等。在实地考察过程中，教师现场指导学生如何利用放大镜、手持显微镜等工具观察、记录；回到课堂后，组织学生对观察结果进行整理分析，探讨生物适应现象背后的生态原理，撰写观察报告，强化学生的实践认知与科学思维。

（三）种群生态学（16课时：12课时理论+4课时实践）

1. 种群的基本特征与动态变化（4课时）

利用讲授法结合图片、数据资料，剖析种群数量、分布、年龄结构等特征。讲解种群数量统计方法（如标记重捕法、样方法），以计算机模拟的方式（展示模拟动画），演示如何运用标记重捕法估算种群数量；分析种群分布格局（均匀分布、随机分布、集群分布）及其成因；通过年龄锥体图解读种群年龄结构类型（增长型、稳定型、衰退型）及其对种群未来发展的预示，演示静态、动态生命表的数据搜集及编制方法，结合人口普查数据探讨人类种群年龄结构变化的社会影响，让学生掌握种群静态与动态特征的分析方法。

2. 种群增长模型与调节机制（4 课时）

PPT 演示推导种群增长模型，从简单的指数增长模型（J 型增长）入手，讲解其假设条件（理想环境、无限制资源等）、数学表达式及其指数增长过程；再引入逻辑斯蒂增长模型（S 型增长），分析环境容纳量（K 值）概念及实际意义，探讨两种模型之间的差异与联系。组织小组讨论，剖析自然界中种群调节的实例（如旅鼠种群爆发与衰减背后的食物资源、天敌、内分泌调节等多种因素作用），引导学生深入理解种群动态平衡的内在机制。

3. 种内与种间关系（4 课时）

采用案例分析与图示法，讲解种内竞争与合作关系（从植物、动物两方面入手）、种间负相互（竞争、捕食、寄生等）与正相互（共生、合作等）关系。以热带雨林中的动植物群落为例，阐述众多物种间复杂的种间关系如何驱动协同进化，促使生物多样性的形成与维持，培养学生对生态关系复杂性的认知。

4. 种群生态学模拟项目实践（4 课时）

分组让学生参与模拟种群研究项目，通过项目实践提升学生解决实际种群问题、撰写报告的综合能力。每组给定某一濒危物种种群现状资料（包括数量、年龄结构、栖息地状况等），要求学生查阅相关资料，综合运用所学种群生态学知识，考虑繁殖策略、栖息地保护与修复、天敌控制、迁地保护可行性等多方面因素，制订种群恢复规划，撰写项目报告和咨政报告，并进行小组汇报答辩。教师与其他小组长组成答辩评审团，共同参与点评，提出改进建议，并评出该小组分数，计入平时成绩；评阅各小组咨政报告，选出可行性强、论证严谨的报告，鼓励学生发送到该濒危物种管理部门邮箱。

（四）群落生态学（12 课时：8 课时理论 +2 课时实践 +2 课时研讨）

1. 生物群落的组成与结构（4 课时）

运用讲授法，结合不同群落图片、物种名录等资料，分析群落的物种组成特点，讲解物种丰富度、多度、优势种、建群种等概念，对比不同群落的物种多样性差异，让学生明确物种组成是群落最基本的特征。阐述群落的数量特征（如密度、盖度、频度）及其在群落研究中的意义，介绍群落的结构层次（垂直结构、水平结构等），通过实例剖析群落结构形成的生态机制，使学生理解群落结构的复杂性与有序性。

2. 群落的动态演替过程（2课时）

通过动画演示、实地照片对比等方式，讲解群落演替的阶段（如裸地先锋群落、过渡群落、顶级群落）、类型（原生演替如火山岩上的植被演替，次生演替如森林砍伐后的恢复演替），引入顶级群落概念及相关理论（如单顶级、多顶级学说），分析人类活动形成的亚顶级群落的原因、机制。

3. 影响群落结构与演替的因素（2课时）

组织小组讨论，剖析影响群落结构与演替的内、外因素。内部因素如物种的生态位分化、种间竞争与共生关系等。以珊瑚礁群落中不同生物的生态位特化为例，讲解其对群落结构稳定性的支撑作用；外部因素涵盖气候、土壤、地形、人类活动等，重点讨论人类活动的正负效应，如森林砍伐、城市化对群落的破坏，以及生态修复工程、自然保护区建设对群落保护与恢复的促进作用，探讨应对人类干扰的群落保护策略，培养学生综合分析生态问题的能力。

4. 群落生态学案例研讨与实践（4课时）

选取本地典型的生态修复项目案例、自然保护区群落研究案例（如贵州省威宁草海群落鸟类动态监测），将学生分组进行案例研讨。各小组围绕案例背景、目标、实施过程、生态成效等方面深入研讨，探讨群落生态学原理在实践中的应用，总结成功经验与问题，提出优化建议。每组汇报研讨成果，教师引导全班同学进行交流互动，拓宽学生视野，提升学生运用理论知识解决实际群落生态问题的能力。带领学生实地观察校园荒地、废弃农田等次生演替实例，记录不同演替阶段植物群落特征，分析演替过程中的物种替代规律、环境变化趋势，让学生直观感受群落演替的动态过程，理解生态系统的自我修复与发展能力。

（五）生态系统生态学（12课时：10课时理论+2课时实践）

1. 生态系统的基本结构与功能（4课时）

多媒体展示图片和微动画辅助讲授，直观解析生态系统的组成成分（生产者、消费者、分解者、非生物的物质和能量）及其相互关系；运用能量流动图、物质循环模式图，深入讲解生态系统的能量流动过程及规律、物质循环过程及规律、物质循环对生态环境的影响（碳循环、氮循环、水循环等与生态危机的关联性）、信息传递方式（物理信息、化学信息、行为信息等的传递方式），让学生构建起生态系统整体运行机制的知识框架。

2. 生态系统的稳定性与平衡（2课时）

结合本地乡村生态系统受干扰后的实例（如罗非鱼入侵对贵州万峰湖的影响），分析生态系统维持自身稳定性的机制，包括抵抗力稳定性（如生态系统对病虫害的较强抵抗力源于复杂的物种多样性与冗余结构）、恢复力稳定性（如草原生态系统在放牧干扰后较快恢复的特性）；探讨生态系统失衡的原因（自然灾变、人类过度开发等）与修复策略（生态工程、生物调控等），通过对比不同生态系统在面对相同干扰时的响应差异，引导学生理解生态系统稳定性的相对性与多样性，培养学生生态系统管理的思维。

3. 生态系统服务功能与价值评估（4课时）

以贵州省普定县靛山村茶山为例，引导学生分析、汇总生态系统提供的各种服务（供给服务、调节服务、文化服务、支持服务）的支撑点；引入生态经济学方法，简单讲授生态系统服务价值评估的基本原理与常用方法（如市场价值法、替代成本法、意愿调查法等），并要求学生利用课外时间查阅资料，参考一个实际生态系统服务评估的实例，以作业的方式列出生态系统评估方案，包括评估指标、方法、过程、结论等。带领学生参观、调研学校（安顺学院）旁边的娄湖湿地公园，组织学生收集背景资料，尝试运用多种方法综合评估该湿地在涵养水源、调节气候、保护生物多样性等方面的价值，撰写评估报告，强化学生落实生态保护的内在动力。

4. 校园生态系统调查与分析实践（2课时）

将学生分组，以校园生态系统为研究对象，开展实地调查。各小组运用所学知识，制订调查方案，监测校园内生物群落（植物种类、分布，动物活动踪迹等）、非生物环境因子（土壤质地、酸碱度、水体质量、光照强度等），分析校园生态系统的结构与功能特点，评估校园生态系统服务功能现状。基于调查结果，提出优化校园生态系统的建议，如增加绿化植被多样性、建设雨水收集利用设施、设置生态教育景观节点等，并生成实践报告。通过实践操作，让学生将理论知识落地，提升学生解决身边生态问题的实践能力，增强学生对校园生态环境的关注度与责任感。

（六）应用生态学（2课时：2课时实践）

以项目式学习模式开展应用生态学模块的教学。通过校企合作，对接一家技术领先、计划实施乡村生态相关项目（例如安顺市金刺梨产业链的开发）的科研机构或企业，构建产学研合作平台。让学生通过亲身参与和观摩项目实施，将生态学原理与实际应用相结合，实现学以致用。在实践前，邀请项目主持人向学生详细讲解从问题发现、项目立项、研发、产业化到市场推广的完整流程，剖析产业界、学术界和科研机构在项目合作中各自的角色及互动机制。在项目实施过程中，学生通过参观基地、企业和科研机构，深化对产学研项目合作的理解；针对项目过程中遇到的具体问题，引导学生展开讨论，运用所学知识分析问题根源并提出解决方案。在此过程中，针对性地培养学生的沟通能力、团队协作精神，并提升其社会责任感。

五、考核方式

（一）过程性评价（50%）

1. 课堂表现（20%）

课堂表现涵盖出勤、课堂参与度、平时作业、发言质量等。学生按时出勤，无旷课、迟到、早退现象可得基础分；课堂上积极思考、主动提问、回答问题，且观点准确、有独到见解，参与小组讨论并有效推动讨论进程，依据表现给予相应加分；对于平时作业完成认真、测验水平较高的学生，给予相应分值；对于在课堂讨论中提出创新性思路的学生，给予额外加分奖励。

2. 小组作业（10%）

小组作业评价是指依据小组完成项目、案例分析、作业的质量评定。小组分工明确、协作顺畅，按时提交作业，内容完整、分析深入、方法运用得当可得基础分；若在项目报告中展现出较强的创新思维，如在生态修复案例研讨中提出新颖且可行的方案，或在种群恢复规划里设计出独特的实施路径，将视情况给予高分。

3. 实践操作（20%）

实践操作过程评价是指根据实践课程中的表现、技能掌握、数据收集与分析、实验报告和项目报告写作情况打分。实践操作熟练、数据收集准确、分析方法正确，能独立或协作解决实践问题，且遵守实验室、野外实践规范的学生，可获较高分数。

（二）结果性评价（50%）

采用期末考试闭卷形式，考查学生对生态学知识的系统掌握、综合运用与问题解决能力。题型包括选择题、填空题、简答题、论述题、案例分析题等，兼顾基础知识考查与复杂生态问题解决能力测试。

六、教学资源

（1）参考教材：《基础生态学（第3版）》，牛翠娟、娄安如、孙儒泳、李庆芬等编著，高等教育出版社。该书是"十二五"普通高等教育本科国家级规划教材"，内容全面系统，涵盖生态学各核心领域，理论阐述深入浅出，案例丰富详实，能为学生搭建扎实的知识框架，是国内生态学教学经典教材，适配本课程知识体系构建需求。

（2）学术期刊：

《生态学报》：国内生态学领域顶尖期刊，刊载大量本土原创性研究成果，聚焦中国生态问题，如生态修复实践、生物多样性保护成效等，利于学生了解国内生态学应用前沿，关注乡村生态建设本土动态。

Journal of Ecology：国际著名生态学刊物，发表高水准研究论文，涵盖微观生态机制到宏观生态格局等多元主题，追踪全球最新生态学发现，助力学生接触国际前沿理论与方法，培养全球生态视野。

Ecology and Evolution：由 Elsevier 科学出版社出版。该期刊提供由分子到全球所有方面的生态学与进化生物学最新研究进展信息，包括有机体生物学、种群生物学、生物群落以及生态系统等。

（3）科普网站：

环境生态网（网址：https://www.eedu.org.cn/Index.shtml）：该站点融合环境

学、生态学研究、环保公益宣传及绿色生活倡导于一体，主要功能在于分享环境科学和生态学领域的研究进展，及时、全面且迅速地传递环境学、生态学及环保相关的信息和资料。

中国生物志库（网址：https://species.sciencereading.cn/biology）：是我国首个权威发布且具有完整知识产权的中国生物物种全信息数据库，收录了近 10 万种中国现生生物物种，记录了我国所有植物资源 4 万余种的生物学信息，包括植物的权威名称、分类地位、形态特征、分布、功用、理论知识等内容。每个物种信息均经过专家的科研论证与权威鉴定，可供植物学、农林、医药、海洋、生态、检验检疫等科研人员、教师和学生查询和学习，也可供普通大众全面学习中国植物科学知识使用。

（4）教学视频：

中国大学 MOOC 平台上的"普通生态学"课程：多所高校联合打造，课程视频系统讲解知识点，结合动画、实地拍摄等素材，直观呈现复杂生态过程，配套在线测试、讨论区，支持学生课后巩固、互动交流。

国家高等教育智慧教育平台的"普通生态学"和"基础生态学"课程：该平台汇聚了国内外大量的生态学优质课程资源，提供了丰富的课程、教材、实验、教师教研、课外成长、研究生教育等方面的优质资源，能满足高校师生和社会学习者的个性化学习需求，实现全国高等教育在线资源的便捷获取、高效运用和智能服务。

哔哩哔哩网站"生态学"相关科普视频：该网站生动地阐释了各种生态学现象，如解读生物适应策略、剖析生态保护项目，取材广泛新颖，贴近生活与时代热点，可作为课堂教学补充，激发学生课外探索热情。

七、主要教学改革点

（一）理论联系实际

注重将生态学理论知识与乡村振兴、生态文明建设等实际应用紧密结合，授课过程中多引入乡村生态案例、生态工程实践等实例，引导学生运用所学分析并解决实际问题，使学生深刻认识到生态学的实用价值。

（二）鼓励学生参与科研

引导学生参与教师的科研项目，让学生在科研实践中熟悉生态学研究方法，提高科研素养与创新能力；鼓励学生申报大学生创新创业训练计划项目，开展小型生态学研究课题，培养学生的自主探索精神。

（三）多样化教学方法运用

灵活运用讲授法、案例法、小组讨论法、实践法、项目参与法等多种教学方法，依据不同教学内容特点合理选择。理论性强的部分以讲授法为主，结合案例加深理解；实践性内容则着重开展实地考察、实验操作等实践教学，通过小组协作完成任务，提升团队协作与实践技能。

（四）培养学生自主学习能力

布置课外阅读任务，推荐学术期刊文章、科普读物等，引导学生关注生态学前沿动态，拓宽知识面；设置课堂提问、专题研讨等环节，鼓励学生自主思考、发表见解，锻炼学生独立分析与解决问题的能力，培养学生终身学习意识。

（五）实践教学强化

加大实践教学比重，充分利用校园、周边乡村、自然保护区等资源建立实践基地，开展实地调查、实验观测、生态规划等实践活动。实践教学前精心设计方案，明确目标与任务；过程中加强指导，确保学生安全规范操作；结束后及时总结，促进学生实践能力提升。

（六）教学资源整合

充分利用教材、学术期刊、科普网站、教学视频等多元化教学资源，构建丰富学习素材库。教师定期筛选更新优质资源并推荐给学生，鼓励学生自主挖掘利用，如引导学生参与线上生态学论坛交流，拓宽学习视野。

（七）教学反馈与改进

建立常态化教学反馈机制，通过课堂表现观察、学生作业、问卷调查、座谈会等方式收集学生学习情况的反馈，及时了解学生学习的困难点与需求，据此有针对性地调整教学内容、方法与进度，持续优化教学效果。

附录2：各核心模块教学设计（仅供参考）

个体生态学教学设计

一、课程简介与目标

个体生态学模块是生态学专业的核心基础课程，在整个生态学知识体系中占据首要位置。它聚焦于生物个体与环境间的紧密关联，为后续种群、群落、生态系统生态学的学习筑牢根基。本章节旨在让学生扎实掌握个体生态学的基本原理、规律及研究方法，深切领会生物对环境的适应策略，明晰环境因子对生物生长、发育、繁殖、分布的关键影响。这要求学生不仅要熟悉生态因子的分类、特性及作用机制，精准把握生物对生态因子的耐受限度与适应方式，理解利比希最低因子定律、谢尔福德耐受性定律的内涵并能灵活运用，还要深入洞悉生物的各种生态行为，诸如觅食、庇护、交配、社会行为背后的生态逻辑等。

（一）知识目标

（1）深入理解个体生态学的基本概念，包括环境、生态因子、生态位、生态幅、适应性等，清晰把握个体生态学的研究范畴与重要意义。

（2）精准掌握生物与光、温度、水、土壤等环境因子的相互作用原理，主要环境因子对生物的多维度影响，以及生物在生长、发育、繁殖、分布方面对这些环境因子的特异性适应机制。

（3）透彻了解生物个体的觅食、庇护、交配、社会等行为模式与环境的内在关联，熟知不同行为策略在生态适应中的关键作用。

（二）技能目标

（1）熟练运用所学个体生态学原理发现实际生态问题的关键影响因子，能设计并顺利实施简单的生态学实验，以精准测定之前假设的关键生态因子，严谨分析实验数据，切实提升实践动手与问题解决能力。

（2）培养学生敏锐的观察能力，使其能够在自然环境或实验条件下准确观察个体生物的形态、结构、行为等特征及其与环境的相互关系，并能够对观察到的现象进行深入分析，揭示其内在的生态规律。

（3）使学生能使用个体生态学的野外调查、实验设计、数据分析等基础研究方法，独立开展简单个体生态学研究的实践，能够收集、整理、分析一手数据，精准评估与调查目标生态环境的健康状况，并制定切实可行的解决方案。

（4）使学生学会运用生态因子规律进行模拟预测，对生态因子引起的生物多样性变化趋势进行前瞻性判断，提前制定应对策略，保障乡村生态系统的稳定与可持续发展。

（5）使学生能够通过学习生态位理论，深入理解物种是如何在生态系统中定位自己的角色，并评估人类活动对这些生态位产生的影响，增强解决实际问题的能力。

（三）素质目标

（1）树立学生正确的世界观、人生观和价值观，能够运用辩证唯物主义和历史唯物主义的观点看待生物与环境的关系，理解个体生物在生态系统中的地位和作用。

（2）通过学习生物个体的适应性和生态位，引导学生树立人与其他生物的生命共同体、发展共同体理念，帮助学生不断拓展对人类自身、他人及他物的认同感，使学生具备尊重自然、敬畏生命的意识，激发学生对自然环境的热爱与尊重，形成健康的生态哲学观，提升生态文明素养。

（3）引导学生关注全球生态问题和社会可持续发展，认识到个体生态学研究对于解决现实生态问题、促进人类社会与自然和谐发展的重要意义，形成保护生态环境、维护生态平衡的道德责任感和使命感。

二、教学重难点

（一）教学重点

1. 生态因子基础

清晰界定环境、生态因子、生态幅等核心概念，精准阐释生态因子的作用特

245

点、生态因子的分类方式，使学生深度理解生态因子的内涵与外延。

2. 生态因子定律

生态因子定律包括最小因子定律、限制因子定律、耐受限度与生态幅。借助实例让学生掌握如何运用这些定律剖析生物生长、繁殖受限的关键因子，界定生物对不同生态因子的耐受范围。

3. 生物与典型生态因子的关联

全面阐述光、温度、水、土壤等生态因子的特性、变化规律及其对生物的全方位影响，以及生物对极端环境的耐受性和驯化过程；阐述生物的适应机制，主要包括形态结构、生理生化和行为适应等几个方面。在光因子方面，深入讲解光质、光强、光照长度对植物光合作用、形态建成、生殖发育的作用机制，在动物领域，剖析光周期对动物繁殖、迁徙、冬眠等行为的调控机理；对于温度因子，详述温度对生物酶活性的影响，引出生物的三基点温度，结合实例说明生物在不同温度环境下的形态、生理、行为适应；在水因子方面，阐释水的理化性质对生物的意义，区分水生植物、陆生植物的适应类型，以及动物对干旱、水涝环境的应对方式；对于土壤因子，解析土壤质地、结构、肥力、酸碱度对植物扎根、养分吸收、微生物群落的影响，以及植物根系与土壤生物的共生关系。

（二）教学难点

1. 生物适应组合的复杂性

生物对环境的适应并非单一机制发挥作用，而是多维度、多层面适应策略的协同联动。对于这种形态、生理、生态行为的组合适应，学生较难全面、系统地梳理与领会。

2. 生态因子的综合作用与交互影响

在自然生态系统中，生态因子相互交织、彼此制约。学生在构建这种多因子交互影响的思维模型时，容易出现逻辑混乱、考虑片面的情况。

三、教学方法

（一）讲授法

教师借助多媒体系统展示的图片、数据、视频等，系统讲解个体生态学的基本概念、原理与规律，讲解生态因子的分类、生态幅的概念、耐受性定律等核心要点，筑牢知识根基。

（二）案例法

选取大量真实、典型且具时效性的热点问题案例，在分享给学生的同时，组织学生运用个体生态学原理进行深入剖析，提升知识运用与问题解决能力。引入贵州省镇宁县蜂糖李的案例，引导同学根据多种生态因子协同作用的规律，从镇宁县地理、气候等层面切入，分析为何该品种在六马镇品质最好；分析城市光污染对动植物生物钟、繁殖行为的干扰实例，引入光因子对生物的作用规律；列举当地不同季节种植的农作物品种，解释其开花、结果与光周期的关联；对比贵州山区高海拔植物与低海拔植物的形态、生理差异，让学生明晰温度在物种分布、进化中的关键作用。

（三）小组讨论法

针对发生在身边的有争议、拓展性强的议题组织讨论。教师提出"贵州山区石漠化形成的主导因子"的讨论主题，组织学生使用手机现场查阅资料、分组研讨，每组推选代表发言，教师点评总结，培养学生团队协作、独立思考与表达能力。

（四）实践法

依托校内、周边自然环境，组织开展野外调查。调查选取校内山体公园、人工湖湿地系统，使用便携式测定仪测定土壤指标（含水量、酸碱度等），观察其中的动植物生态特征，探究生态因子对生物的影响，增强实践技能与自然感知。

（五）项目参与法

选择一个以当地特色农产品（蜂糖李、樱桃、金刺梨、枇杷等）为导向的产业链项目，推进校企产学研合作。该阶段引导学生使用文献查阅法、访谈法、实地考察法等，从形态、生理、产品品质等方面全面调研该农产品与当地各种生态因子的适应性，根据结论标注出贵州省内的适宜种植区，思考如何利用这种地域性优势发展产业链。在项目历练中提高项目背景调研、沟通协调等能力。

四、教学过程（10课时）

（一）理论精讲（8课时）

1. 生物与环境的基本概念（2课时，使用讲授法、案例法、讨论法）

以引人入胜的生态纪录片片段拉开序幕，展现热带雨林中动植物的盎然生机、深海及极地生物的独特生存风貌，引导学生发现并积极讨论各个生态系统的生态之美；随后，展示生态环境遭受破坏的影像，与前述画面形成鲜明对比，以此激发学生的强烈共鸣。由此引出个体生态学的研究核心——探讨生物个体与其环境中的生态因子之间的互动关系。

运用多媒体 PPT 辅助，详细阐释讲解环境（大环境、小环境）、生境的概念［知识结构（1）］；回到开始时播放的热带雨林、深海及极地生物的视频，对比不同生物的生境特点，帮助学生理解生物的生存背景，引导学生从"生物对环境的适应""环境对生物的影响""生物对环境的改造"三方面思考生物与环境的相互作用［知识结构（2）］；继续引导学生深入思考，各个不同生境的生物是通过哪几方面的适应机制来适应特定的生存环境的，引出生物的适应机制内容［知识结构（3）］；提出问题"多个物种如何在资源有限的同一个环境中和谐共存"，引导学生自由讨论，教师总结，引出生态位的概念，并举例说明生态位理论在环境保护、生态农业中的运用［知识结构（4）］，培养学生分析复杂生态关系的能力。

最后提出课后思考题：人类是如何通过进化适应现在这个世界的？从世界环境的变迁思考人类的适应机制，以及生态文明提出的背景。

知识结构：

（1）环境与生境。分别讲授环境和生境的定义，引申出两者之间的关系与区别：环境为生境提供了基础条件，生境是环境在特定区域内的具体表现；环境的变化会影响生境的稳定性和质量，而生境的变化也会反馈到环境中，影响生态系统的整体功能。

（2）生物与环境的相互作用。

生物对环境的适应：生物个体通过各种机制适应环境变化。

环境对生物的影响：环境因素对生物个体的生长、发育、繁殖等产生影响。

生物对环境的改造：生物个体通过自身活动对环境进行改造。

（3）生物的适应机制。

形态适应：生物通过改变形态结构来适应环境。

生理适应：生物通过调节生理过程来适应环境。

行为适应：生物通过改变行为来适应环境。

生态位分化：不同物种通过生态位分化来减少竞争，提高生存机会。

（4）生态位的概念与应用。

生态位的概念：生态位可以被视为一个物种在生态系统中所占据的独特位置，涵盖其在时间、空间及功能层面的具体定位。它着重探讨该物种如何与其他物种进行互动，以及如何适应并有效利用环境资源。

生态位的应用：生态位理论有助于深入理解物种间的相互作用及其生态位分化，进而为生物多样性保护提供科学依据；有助于把握物种对环境资源的需求状况，为资源合理配置提供参考；能够有效指导农业生态系统的构建与优化，提升农业生产的可持续性。

2. 生态因子概念、规律与应用（2课时，使用讲授法、案例法、讨论法）

从环境和生境概念入手，引出生态因子概念的意义，即便于考虑并量化单个因素对生物的影响，从而发现关键因子；以多媒体PPT展示生态因子的概念，引导学生以校园山体公园移栽的金刺梨果树为实例，分析对其产生影响的生态因子，汇总学生的发言，引出生态因子常见分类的概念［知识结构（1）］；结合当地乡村生态系统实例，如农田害虫与天敌的消长，分组讨论生态因子对生物的作用特点，归纳形成生态因子的作用特点［知识结构（2）］；结合国内学者有关作物生产类的研究报告图表与实例，展示木桶效应，依次论证并讲授生态因子的最小因子定律、限制因子定律、耐受性定律，说明生态因子的动态变化，引出生态幅的概念［知识结构（3）］；讲授生态因子的测定和评价方法、生态因子的调控和管理原则，引导学生思考特色农作物生产和乡村环境治理的切入点，激发其乡村建设的探索热情［知识结构（4）（5）］。

知识结构：

（1）生态因子。

常见的分类：气候因子（温度、湿度、光照、降水、风等）、土壤因子（土壤类型、土壤肥力、土壤结构、土壤酸碱度等）、生物因子（同种生物之间的关系以及不同种生物之间的相互作用)、地形因子(海拔、坡度、坡向等)、人为因子(人类活动对环境的改变,如土地利用、污染等)。

生态因子的时空变化:生态因子在时间和空间上的变化规律。

生态因子的相互作用:不同生态因子之间的相互作用机制。

(2)生态因子的作用特点。

综合作用:多种生态因子共同作用于生物个体。

主导作用:某些生态因子在特定情况下对生物个体的影响更为显著。

限制因子:限制生物个体生长和分布的关键生态因子。

直接和间接作用:生态因子可以直接影响生物个体,也可以通过其他生态因子间接影响。

阶段性作用:不同生长阶段的生物个体对生态因子的需求和敏感性不同。

不可替代和相互补偿:某些生态因子不可替代,但不同生态因子之间可以相互补偿。

(3)生态因子的作用规律。

最小因子定律:关注限制植物生长的因子,适用于稳定状态下的植物生长。可在农业生产中,通过合理配置肥料等其他措施,提高作物产量。

限制因子定律:关注生态因子的最小和最大状态,适用于各种生态因子。在分析生态因子对生物个体的影响时,识别限制因子非常重要。

耐受性定律:关注生物对各种生态因子的耐受能力,适用于各种生态关系和生态环境。在生物多样性保护和生态系统管理中,了解生物的耐受性范围有助于制定合理的保护措施。

(4)生态因子的测定和评价。

测定方法:直接测量(如温度计、湿度计、光照计)和间接测量方法。

评价方法:综合评价方法和单项评价方法,如生态适宜性评价、生态风险评价。

(5)生态因子的调控和管理。

生态因子的调控:通过人工干预调节生态因子,如灌溉、施肥、遮荫。

生态因子的管理:生态因子的监测、评估和管理,如环境监测、生态修复。

3. 生物对生态因子的适应机制（4课时，使用讲授法、案例法、讨论法）

通过案例分析法，从形态、生理、行为等维度讲授生物适应各种生态因子（主要是光、温度、土壤、大气、水分等）的策略。通过案例演示法，总结植物由于适应不同光强和光周期产生的分类方式［知识结构（1）］；总结动物由于适应不同的温度环境形成的两个规律：贝格曼规律和阿伦规律［知识结构（2）］；通过演示不同水陆生物的含水量、猴面包树的生存策略，动植物在漫长进化过程中形成的水适应机制［知识结构（3）］；列举高原地区、水生环境的动物、植物对低氧环境的形态、生理适应特征，引导同学们思考高原反应的原因及解决方案，设想"人在水底生活需要解决哪些因子的制约"，调动学生积极性，引导学生总结生物对大气因子的适应机制［知识结构（4）］；从学生的绿植养殖爱好切入，引导学生分析多肉植物、沙漠植物、荒漠化植物对土壤的不同需求，思考不同植物对土壤质地、含水量、酸钾度的适应性机制，通过西北窑洞民居的优点引导学生分析动物对土壤的适应性机制［知识结构（5）］；组织小组谈论，这些适应策略可以如何应用到生态环境修复和乡村建设中，如贵州省的喀斯特石漠化治理、乡村的污水治理、乡村的种植养殖业等。

知识结构：

（1）生物对光因子的适应机制。

光强、光质：光强和光质对动植物的影响，动植物如何通过改变行为或生理状态来应对不同的光强和光质的。

光周期：一些植物根据日照长度进行开花等生理活动，动物的光周期现象。

（2）生物对温度因子的适应机制。生物通过改变自身的形态、结构和生理生化特性，以适应温度变化的过程。主要是动植物耐热机制和耐寒机制的调整。

与温度适应机制有关的规律：贝格曼规律、阿伦规律。

（3）生物对水因子的适应机制。

植物对水因子的适应机制：水生植物、旱生植物、中生植物具有不同的形态结构、生理适应机制；部分植物具有行为适应机制，如在干旱时会进入休眠状态，在雨季旱季选择不同的生命周期等。

动物对水因子的适应机制：水生动物通过调节渗透压、利用特殊的呼吸器官等方式满足特殊的水生环境；陆生动物通过形态结构、生理调节、行为适应来适应富水或干旱环境。

（4）生物对大气因子的适应机制。

对氧气的适应：水生动物通过鳃等呼吸器官从水中摄取溶解氧；陆生动物可从空气中获取氧气，生活在低氧环境的动物通过增加血液中红细胞数量和血红蛋白含量，提高氧气运输和结合能力；植物通过气孔进行气体交换，在氧气不足的情况下，一些植物可进行无氧呼吸暂时维持生命，还能形成通气组织，将氧气输送到根部。

对二氧化碳的适应：植物可通过调节气孔开度来控制二氧化碳的吸收量；当环境中二氧化碳浓度升高时，动物可通过增加呼吸频率等方式排出多余的二氧化碳。

对气压的适应：高山动物通过增加红细胞数量以适应低气压、低氧环境；深海鱼类以其特殊的身体结构承受巨大水压；高原植物根系发达，叶片厚实，能减少水分蒸发，提高光合效率，以此来适应低气压环境。

对大气污染的适应：有些植物对大气污染物有较强的耐受性；有些可通过吸收、吸附等方式去除大气中的污染物，起到净化空气的作用；还有一些植物对污染物敏感，可作为指示植物，监测大气污染程度；某些动物可通过改变行为以避开污染区域，寻找相对清洁的环境；部分动物在长期污染环境中，生理上可能会产生一定的适应性变化，以应对污染物的毒性。

（5）生物对土壤因子的适应机制。

根系吸收：植物通过根系吸收土壤中的营养物质。

微生物作用：土壤中的微生物通过分解有机物质，为植物提供营养。

根系结构：植物通过根系的形态和结构，适应不同的土壤类型。

土壤改良：一些植物通过分泌物质来改良土壤结构和肥力。

除上述适应机制外，还有营养吸收、土壤适应等。

（二）应用与实践（2课时）

主题：实地观察与分析生物对环境的适应

1. 课前准备

制订考察方案：明确考察目的，即让学生了解不同生境中生物对环境的适应机制；确定考察地点为校园绿地、山体公园、人工湖；规划考察时间，安排具体流程，明确集合、讲解、实地考察、返回等环节的时间节点。

布置观察任务与指标点：观察任务包括记录不同生境植物的形态特征，动物的种类、栖息行为、觅食方式等；观察指标点包括植物的叶片形状、大小、颜色、质地，根系形态；动物的体型、毛色、活动范围、筑巢位置等；取样任务包括采集土壤、水体样本，带回实验室检测其酸碱度、清洁度等。

准备工具：放大镜、手持显微镜、取样器、土壤测定仪、纸笔、标签、样本袋等。

2. 实地考察过程

集合与讲解：在学校指定地点集合，强调安全注意事项；向学生发放观察、采集、记录工具，并讲解观察、采样等工具的使用方法。

分组考察：将学生分成若干小组，每组指定一名组长负责组织和协调，各小组分别前往校园绿地、山体公园、人工湖等不同生境进行实地考察。教师在各小组间巡回指导，现场指导学生如何观察、取样和规范记录信息。指导学生观察植物时，要注意观察整体形态和局部细节；观察动物时，不要惊扰动物，尽量在不影响其正常活动的情况下进行观察；提醒学生记录观察时间、地点、环境条件等信息。

3. 课堂分析与总结

整理观察结果：回到课堂后，给学生一定时间整理自己的观察数据和记录，将数据和信息进行分类、汇总，可以用表格、图表等形式呈现。

小组讨论：组织学生以小组为单位进行讨论，分析不同生境中生物的适应现象，探讨其背后的生态原理，各小组选派代表进行全班交流，分享小组讨论的结果和发现。教师进行总结和点评，补充和深化相关知识，解答学生的疑问。

撰写观察报告：要求学生根据自己的观察记录和讨论结果，撰写观察报告。报告内容包括考察目的、方法、结果、分析与结论等部分，培养学生的科学写作能力。

4. 过程性评价指标

观察记录的完整性和准确性：考察学生是否详细、准确地记录了各种生物的特征、行为以及环境因子等信息。

分析与讨论的深度：看学生对生物适应现象的分析是否合理，能否运用所学的生态原理进行解释，是否有自己的思考和见解。

报告撰写的规范性：检查报告的结构是否完整，语言表达是否清晰，图表使用是否得当等。

团队协作与参与度：通过小组讨论和交流等环节，评价学生在团队中的协作能力、沟通能力以及参与度。

五、教学评价

本章节采用过程性评价与结果性评价相结合的多元考核方式，全方位、多角度地评估学生学习成效。

过程性评价：包括课堂表现、小组作业、实践参与三个维度，占总成绩的40%。课堂表现（10%）重点考查考勤、课堂互动、回答问题的积极性与准确性，教师即时记录反馈，激励学生全程投入课堂；小组作业（10%）依据小组讨论的参与度、资料查阅的充分性、汇报展示的质量、团队协作的契合度等方面综合打分；实践参与（20%）考量实验操作的规范性、数据记录的精准性、野外调查的认真度、项目实践的贡献值、项目报告撰写的能力等，评估学生在实践中动手与解决实际问题的能力。

结果性评价：主要以期末考试的形式呈现，占总成绩的60%。考试内容兼顾理论知识与实践应用。理论知识客观题聚焦核心概念、定律、生态因子特性、生物适应策略、生态因子作用机理等基础知识；主观题侧重于考查学生分析生态现象背后的综合因素、探讨生态保护与乡村振兴结合点、运用知识解决问题、提出创新举措的能力，全面检验学生对知识的系统掌握与灵活运用水平，为培养乡村振兴所需的生态学专业人才提供有力保障。

六、教学反思与改进

教学结束后，利用线上平台系统收集的学生课堂反馈、作业完成情况、项目报告、考试成绩等多维度信息，综合评估教学成效。深入剖析学生对该模块知识的掌握程度，识别知识难点模块；探究学生实践操作的熟练度、团队协作的契合度，以及运用知识解决实际生态问题的能力。

依据教学反馈，精准优化教学内容，灵活调整教学方法。针对教学难点，利用案例剖析、模拟实验等教学手段，助力学生突破思维障碍。同时，根据实践效果，动态调整并拓展项目类型，积极探索提升学生综合实践能力的有效途径，为乡村振兴培养并输送高素质人才。

种群生态学教学设计

一、课程简介与目标

种群生态学是生态学课程体系中承上启下的关键内容，其既是同种个体的集合，又是构成群落和生态系统的基本单元。种群生态学是研究群落生态学的前提，只有深入研究种群的特征、动态和相互作用等，才能更好地理解群落的结构与功能，其数量变化、分布格局等则会直接影响生态系统的功能和稳定性。

种群生态学的核心研究内容主要包括：种群的时空动态（包括种群数量在时间上的变化规律以及在空间上的分布格局）；种群之内和之间的正相互和负相互作用（种内种间的竞争、捕食、寄生、互利共生等）；种群的调节机理。本章节旨在让学生了解物种种群在不同环境条件下的生存和发展状况，理解生物在进化过程中的适应策略，为解释生物多样性分布格局等生态学现象提供依据；能利用种群生态学的理论和模型进行生态学的定量研究和预测，并用以指导实践应用，为害虫防治、森林管理、渔业资源捕捞等提供科学依据，实现资源的可持续利用。

（一）知识目标

（1）深入理解种群生态学的基本概念，包括种群的定义、特征（如空间特征、数量特征、遗传特征）、种群动态及其与环境的相互关系。

（2）掌握种群增长模型（如指数增长模型、逻辑斯蒂增长模型），理解模型参数的生物学意义及其在预测种群数量变化中的应用。

（3）熟悉种内与种间关系，包括种内竞争、互利共生、捕食与被捕食等关系的类型、机制及其对种群生存和繁衍的影响。

（4）熟悉种群的调节机理，了解种群如何通过自身的生理、行为、遗传等机制以及与环境的相互作用来调节种群数量和结构，以适应环境的变化。

（二）技能目标

（1）学生能够运用种群生态学的基本概念解释自然种群的特征和现象。能够掌握种群增长模型，对种群数量变化进行预测和分析，如生物入侵、物种濒危、农业害虫爆发等问题，并提出合理的解决方案，助力解决实际生态问题。

（2）掌握种群生态学研究的基本方法，运用样方法、标志重捕法等常见方法进行种群密度的调查，具备对实验数据进行收集、整理、分析和解读的能力，能根据实验结果得出合理结论，并撰写规范的实验报告，提升学生的科学研究能力。

（3）让学生模拟体验种群生态学的科学探究过程，包括提出问题、作出假设、设计实验、实施实验、收集证据、得出结论、表达交流等环节，培养学生的科学探究能力和创新精神。

（4）通过小组讨论、项目参与等活动，提高学生的团队协作能力、沟通交流能力和自主学习能力，培养学生解决复杂问题的综合素养。

（5）提升综合分析与解决问题的能力。面对复杂的生态场景或实际问题，如野生动物保护、农业害虫防治等，能综合运用种群生态学中的种内关系、种间关系原理，提出科学合理的解决方案。

（三）思政目标

（1）帮助学生深刻认识到种群生态学在维持生物多样性、生态平衡以及可持续发展中的重要作用，以及种群数量变化对生态系统稳定性的影响，树立种群是一个具有特定结构和功能的生命系统的观念，激发学生保护自然环境的责任感和使命感。

（2）引导学生批判性地思考种群生态学中的问题，不盲目接受既有观点，能对不同的研究结果和理论进行比较、分析和评价，并提出自己的见解。

（3）使学生树立实事求是的科学态度，在探究过程中尊重事实和数据，不弄虚作假，能客观地分析和处理实验结果。

（4）引导学生关注全球和本地的种群生态问题，鼓励学生将种群生态学知识与乡村振兴战略相结合，探索如何利用种群生态学原理促进乡村生态产业发展；激励学生积极参与与种群生态保护相关的实践活动，如志愿者服务、科普宣传等，提升其社会服务能力和社会责任感。

（5）通过展示种群在自然界中的分布和动态变化，如迁徙的雁群、驯鹿群等，让学生感受种群呈现出的壮观、和谐的自然美，培养学生对大自然的热爱和敬畏之情；引导学生欣赏种群与环境相互融合所形成的生态景观美，列举贵州省镇宁县良田镇在山体上种植的火龙果种群与补光系统构成的光影美学等范例，提高学生对自然景观的审美能力。

二、教学重难点

（一）教学重点

1. 种群生态学的核心概念

掌握种群的定义、特征（如空间特征、数量特征、遗传特征），理解种群作为生态学基本研究单位的内涵与意义，明确种群与个体、群落的区别与联系。

2. 种群动态

深入掌握种群增长模型，包括指数增长模型和逻辑斯蒂增长模型，理解模型假设、参数含义（如增长率、环境容纳量）及其在不同环境条件下对种群数量变化的预测；了解种群数量的波动、调节机制，以及自然种群动态的规律。

3. 种内、种间关系

熟悉种内与种间关系的主要类型，包括种内竞争、互利共生、捕食与被捕食、寄生等，掌握各种关系的特征、作用机制及其对种群生存、繁衍和进化的影响，延伸生态位理论在解释种间关系和生物多样性维持中的重要性。

（二）教学难点

1. 种群增长模型的构建与应用

理解数学模型背后的生物学原理，掌握如何根据实际问题建立合适的种群增长模型，并运用模型进行数据拟合、参数估计和结果分析，解释模型结果与实际生态现象的差异及差异形成的原因。

2. 种群调节机制

剖析种群调节的内源性因素和外源性因素及其相互作用，理解种群如何在复杂多变的环境中维持相对稳定的数量，探讨人类活动对种群调节机制的干扰与影响。

3. 种群生态学在实际应用中的复杂性

利用种群生态学理论知识解决现实生态问题，涉及多学科交叉和复杂的社会经济因素，需要学生具备综合分析和解决实际问题的能力。

三、教学方法

（一）讲授法

利用多媒体辅助课堂讲授，向学生系统地讲解种群生态学的基本概念、原理和重要理论知识，搭建知识框架，使学生对课程内容有全面且深入的理解；利用动画展示不同种群的空间分布格局，并引导同学归纳出三种主要的分布格局；在讲解种群密度、出生率、死亡率等概念时，通过图片对比生活中常见的动物种群，让学生更直观地理解；利用模拟动画，演示如何运用标记重捕法估算种群数量；介绍种群增长模型时，详细推导指数增长模型和逻辑斯谛增长模型的公式，解释参数的生物学意义，并通过实际数据让学生进行模型拟合和预测，以此加深对模型的理解和应用；播放视频介绍种内种间关系，增强教学的直观性和趣味性。

（二）案例法

案例分析贯穿整个课程的教学过程。通过分析澳大利亚野兔入侵事件，阐述野兔种群在没有天敌、食物充足等条件下会呈现指数增长，并会对当地生态环境造成严重破坏，由此引导学生思考如何运用种群生态学原理控制野兔数量，从而深刻理解种群增长模型、种间关系以及生态平衡的重要性；通过剖析本地农田生态系统中草地贪夜蛾爆发的案例，让学生探讨害虫种群动态变化的原因，以及如何综合运用生物防治、物理防治等手段进行害虫治理，使学生明白种群生态学在农业生产中的实际价值；结合人口普查数据探讨人类种群年龄结构变化的社会影响，让学生掌握种群静态与动态特征的分析方法；以热带雨林中的动植物群落为例，阐述众多物种间复杂的种间关系如何驱动协同进化，促使生物多样性的形成与维持，培养学生对生态关系复杂性的认知。

（三）小组讨论法

以三胎生育政策为例，组织小组结合人口年龄结构、出生率、死亡率等规律，并考虑社会背景,分析计划生育和放开三胎生育政策的实施原因;引导学生深入探讨当前我国人口老龄化加剧、出生率持续下降以及年轻劳动力减少对社会经济发展的潜在严重影响;通过引入种群调节机制,鼓励学生深刻认识放开三胎生育政策的必要性,引导他们摆脱恐婚恐育的心理情绪,树立科学、积极的生育观。

(四)项目参与法

鼓励学生参与模拟种群研究项目,通过项目式学习提升学生解决实际种群问题、撰写报告的综合能力。以贵州省梵净山地区特有的一种珍稀濒危动物——黔金丝猴为研究对象,组织学生分组查阅相关资料、讨论分析其种群数量变化趋势、栖息地现状、面临的威胁等,让各小组讨论该物种濒危的原因。同时,综合运用所学种群生态学知识,考虑繁殖策略、栖息地保护与修复、天敌控制、迁地保护可行性等多方面因素,制订切实可行的种群恢复规划,学习撰写项目报告和咨政报告,并进行小组汇报答辩。教师与其他小组组长组成答辩评审团,共同参与点评,提出改进建议,并评出该小组分数,计入平时成绩;评阅各小组咨政报告质量。

四、教学过程(16课时)

(一)理论精讲(12课时)

1. 种群的基本特征与动态变化(4课时)

展示贵州省湄潭县乡村生态景观视频,引导学生观察其中农田、果园、鱼塘、山林等生物种群的分布与布局,并让学生思考这些生物种群如何与周围的生物、非生物环境相互依存,形成独特的生态景观,厚植学生的乡土情怀,激发学生对种群生态学的兴趣与好奇心,引出课程主题。

运用PPT展示种群生态学的定义和研究内容,指出其核心是种群动态研究[知识结构(1)];结合图片、数据资料,剖析种群基本特征(数量、空间、遗传特征),分析种群分布格局(均匀分布、随机分布、集群分布)及其成因[知识结构(2)];讲解种群数量统计方法(如标记重捕法、样方法),通过计算机模拟(展示模拟动画),演示如何运用标记重捕法估算种群数量[知识结构(2)];通过年龄锥体图解读种群年龄结构类型(增长型、稳定型、衰退型)并预示种群未来的发展情况，演示静态、动态生命表的数据搜集及编制方法，结合人口普查数据探讨人类种群年龄结构变化的社会影响，让学生掌握种群静态与动态特征的分析方法［知识结构（2）］。

知识结构：

（1）种群生态学的概念。

种群及种群生态学的定义：略。

（2）种群的基本特征。

数量特征：包括种群大小、密度，以及出生率、死亡率、迁入率、迁出率等。掌握这些参数如何影响种群数量的变化，探讨种群年龄结构和性别比例，研究不同年龄及性别个体在种群中的分布状况及其动态变化，进而分析这些因素对种群增长与发展的具体影响。

空间特征：种群在空间上的分布格局和三大分类（集群分布、随机分布和均匀分布）；种群的分布范围、栖息地选择以及空间利用方式等；环境因素、种内和种间关系对种群空间分布的影响。

遗传特征：涉及种群的基因库组成、基因频率和基因型频率的变化；近亲繁殖、基因流、遗传漂变等对种群遗传多样性的影响；种群的遗传结构与适应性进化的关系等。

2. 种群增长模型与调节机制（4课时）

PPT演示推导种群增长模型，从简单的指数增长模型（J型增长）入手，讲解其假设条件（理想环境、无限制资源等）、数学表达式及其指数增长过程；再引入逻辑斯谛增长模型（S型增长），分析环境容纳量（K值）的概念及其实际意义，探讨两种模型的差异与联系［知识结构（1）］；以旅鼠种群爆发与衰减为例，组织小组讨论，深入剖析自然界中影响种群调节的多种因素，如食物资源、天敌、内分泌调节等，引导学生深入理解种群动态平衡的内在调节机制，掌握内源性调节理论与外源性调节理论［知识结构（2）］；通过多媒体展示一些动物大规模迁移的视频，如驯鹿大迁徙、大雁南飞等，引导学生讨论并归纳种群在空间上的扩散和迁移现象的方式、原因、路线以及对种群分布和数量的影响，探讨人为带来的环境变化（如三峡工程）、资源分布等因素对自然种群的扩散和迁移行为的影响［知识结构（3）］。

知识结构：

（1）种群增长：主要内容是种群增长模型的构建与推导，包括指数增长模型、逻辑斯谛增长模型等，用以分析在不同环境条件下种群数量随时间的变化规律，探讨种群增长的内在机制和限制因素。

（2）种群波动与调节：研究自然种群数量的波动现象，包括周期性波动、不规则波动等，分析外源性因素（如气候、食物、天敌等）和内源性因素（如行为、内分泌、遗传等）对种群数量调节的作用机制。

（3）种群的扩散与迁移：探讨种群个体在空间上的扩散和迁移方式、原因、路线以及对种群分布和数量的影响，以及环境变化、资源分布等因素如何影响种群的扩散和迁移行为。

3. 种内与种间关系（4课时）

通过大量案例分析与图示法，深入讲解种内竞争与合作关系（涵盖植物和动物两大领域），以及种间负相互作用（如竞争、捕食、寄生等）与正相互作用（如共生、合作等）。以榕树与其传粉榕小蜂构成的榕蜂共生体系为例，向学生阐释协同进化理论：榕小蜂在为榕树传粉的同时，也在其上繁殖后代；榕树则为榕小蜂提供繁殖场所。这种互利互惠的相互作用，促使双方不断进化，是协同进化的典范；回顾生态位概念，以热带雨林中不同动植物占据各自特有生态位为实例，引导学生深入探讨生物种群间错综复杂的种间关系，揭示各类物种在进化过程中持续分化和适应，最终促进生物多样性形成的现象。

知识结构：

（1）种内关系：探讨种群内部个体之间的正相互作用和负相互作用对个体生存、繁殖和种群动态的影响，以及种内关系如何随着种群密度和环境条件的变化而改变。

（2）种间关系：探讨不同物种种群之间的正、负相互作用，包括竞争、捕食、寄生、互利共生等，研究种间关系的类型、强度和动态变化，以及种间关系对群落结构和生态系统功能的影响。

（二）应用与实践（4课时）

（1）项目主题：黔金丝猴种群生态研究与保护策略。

（2）教学目标：学生能够自主查阅相关资料，运用种群生态学的基本原理，搜集黔金丝猴的种群特征、生活习性及栖息环境等方面的知识；学生能根据现有科研材料和数据，分析其种群数量变化趋势、栖息地现状、面临的威胁等，分析该物种濒危的原因，综合运用所学种群生态学知识制订切实可行的种群恢复规划；学会撰写项目报告和咨政报告；增强对珍稀濒危动物的保护意识，培养团队协作和科学探究精神。

（3）模拟项目实施过程。

第一阶段：模拟项目启动与背景研究（1课时）

课程导入：播放黔金丝猴的纪录片片段，展示其可爱的形象和独特的行为，引出模拟项目主题，阐述该模拟项目的意义。

背景介绍：教师讲解黔金丝猴的分类地位、分布范围、濒危等级等基本信息，介绍种群生态学的主要研究内容和方法。

小组讨论：各小组讨论对黔金丝猴已有的了解和想要研究的问题，确定小组的研究方向；各小组根据研究方向，设计具体的研究方案，包括需要查找的数据指标、数据来源、数据分析方法、时间安排、人员分工等。

第二阶段：数据收集、分析与结果讨论（2课时）

数据收集：查阅相关研究文献已有的研究成果和数据，汇总分析这些数据，运用统计学方法分析黔金丝猴的种群数量变化趋势、与其他物种的种间关系、黔金丝猴的生态需求、面临的威胁以及与环境的相互作用等，探讨保护黔金丝猴的策略和措施。

问题探讨：引导学生思考一些深层次的问题，如人类活动对黔金丝猴种群的影响、如何平衡经济发展与野生动物保护的关系等。

第三阶段：项目总结与成果展示（1课时）

项目总结：各小组撰写项目研究报告，总结研究过程、结果和结论，提出保护黔金丝猴的建议。

成果展示：各小组派代表进行成果展示，通过PPT、视频等形式向全班汇报研究成果。

评价与反馈：教师和其他小组学生进行提问和评价，教师对项目进行整体评价，肯定学生的努力和成果，指出存在的问题和不足，提出改进的建议。

第四阶段：项目拓展（第二课堂开展，不占用课时）

组织学生开展保护黔金丝猴的宣传活动，如制作宣传海报、举办科普讲座等，向社会公众传播保护野生动物的理念；引导学生关注其他珍稀濒危动物的保护现状，开展相关的研究和保护活动，进一步拓展学生的视野和知识面。

第五阶段：成效评价和反馈

过程评价：观察学生在项目实施过程中的表现，包括参与度、团队协作能力、问题解决能力等，及时给予反馈和指导。

成果评价：根据学生的研究报告、成果展示等，评价学生对知识的掌握程度、研究方法的运用能力、分析和解决问题的能力等。

自我评价与互评：让学生进行自我评价和小组互评，反思自己在项目中的优点和不足，学习他人的经验和长处，促进学生的自我成长。

五、教学评价

过程性评价：包括课堂表现、小组作业两个维度，占总成绩的40%。课堂表现（20%）重点考查考勤、课堂互动、回答问题的积极性与准确性，教师即时记录反馈，激励学生全程投入课堂；小组作业（20%）依据小组讨论的参与度、资料查阅的充分性、汇报展示的质量、团队协作的契合度、项目报告/咨政报告撰写的规范性、完整性、逻辑性、工作量体现等方面综合打分。

结果性评价：主要以期末考试的形式呈现，占总成绩的60%。考试内容兼顾理论知识与实践应用。理论知识客观题考查学生对种群生态学基本概念、原理、研究方法的掌握程度；主观题侧重于考查学生运用种群生态学知识分析和解决实际问题的能力。

六、教学反思与改进

种群生态学中一些概念较为抽象，如内禀增长率，学生在理解上存在一定难度，可能导致后续知识学习的障碍；由于实验条件、过程、课时安排等方面的限制，学生难以亲身体验和操作，只能通过模拟濒危物种保护项目的方式开展实践，从而影响了对理论知识的理解和应用。

改进措施：进一步丰富教学方法，将抽象概念具体化；加大校企合作，密切关注本地濒危物种保护项目的实施，建设相关的实验场地和实践基地，为学生提供良好的实践教学环境。

群落生态学教学设计

一、课程简介与目标

群落生态学是从个体微观层次向生态系统等宏观层次过渡的关键环节，主要研究群落的结构、功能、演替等，是生态系统整体运行机制的理论基础。群落生态学的发展为生态学的研究提供了许多重要的理论和概念，如群落演替理论、中度干扰假说、生态位理论等，这些理论丰富和完善了生态学的理论体系，推动了生态学学科的发展。

群落生态学通过研究群落的物种组成、结构和功能等，能够为制定科学合理的生物多样性保护策略和措施提供依据，对于认识生物多样性的形成、维持和保护具有重要意义。另外，群落生态学的原理和方法在生态系统管理和生态恢复工程中被广泛应用，例如，依据群落演替规律和种间关系等知识，可以对受损生态系统进行科学的恢复和重建，提高生态系统的服务功能和稳定性。

（一）知识目标

（1）掌握生物群落的概念、基本特征、组成与结构，如理解群落的物种组成、优势种、关键种等概念，掌握群落的空间结构、时间结构和营养结构等。

（2）熟悉群落演替的含义、类型、特征、阶段规律以及内外因素，如能够区分原生演替和次生演替，理解顶极群落的概念和相关学说。

（3）理解群落多样性的基本概念、类型、测度方法以及多样性与稳定性的关系，掌握岛屿物种丰富度的平衡理论等。

（4）理解群落与环境的相互关系，包括自然环境因素（如气候、土壤等）和人为因素（如土地利用变化、农业活动等）对群落的影响，以及群落对环境的反馈作用，认识到群落生态学在生态文明建设和乡村振兴中的重要性。

（5）了解群落分析的方法，包括生物群落的数量特征、种间关联、生态位理论及其测定、群落排序、群落聚类等层面的分析方法。

（二）技能目标

（1）具备群落调查和数据分析能力，能够合理设计调查方案，选择合适的调查对象和调查区域，对学校所在地乡村群落进行实地调查；能够运用计算物种丰富度、多样性指数等统计学方法和数据处理分析群落结构合理性，为乡村生态资源评估提供技术支持。

（2）提高学生的比较、分析、综合、归纳、演绎等科学思维能力，使其能够对群落生态学中的复杂问题进行深入思考和探究，并运用群落生态学理论分析和解决实际问题，如通过代入群落演替的原因和过程，解释生物入侵对群落结构和功能的影响；能够分析部分乡村群落逆行演替（如石漠化扩大）的原因，提出基于群落生态学的生态修复和保护方案，助力乡村生态环境改善。

（3）鼓励学生在生态文明建设和乡村振兴实践中，结合群落生态学知识，探索创新的生态农业模式、生态旅游开发策略等，提升创新和实践能力。

（三）思政目标

（1）通过学习群落演替、生态平衡等知识，使学生明白人类活动对生物群落的影响，以及可持续发展的重要性，引导学生从群落生态学角度思考资源利用与保护的平衡，树立经济、社会和生态协调发展的可持续发展观。

（2）使学生认识到群落生态学在乡村生态宜居、产业兴旺等方面的作用，激发学生对乡村振兴战略的参与热情，为实现乡村生态美、百姓富的目标贡献力量。

（3）在群落生态学的学习过程中，培养学生严谨的治学态度、实事求是的科学作风和勇于探索的创新精神，使学生学会运用科学方法去观察、分析和解决群落生态学问题，追求真理，不断推动学科发展。

（4）在群落生态学的研究和实践中，通过小组实验、调查等教学活动，培养学生的团队协作能力和沟通能力，让学生明白团队合作在科学研究和生态保护中的重要性，学会在团队中发挥自己的优势，共同完成任务。

（5）研究群落的垂直结构、水平结构等，感受其分层现象、镶嵌分布等所展现出的秩序和规律之美；群落的演替过程体现了生命的动态发展和顽强的生命力，展示了自然的变迁之美。

二、教学重难点

（一）教学重点

1. 基本概念

掌握生物群落的定义、优势种、关键种、冗余种等概念，理解不同物种在群落中的地位和作用。思考乡村的农田、林地、水域等不同生态环境对群落组成和结构的影响，以及群落对乡村生态环境的改善和保护作用。

2. 群落结构

群落结构包括空间结构（垂直结构的分层现象、水平结构的镶嵌分布）、时间结构（群落的昼夜变化和季节变化）、营养结构（食物链、食物网）。

3. 群落演替

了解群落演替的类型、过程和机制，特别是次生演替在乡村废弃地、退化生态系统恢复中的应用，掌握顶极群落的概念、类型及相关学说；思考如何根据当地条件引导群落向有利于乡村生态和经济发展的方向演替。

4. 群落多样性

掌握群落多样性的基本概念及类型、测度方法，以及如何通过保护和合理利用生物多样性来促进乡村生态系统的稳定和发展（如生态农业中的合理化物种搭配）；掌握岛屿的概念及影响其物种丰富度的因素、岛屿物种丰富度的平衡理论，多样性与稳定性的关系。

5. 群落分析方法

学生需掌握常用的群落调查和分析方法，如物种多样性指数计算，并能够运用这些方法对乡村生物群落进行调查和评估，为乡村生态资源的合理开发和保护提供科学依据。

（二）教学难点

1. 群落结构与功能的复杂性

从结构与功能相统一的角度，理解群落的垂直结构、水平结构、时间结构等如何影响其物质循环、能量流动和信息传递等功能，以及不同群落在乡村生态系统服务中的差异。

2. 群落演替的驱动机制与预测

群落演替过程中物种替代的内在机制是一个抽象知识点，根据现有条件预测群落演替的方向和趋势并助力乡村生态规划是一个有难度的过程。

3. 群落中种间关系的动态变化与综合分析

在自然群落中，种间关系往往多种并存且动态变化，其受到环境因素、人类活动等多种因素的影响（如乡村中农药使用对害虫与其天敌之间捕食关系的影响），学生需要综合分析各种因素对种间关系的影响，以及种间关系变化对群落结构和功能的反馈作用。

4. 群落生态学模型与定量分析

群落生态学的数学模型和定量分析方法（群落排序和聚类分析等）整合了高数和计算机信息方面的知识，学生理解起来具有一定难度。

三、教学方法

（一）讲授法

在课程前期，集中运用讲授法系统阐述群落生态学的基本概念，如生物群落的定义、群落的种类组成、群落结构特征、群落演替原理等核心知识要点。教师借助多媒体系统以图文并茂的形式展示群落的分层结构、物种组成图表、演替过程示意图等内容，将抽象知识具象化；列举发生在不同生态区域的群落演替实际案例，详细剖析演替过程中的物种更替、环境变化驱动因素等，帮助学生搭建扎实的理论框架，为后续深入学习与实践应用奠定基础。

（二）案例研讨法

该方法贯穿课程全程。教师甄选具有代表性的群落生态学案例，如贵州省威宁草海湿地生态系统的修复工程案例，从湿地生态群落遭受破坏后的物种锐减、生态功能退化状况切入，组织学生剖析在修复过程中采取的重建水生植被群落、引入关键物种、改善水质等针对性举措，探讨如何运用群落生态学原理加速生态恢复；在农业生态方面，选取贵州省普定县靛山村茗之源生态茶场的群落构建实例，分析其中不同主副作物搭配形成的高矮错落、时空互补的种植模式，以及引入害虫天敌、利用有益微生物改善土壤群落结构等方法，提升农作物产量与品质。引导学生从案例中挖掘群落结构、种间关系、群落与环境互动等知识要点，培养学生运用理论知识解决实际生态问题的思维模式，提升知识迁移与应用能力。

（三）小组讨论法

带领学生以小组为单位进行实地观察校园荒地、废弃地等次生演替实例，记录不同演替阶段植物群落特征，分析演替过程中的物种替代规律、环境变化趋势，让学生直观感受群落演替的动态过程，理解生态系统的自我修复与发展能力，形成汇报方案，推选代表向全班汇报讨论成果，其他小组进行点评与补充。通过小组讨论，深化学生对群落生态学知识多角度、深层次的理解，激发创新思维，培养学生的主人翁精神，提升其对学校建设的参与度和认同感。

四、教学过程（12课时）

（一）理论精讲（8课时）

1. 生物群落的组成与结构（4课时）

展示热带雨林、温带草原、荒漠等不同生态系统的高清图片、视频片段，引导学生观察其中生物种类与分布，讲解群落是在特定时空下，多种生物种群有规律组合，相互依存、相互影响形成的有机整体［知识结构（1）］；结合校园内人工湖与周边草地群落，分析群落的物种基本特征，对比不同群落的物种多样性差异，让学生明确物种组成是群落最基本特征［知识结构（1）］；讲解群落与环境的相互关系，阐述群落如何适应环境变化，同时又对环境产生积极的改造作用，围绕"湿地群落对水质的净化功能"组织学生开展小组讨论，引导学生探讨群落基本特征之间的内在联系，包括种类组成如何影响群落结构、群落结构又怎样决定外貌特征以及它们与环境的协同演化关系，培养学生的综合分析思维能力［知识结构（2）］；结合研究论文，讲授种类组成的数量特征及常用的物种多样性指数测定方法［知识结构（2）］。

结合当地的湿地群落、农田群落等案例，运用案例分析法，深入分析其群落结构特点。以学校人工湖为例，引导学生剖析不同生物在垂直方向上分层分布的原因，这种分层结构与光照、温度、水分等环境因素的密切关联，以及对资源利用效率的显著提升作用；以沙漠绿洲为例讲授群落的水平结构，阐述其形成与地形、土壤、水分、光照等环境异质性的紧密关系，通过图片展示不同群落类型在水平方向上的复杂镶嵌分布格局；以湿地群落中鸟类的季节性迁徙、植物的物候变化为例，讲解群落的时间结构，揭示群落随时间推移的动态演变规律［知识结构（3）］。

知识结构：

（1）群落的基本概念。

群落的定义：在相同时间聚集在同一地段上的各物种种群的集合，包括植物、动物和微生物等各分类单元的种群，是生态系统中生物成分的总和。

群落的基本特征：具有一定的种类构成、内部环境、结构、动态特征、分布范围和边界特征，且群落内各物种相互联系，各物种在群落中的重要性不同。

（2）群落的种类组成。

群落成员型：包括优势种、亚优势种、伴生种、偶见种等。

种类组成的数量特征：有多度、密度、相对密度、密度比、盖度、频度、相对频度、频度比、重要值等。

群落的物种多样性：包括丰富度和均匀度两个含义，常用的物种多样性指数有 Simpson 物种多样性指数、Shannon-Wiener 指数、Pielou 均匀度指数等。

（3）群落的结构。

空间结构：分为垂直结构和水平结构。垂直结构最显著的特征是成层现象，如森林群落可分为乔木层、灌木层、草本层和苔藓地衣层等；水平结构表现为群落的镶嵌性。

时间结构：指群落的组成和外貌随时间推移而发生有规律的变化，如昼夜变化、季节变化等。

层片结构：群落中生活型相同或生态要求相同的物种构成的机能群落，具有属于同一生活型、有一定小环境、占据特定空间和时间等特点。

2. 群落的动态演替过程（2课时）

运用讲授法，全面介绍群落演替的概念，强调其随时间推移群落组成与结构发生有序变化的本质特征，让学生理解演替是群落发展的必然过程。结合实地照片、长期监测数据讲解演替类型，以火山喷发后裸岩演替到森林为例，详述原生演替的漫长过程；对比展示南方弃耕稻田几年内杂草丛生、迅速向灌丛过渡的次生演替阶段，分析其演替速度快、初始物种丰富的特点，阐述土壤种子库、残留根系作用，帮助学生区分演替类型[知识结构（1）]。

用动画演示群落演替的过程，通过分析群落演替各阶段的生物量、物种多样性、优势种更替变化曲线，解释先锋期、过渡期、顶极期群落特征，探讨群落演替的机制；通过揭示演替过程中物种替代、环境变化的动态机制，说明演替中生物与环境相互塑造、共同推动群落持续演变的规律[知识结构（2）]。

引入顶级群落概念及相关理论（如单顶级、多顶级学说），分析人类活动形成的亚顶级群落的原因、机制，分析生物因素、非生物因素以及人类活动对演替的推动或干扰作用[知识结构（3）]。

知识结构：

（1）演替的概念与类型：群落演替是指在一定地段上，群落由一个类型转变为另一个类型的有顺序的演变过程，可分为原生演替和次生演替。

（2）演替的过程与特征：如从裸地开始的原生演替，一般要经历地衣阶段、苔藓阶段、草本植物阶段、灌木阶段和森林阶段等。

（3）顶极群落：包括顶极群落的概念、类型及相关学说，如单元顶极学说、多元顶极学说等。

3. 影响群落结构与演替的因素（2课时）

结合全球生态分布地图，讲解温度、降水、光照等气候因素决定群落大尺度分布；从土壤质地、酸碱度、养分层面，分析其对植物群落扎根、养分吸收的影响；阐述地形地貌通过改变水热条件、形成小气候，造就山地垂直群落分布与山谷特殊群落，如喜马拉雅山从山麓到山顶呈现森林—灌丛—草甸—冰雪带群落变化；强调微生物群落参与土壤物质循环、分解有机物，维持土壤肥力，构建群落与环境相互依存关系的认知[知识结构（1）]。

通过列举草原群落遭遇轻度火灾后迅速恢复、森林群落能够抵御一定程度病虫害并保持其结构和功能稳定的实例，深入分析物种丰富度、营养结构复杂程度等因素对群落稳定性的影响，揭示"物种丰富度越高、营养结构越复杂，群落的抵抗力稳定性越强，恢复力稳定性越弱"的规律；通过剖析草原上羊与草数量变化的互动关系，阐述负反馈调节在群落稳定性维持中的关键作用，探讨群落稳定性的维持机制[知识结构（2）]。

知识结构：

（1）环境对群落的影响：如温度、水分、光照、土壤等非生物因素以及生物因素对群落的组成、结构、分布和演替等的影响。

（2）群落的稳定性：群落抵抗外界干扰、保持自身结构和功能稳定的能力，多样性与稳定性的关系，以及干扰对群落动态的影响（中度干扰假说）。

（二）应用与实践（4课时）

案例研讨1：以"贵州省威宁草海湿地生态系统的修复工程"为案例，引导学生通过搜集资料，从湿地生态群落遭受破坏后的物种锐减和生态功能退化状况入手，剖析修复过程中采取的重建水生植被群落、引入关键物种、改善水质等针对性措施，探讨如何运用群落生态学原理加速生态恢复。

案例研讨2：选取"贵州省普定县靛山村茗之源生态茶场的群落构建"的实例，引导学生分析其中不同主副作物搭配形成的高矮错落、时空互补的种植模式，以及引入害虫天敌、利用有益微生物改善土壤群落结构等方法，提升农作物产量与品质。引导学生从案例中挖掘群落结构、种间关系、群落与环境互动等知识要点，培养学生运用理论知识解决实际生态问题的思维模式，提升知识迁移与应用能力。

小组讨论法：带领学生以小组为单位实地观察校园荒地、废弃地等次生演替实例，各小组记录不同演替阶段（初期、中期、后期）的植物群落特征；分析演替过程中的物种替代规律；分析演替过程中土壤条件、光照条件、水分条件等环境变化趋势，直观感受群落演替的动态过程，理解生态系统的自我修复与发展能力。各小组形成汇报方案，并推选代表向全班汇报讨论成果。汇报方案应包括主题（校园荒地、废弃地次生演替观察与分析报告）、摘要（简述研究的目的、方法、主要结果和结论）、引言（介绍群落演替的背景知识和本次研究的意义）、研究方法（观察地点、样方设置、调查方法、记录内容等）、结果与分析（包括不同演替阶段植物群落特征的描述和分析、物种替代规律的总结和解释、环境变化趋势的分析和讨论等），并总结群落演替的特点和规律，提出对校园生态建设的建议，附上调查数据、图片等资料。汇报完毕后组织各小组讨论各自方案的优点和不足，深化学生对群落生态学知识多角度、深层次的理解，激发学生的创新思维，培养学生的主人翁精神，提升其对学校建设的参与度和认同感。

五、教学评价

过程性评价：涵盖课堂表现、小组作业及案例研讨三大维度，共计占总成绩的 40%，其中课堂表现占 20%、小组作业占 10%、案例研讨占 10%。考核标准依照个体生态学与种群生态学课程设计的考核标准进行实施。

结果性评价：以期末考试的形式呈现，占总成绩的 60%。考试内容兼顾理论知识与实践应用。理论知识客观题考查学生对群落生态学基本概念、原理、研究方法的掌握程度；主观题侧重于考查学生运用群落生态学原理分析和解决实际问题的能力。

六、教学反思与改进

探索探究式教学方法，提出一些具有启发性的问题，引导学生自主探究和思考，增加与学生沟通交流的机会，鼓励学生在课堂上积极提问和发言，营造活跃的课堂气氛。

优化小组讨论环节，给予学生足够的讨论时间，并在讨论过程中加强指导和引导，鼓励学生积极发表自己的观点和想法。

合理调整教学内容的深度和广度，在讲解理论知识的同时，增加实际应用案例的比重，让学生通过分析解决实际问题，加深对群落生态学知识的理解；及时关注学科前沿研究成果和热点问题，将其融入教学内容中，拓宽学生的知识面，激发学生的学习兴趣和创新思维；加强与其他相关学科的联系和融合，让学生从更广泛的角度理解群落生态学的概念和应用。

生态系统生态学教学设计

一、课程简介与目标

生态系统生态学专注于研究生态系统的结构、功能及其动态变化，以及环境变迁和人类活动对生态系统所产生的影响，是生态学课程体系的核心组成部分，有助于人们从宏观层面深入理解生物与环境之间的相互作用机制，进而揭示生态系统的运行规律。

生态系统生态学整合了生态学中以不同生物类群为研究对象的多个分支学科（如植物生态学、动物生态学、微生物生态学等）的知识，共同构成一个复杂的功能整体，其涵盖的基本概念、原理和方法，为学生学习景观生态学、保护生态学、恢复生态学等课程提供了必要的知识储备，为解决当今全球性生态与环境问题提供了重要的理论依据和方法，也有助于培养学生的生态思维和解决实际生态问题的能力。

（一）知识目标

（1）掌握生态系统生态学的基本概念、原理和研究方法，熟悉生态系统的组成、结构和功能；熟练掌握生态系统各组分间的相互关系以及物质循环、能量流动、信息传递等生态过程；了解全球变化背景下生态系统的响应与管理策略，以及学科前沿动态和热点问题。

（2）了解乡村生态系统的特点、类型和结构，以及乡村生态系统与自然生态系统、城市生态系统的区别与联系。

（3）熟悉生态文明建设的内涵、目标和任务，理解生态系统生态学在生态文明建设中的地位和作用。

（4）掌握生态系统服务功能的概念、类型和价值评估方法，认识生态系统服务功能与乡村振兴的关系。

（二）技能目标

（1）培养学生运用生态系统生态学的原理和方法，分析和解决乡村生态环境问题的能力，如乡村环境污染治理、生态修复、生物多样性保护等。

（2）熟练掌握文献检索、数据收集、处理及分析等科研技能；能够参与设计和实施生态系统研究项目，开展自然生态系统和乡村生态系统的调查、监测与评估，并提出科学的生态修复与优化方案；培养创新思维及实践动手能力。

（3）锻炼学生的生态规划和设计能力，使其能够根据乡村振兴的需求，助力有关部门制定生态系统保护和修复方案、生态农业发展规划、乡村生态旅游规划等。

（4）提升学生的沟通协作能力和团队合作精神，使其能够与政府部门、企业、农民等利益相关者进行有效的沟通和协作，共同推动乡村生态建设和发展。

(三)思政目标

(1)树立生态价值观。引导学生深刻认识生态系统的价值和意义,理解人与自然的生命共同体理念,树立正确的生态价值观,摒弃人类中心主义的思想,培养对自然的敬畏之情。引导学生形成尊重自然、顺应自然、保护自然的生态文明理念。

(2)培养社会责任感。学生通过探究生态系统所遭遇的各类问题,以及这些问题对人类社会和全球生态安全的重大影响,激发他们参与生态保护和可持续发展实践的坚定意愿,帮助学生领悟自身在生态文明建设中所承担的责任与使命,提升学生的生态保护意识和社会责任感。

(3)建立科学思维与方法。通过生态系统生态学中系统思维、整体思维、辩证思维等理论学习,培养学生的科学思维能力,使学生能够运用科学的方法分析和解决生态问题,培养学生严谨的科学态度和实事求是的精神。

(4)弘扬合作与共赢精神。使学生深刻理解生态系统中各生物之间、生物与环境之间相互依存、相互作用的关系,以及全球生态问题的跨国界、跨区域特点,培养学生的合作精神,拓宽全球视野,使其认识到在生态保护和可持续发展中,国际合作、区域合作以及社会各界合作的重要性,树立合作共赢的核心观念。

(5)增强文化自信与传承。挖掘生态系统生态学中的中国传统文化元素,如中国古代"天人合一"的思想等,让学生了解我国在生态保护和生态智慧方面的历史传承和文化底蕴,增强学生的文化自信,同时引导学生传承和弘扬优秀的生态文化,为生态文明建设提供文化支撑。

(6)培养创新与实践精神。鼓励学生在生态系统生态学领域进行创新思考和实践探索,培养学生的创新能力和实践能力,使学生能够运用所学知识和技能,提出新的生态保护和可持续发展的思路和方法,积极参与生态保护实践活动,为解决实际生态问题贡献自己的力量。

二、教学重难点

(一)教学重点

1. 生态系统结构

生态系统结构包括生物成分和非生物成分、食物链、食物网、营养级等,以及生态系统各组成部分的相互关系。

2. 生态系统功能

核心知识点是能量流动（如能量传递效率、生态金字塔等）、物质循环（如碳循环、氮循环、水循环等）和信息传递（物理、化学、行为信息等）的原理和过程，以及生态系统功能的重要性。

3. 乡村生态系统特点

乡村生态系统与自然生态系统、城市生态系统的差异，以及乡村生态系统的特殊性——以农业生产为主体、生物多样性特点、生态服务功能的独特性。

4. 乡村生态环境问题

探讨乡村面临的环境污染（如农业面源污染、生活污染等）、生态破坏（如水土流失、生物多样性减少等）以及资源利用不合理等问题，学会运用生态系统生态学原理分析问题产生的原因。

5. 生态文明理念

了解生态文明的内涵、意义及与生态系统生态学的关系。

6. 生态系统管理策略

掌握生态系统管理的原则、方法与技术，熟悉在乡村振兴中如何实现生态系统的科学管理与有效保护。

（二）教学难点

1. 生态系统的复杂性

生态系统中物质循环的具体过程，如碳、氮、磷等元素在生物群落与无机环境间的复杂循环路径，以及各环节的关键驱动因素；能量流动的定量分析，涉及能量传递效率的计算、不同营养级间能量分配的动态变化，以及在复杂食物网中的能量流动追踪等复杂的过程；生态系统如何在内外干扰下通过自我调节机制维持相对稳定，以及这种稳定性的限度与脆弱性。理解生态系统的复杂性并分析其动态变化是难点之一。

2. 跨学科知识融合

生态系统生态学涉及生物学、地理学、气象学、土壤学、经济学、社会学等多个学科的知识，学生需要将这些跨学科知识进行融合和整合，形成系统的知识体系，这对学生的学习能力和综合素养要求较高。

3. 实践应用能力

将生态系统生态学的理论知识应用到乡村振兴的实际项目中，如生态农业规划、乡村生态旅游开发、生态环境治理等，需要学生具备较强的实践操作能力、问题解决能力和创新能力。如何培养学生的这些能力，使他们能够在实践中灵活运用所学知识，是课程教学的难点。

三、教学方法

（一）讲授法

教师利用生动语言、直观图表、动画及多媒体资料，系统阐述生态系统生态学的核心概念、基本原理与理论框架，将抽象知识具象化、突出重点、突破难点，引导学生逐步构建知识体系，使学生对课程核心内容形成清晰、准确的认知。例如，在讲解生态系统能量流动时，通过绘制能量金字塔的板书，配合展示不同营养级生物能量获取与消耗的动态 PPT 图片，让学生直观理解能量在生态系统中的单向递减传递过程。

（二）案例研讨法

引入大量来自贵州省内实际生态保护与乡村发展的典型案例，涵盖生态修复工程、乡村生态产业发展、生态系统受损与治理等多个领域，组织学生分组讨论，引导学生运用所学知识剖析案例背后的生态学原理，探讨案例实施过程中的优势与不足，提出优化建议。如以贵州省乡村振兴引领示范县——湄潭县为例，分析其如何依据生态系统物质循环原理设计有机废弃物资源化利用环节，让学生思考如何推广此类模式以促进乡村绿色发展。

（三）小组讨论法

提前布置"探讨校园绿地、山体公园、人工湖群落设计，如何兼顾景观美学与生态服务功能"的主题议题，学生分组后，围绕议题进行资料收集、头脑风暴、观点交流，在组内达成共识并形成汇报方案，推选代表向全班汇报讨论成果，其他小组进行点评与补充。通过小组讨论，深化学生对生态系统生态学知识多角度、深层次的理解，激发创新思维，培养学生的主人翁精神，提升其对学校建设的参与度和认同感。

（四）项目式学习法

通过校企合作，对接安顺市金刺梨产业链的相关企业，建立产学研项目。让学生通过亲身参与和观摩项目实施，结合金刺梨产业链的实际情况，深入了解生态系统生态学原理在金刺梨种植、加工、销售等各个环节中的应用，如在种植环节，利用物种多样性原理间作其他植物，提高果园生态系统的稳定性；在加工环节，遵循物质循环原理，对废弃物进行资源化利用等。引导学生运用生态系统生态学原理解决金刺梨生产中的病虫害防治、土壤肥力维持、生态环境保护等实际生态问题。针对性地培养学生的沟通能力、团队协作精神，并增强其社会责任感。

四、教学过程（12课时）

（一）理论精讲（8课时）

1. 生态系统的基本结构与功能（4课时）

通过多媒体展示一系列触目惊心的生态破坏图片与数据，引发学生对生态问题严重性的直观感受与深入思考，抛出生态问题产生根源、生态问题对乡村发展造成的深远影响以及如何运用生态学知识扭转这一困境等问题，激发学生的求知欲与探索热情。简要介绍生态系统生态学课程的主要内容、学习目标及其在生态文明与乡村振兴中的关键地位，强调学生作为未来建设者肩负的责任，为后续课程学习注入动力。

以多媒体图片、视频、动画为辅助，详细阐释生态系统的组成要素，包括生产者（绿色植物、光合细菌等）、消费者（各级动物）、分解者（微生物）以及非生物环境（阳光、空气、土壤、水分等），引导学生剖析各成分间的相互依存关系；运用生态系统结构模型图，清晰展示生物群落与无机环境的复杂联系，加深学生对生态系统架构的理解［知识结构（1）（2）］。

构建乡村生态系统的食物链与食物网模型，选取农田中的"农作物—害虫—青蛙—蛇"食物链，用模拟动画展示农业生态系统的能量流动过程，分析能量在各营养级之间的传递效率，揭示能量单向流动、逐级递减的规律，引入能量传递效率计算指标，通过具体数值计算让学生掌握能量在生态系统中的动态分配过程，分析顶级食肉动物数量稀少背后的能量制约因素；引导学生思考如何通过合理的农业产业布局，提高能量利用效率［知识结构（2）］。

分别阐述碳、氮、磷等元素在乡村生态系统中的循环路径。通过图表展示农作物吸收二氧化碳进行光合作用、动物呼吸作用释放二氧化碳、微生物分解有机物等过程，讲解碳循环的平衡机制，重点分析工业碳排放打破碳平衡引发全球变暖的生态机制，强调物质循环对维持生态系统稳定的基础性支撑作用；分析农田施肥后氮素的转化、流失途径，以及对水体环境的影响，引导学生思考如何优化农业生产，减少氮素污染。

介绍生态系统中的物理信息（鸟鸣、光照等）、化学信息（昆虫信息素、植物次生代谢物）、行为信息（蜜蜂舞蹈）等多种信息传递方式，结合实例说明信息传递在生物种内协作、种间竞争与捕食、生态系统稳态维持中的关键调控功能，如狼依据兔子留下的气味追踪捕猎，植物通过分泌化学物质抵御病虫害侵袭［知识结构（2）］。

知识结构：

（1）生态系统的组成要素。

非生物环境：包括气候（如温度、湿度、光照、降水等）、土壤（如土壤类型、肥力等）、水体、空气等，为生物提供生存环境和物质基础。

生物环境：生产者主要是绿色植物，也包括化能合成细菌与光合细菌，是生态系统的基石；消费者指依靠摄取其他生物为生的异养生物，包括几乎所有动物和部分微生物；分解者以各种细菌和真菌为主，也包含蜣螂、蚯蚓等腐生动物。

（2）生态系统的结构。

空间结构：包括垂直结构和水平结构，其中垂直结构是指群落在垂直方向上的分层现象，水平结构是指群落在水平方向上的分布格局。

时间结构：有长时间尺度的地质演替、中时间尺度的生态演替和短时间尺度的昼夜、季节变化。

营养结构：主要是食物链和食物网。食物链包括放牧性食物链或捕食食物链、碎屑性食物链或腐食食物链、寄生食物链、混合食物链。

（3）生态系统的功能。

物质循环：如生物地球化学循环，地球上各种元素和化合物在生物圈、水圈、大气圈和岩石圈之间迁移和转化，包括水循环、碳循环、氮循环等。

能量流动：生态系统通过食物链和食物网将能量从生产者传递到消费者，实现能量的单向逐级递减流动。

信息传递：包括物理信息传递、化学信息传递和行为信息传递。

2. 生态系统的稳定性与平衡（2课时）

结合本地乡村生态系统受干扰后的实例（如罗非鱼入侵对贵州万峰湖的影响），分析生态系统稳定性的机制，包括抵抗力稳定性、恢复力稳定性［知识结构（1）］；讲解生态平衡的概念，即生态系统在一定时间和空间范围内，通过自我调节机制使结构与功能处于相对稳定状态，通过对比不同生态系统在面对相同干扰时的响应差异，引导学生理解生态系统稳定性的相对性与多样性，培养学生生态系统管理的思维［知识结构（2）］；列举生态失衡的案例，如外来物种入侵导致本地物种灭绝、过度放牧引发草原沙漠化等，探讨生态系统失衡的原因（自然灾变、人类过度开发等）与修复策略（生态工程、生物调控等），阐述失衡带来的生态、经济与社会连锁负面效应，使学生深刻认识维护生态平衡的极端重要性［知识结构（3）］；分析生态平衡的正反馈和负反馈维持机制，如负反馈调节在控制草原鼠害、调节森林植被密度方面的作用［知识结构（4）］。

知识结构：

（1）生态系统的稳定性。

抵抗力稳定性：生态系统抵抗外界干扰并使自身的结构与功能保持原状的能力。例如，森林生态系统遭遇一定程度的火灾后，仍能保持相对稳定的状态。

恢复力稳定性：生态系统在受到外界干扰因素的破坏后恢复到原状的能力。如草原生态系统在遭受过度放牧后，若停止放牧，经过一段时间，草原可以逐渐恢复到原来的状态。

（2）生态平衡：生态系统在一定范围内保持相对稳定的状态，当受到外界干扰时能够自我调节和恢复。

（3）人为影响与调控：人类活动对生态系统的结构、功能、发展与演替等方面都有着重要影响，如破坏生态平衡、导致生物多样性下降等，同时也可以通过生态系统管理等手段对生态系统进行合理调控，实现可持续发展。

（4）反馈调节。

正反馈调节：指生态系统中某一成分的变化所引起的其他一系列的变化，反过来加速最初发生变化的成分所发生的变化,其作用常常使生态系统远离平衡状态或稳态。正反馈调节可能导致生态系统的失衡和崩溃,但在某些情况下,如生态系统的演替初期等,也能推动生态系统的发展和变化。

负反馈调节:当生态系统中某一成分发生变化时,它必然会引起其他成分出现一系列的相应变化,这些变化最终反过来抑制和减弱最初发生变化的那种成分所发生的变化,使生态系统达到或保持平衡或稳态。负反馈调节是生态系统自我调节的基础,能使生态系统保持相对稳定,对于维持生态系统的平衡和稳定具有极其重要的意义。

3. 生态系统服务功能与价值评估(2课时)

以贵州省普定县靛山村茶山为例,引导学生分析、汇总生态系统提供的各种服务功能(供给服务、调节服务、文化服务、支持服务)[知识结构(1)];引入生态经济学方法,简单讲授生态系统服务价值评估的基本原理与常用方法(如市场价值法、替代成本法、意愿调查法等),并要求学生利用课外时间查阅资料,参考一个生态系统服务评估的实例,以作业的方式列出生态系统评估方案,包括评估指标、方法、过程、结论等[知识结构(2)(3)]。

知识结构:

(1)生态系统服务功能:指生态系统与生态过程所形成及所维持的人类赖以生存的自然环境条件与效用。

供给服务:即从生态系统中获取的产品,如食物、木材、药材、纤维、淡水、燃料等。

调节服务:即从生态系统调节过程中获取的效益,如水源涵养、土壤保持、防风固沙、净化污染、减轻灾害、固碳、释氧等服务。

文化服务:即人类通过精神充实、感知发展、娱乐、审美等方式从生态系统中获取的非物质效益。

支持服务:支撑上述三类服务的服务,如维持地球生命生存环境的养分循环等。

(2)生态系统价值评估方法。

直接市场法:包括市场价格法、生产力方法等,适用于有明确市场交易的生态系统产品或服务。

揭示偏好法：如享乐价值法、旅行费用法等，通过分析人们在市场中的行为来推断生态系统服务的价值。

陈述偏好法：如条件价值法、条件选择法等，基于人们对假设情景的回答来估计生态系统服务的价值。

（3）生态系统价值评估流程与应用。

评估流程：通常包括确定评估目标和范围、选择评估方法、收集数据、进行评估计算、结果分析与验证等步骤。

应用领域：在自然资源管理方面，生态系统价值评估为土地利用规划、森林管理、水资源管理等提供科学依据；在环境保护决策方面，帮助评估生态保护项目的效益、确定生态补偿标准等；在经济发展规划方面，考虑生态系统服务价值，实现经济与生态的协调发展。

（二）实习实践（4课时）

1. 乡村生态问题诊断与修复实践（2课时）

生态问题实地调研：带领学生深入安顺学院周边乡村，针对当前存在的农业面源污染、生态退化等问题，开展详细的实地调研。学生分组走访农户，了解农业生产中的化肥、农药使用情况；调查河流、湖泊的水质状况，监测土壤侵蚀程度等，收集第一手资料，分析问题成因。

解决策略制定研讨：基于调研结果，组织学生开展小组研讨，运用所学生态系统生态学知识，为乡村生态问题制定解决方案，并从可行性、生态效益、经济效益等多维度进行论证。

汇报与讨论：学生分组制定方案，进行全班汇报，其他小组提出意见、建议，教师引导优化方案。

2. 校园生态系统调查与分析实践（2课时）

以"探讨校园绿地、山体公园、人工湖生态系统设计，如何兼顾景观美学与生态服务功能"为项目主题，以校园生态系统为研究对象，将学生分组，开展实地调查。各小组运用所学知识，分别制定调查方案，深入学校绿地、山体公园、人工湖等生态系统进行调研，监测校园内不同生态系统的结构与功能特点，评估校园生态系统服务功能现状。基于调查结果，提出优化校园生态系统的建议。各小组围绕议题进行资料收集、数据分析、头脑风暴、观点交流，组内达成共识并形成实践报告和汇报方案，推选代表向全班汇报讨论成果，其他小组进行点评与补充。通过该实践项目的实施，让学生将理论知识落地，提升学生解决身边生态问题的实践能力，增强学生对校园生态环境的关注度与责任感，提升其对学校建设的参与度和认同感。

五、教学评价

过程性评价：涵盖课堂表现、小组作业及案例研讨三大维度，共计占总成绩的40%，其中课堂表现占20%、小组作业占10%、案例研讨占10%。考核标准依照个体生态学与种群生态学课程设计的考核标准进行实施。

结果性评价：以期末考试的形式呈现，占总成绩的60%。考试内容兼顾理论知识与实践应用。理论知识客观题考查学生对生态系统生态学基本概念、原理、研究方法的掌握程度；主观题侧重于考查学生运用生态系统生态学原理分析和解决实际问题的能力。

六、教学反思与改进

生态系统生态学与生物学、地理学、化学、物理学等多学科密切相关，在教学中可能未能充分体现跨学科特点，限制了学生综合思维的培养；实践教学环节相对薄弱，受教学资源、安全等因素限制，学生参与野外考察、实验操作等实践活动的机会时间不足，影响学生对知识的理解和应用的能力。

改进措施：加强跨学科融合，整合多学科知识，设计跨学科教学案例，引导学生从不同角度分析和解决生态系统问题，培养学生的跨学科思维能力；增加实践教学比重，组织学生开展野外考察、生态实验、生态调研等实践活动，让学生在实践中加深对理论知识的理解，提高实践操作能力和解决实际问题的能力。

附录 3：教学案例

贵州省生态文明和乡村振兴典型教学案例

一、贵州草海的生态保护与综合治理案例

附图 1　贵州省威宁草海湿地生态系统（来源：王近松 摄）

草海位于贵州省毕节市威宁彝族回族苗族自治县境内，地处云贵高原中部顶端的乌蒙山麓，是贵州最大的天然淡水湖泊，水域面积约为 25 平方公里，湖面海拔约 2171.7 米，湖底海拔约 2167 米，属于长江水系上游的浅水湖泊。草海湿地是众多珍稀鸟类的重要越冬栖息地，每年吸引着黑颈鹤等大量候鸟到此停歇、觅食和繁衍。据统计，草海共有鸟类 228 种，其中不乏国家一级保护鸟类，同时还有丰富的鱼类、两栖类、爬行类等动物资源，以及众多的水生植物和陆生植物种类，构成了复杂且独特的湿地生态系统。这些动植物在维持生物多样性、调节区域气候、涵养水源等方面发挥着不可替代的作用。然而，随着经济社会的发展

以及诸多人为因素影响,草海生态面临着诸多挑战,其生态保护与综合治理工作也备受关注。

(一)草海生态面临的主要问题

水体污染:周边居民生活污水、农业面源污染以及部分工业废水的不合理排放,导致草海水质出现不同程度的下降,水体富营养化现象时有发生,影响了水生生物的生存环境。

湿地面积萎缩:由于围湖造田、不合理的开发建设等活动,草海湿地面积逐年减少,湿地生态功能的发挥受到一定限制,这削弱了其对区域生态平衡的调节能力。

生物多样性下降:栖息地破坏、非法捕猎以及外来物种入侵等因素,使得草海部分珍稀鸟类、鱼类等生物种群数量出现波动,生物多样性面临严峻挑战。

(二)生态保护与综合治理措施

政策支持与资金整合:贵州省人民政府发布了一系列政策文件,支持草海生态保护与综合治理,明确界定了草海保护区的范围、保护等级以及各部门、各主体的责任与义务,为生态保护与治理工作提供了坚实的法律依据和政策支撑。此外,还成立了贵州草海国家级自然保护区管理委员会。该委员会全面负责草海的生态保护、综合执法、系统治理、资金筹措以及开发建设等各项工作,通过整合发改、自然资源、林业、水务、环保、农业农村、住建等部门资金,实现项目建设统一、资金使用统一;同时建立了草海生态保护与综合治理专家咨询委员会,为草海治理规划项目的技术方案选择、配套政策制定等提供决策咨询服务。

水污染治理:为有效应对城区生活污水直接排入草海的问题,威宁地区新建了约20个环绕草海的污水处理站,对47公里左右的污水收集管网进行了改造,并建设了约1061亩的人工湿地以增强水质净化能力。此外,还安装了1307套庭院式污水处理设施,以提高局部污水处理的效率。这些措施有效地控制了县城污水直接排入草海的问题,显著改善了草海的水质,使其从劣V类提升至IV类。

湿地生态修复:威宁县实施退田还湖、湿地植被恢复等工程,通过人工种植适宜的水生植物、营造鸟类栖息地等方式,逐步扩大了湿地面积,增强了湿地生态系统的稳定性和自修复能力。

生物多样性保护：建立健全监测体系，实时掌握鸟类等生物种群动态，加强对非法捕猎等破坏行为的打击力度，同时开展外来物种防控工作，保护本地物种的生存繁衍空间。

生态移民与社区参与：实施生态移民工程，将部分居住在草海核心保护区内的居民有序迁出，减少人为活动对生态环境的干扰；同时积极引导周边社区居民参与生态保护工作，通过开展生态保护宣传教育、发展生态旅游等方式，提高居民的生态保护意识和参与的积极性。

（三）综合治理成效

经过多年的生态保护与综合治理，草海生态环境得到了明显改善：水质逐步好转，部分水域的水质达到相应功能区标准；湿地面积有所增加，生态系统的完整性和稳定性不断增强；鸟类种群数量稳步回升，黑颈鹤等珍稀鸟类的栖息环境更加安全和适宜，生物多样性保护取得了积极成效。草海北坡面山植被恢复工程，森林覆盖率从14.68%提高到27.28%；湿地恢复面积达到约1400公顷，河道治理70公里；生物物种由2016年的1954种增加到约2600种，鸟类种类由约220种增加到246种。截至目前，草海已监测到黑颈鹤2770余只、灰鹤930余只、斑头雁5400余只、骨顶鸡4500余只、赤麻鸭2000余只、鸬鹚100余只、苍鹭250余只、白鹭300余只、斑嘴鸭1000余只，其他鸟类数量也在明显增加。同时，生态旅游等绿色产业也逐渐兴起，在带动周边经济发展的同时，进一步促进了生态保护与社区和谐发展。

（四）经验与启示

贵州草海生态保护与综合治理案例为我国湿地生态系统的保护与修复提供了宝贵的经验。草海生态保护与治理工作从整体出发，整合各方资源，协调多个领域和部门进行科学合理的规划，引导居民积极参与到生态保护与治理工作中，采取综合措施，系统推进各项工作，最终取得了良好的生态和社会效益。

草海的生态保护与综合治理工作体现了贵州省在生态文明建设方面的决心，通过综合治理、生态修复、生物多样性保护等多方面的努力，草海的生态环境得到了显著改善，草海也因此成为生态文明建设的典范。

二、全国生物多样性优秀案例——贵州镇宁蜂糖李

附图2 中国蜂糖李之乡——贵州省安顺市镇宁自治县（来源：黄万超 摄）

贵州省安顺市镇宁布依族苗族自治县，依托其独特的自然环境，孕育出了具有地方特色的水果——蜂糖李。蜂糖李的生长习性与镇宁当地的亚热带湿润季风气候相适应。蜂糖李对土壤等自然条件有着特定的要求，并且拥有一个相对独特的生长周期。蜂糖李不仅在镇宁具有显著的经济价值，而且在维护和促进生物多样性方面也扮演着重要角色。镇宁致力于保护生物多样性的同时，推动可持续利用，发展了以六马镇为中心的"镇宁蜂糖李产业园"和"镇宁蜂糖李特色农产品优势区"。目前，镇宁蜂糖李的种植面积约为22万亩，无论是在种植面积还是产值规模上，都位居全国首位。近年来，蜂糖李的种植规模呈现逐年扩大的趋势，广泛分布于多个乡镇，形成了众多集中连片的种植区域，成为当地一道亮丽的农业景观。

（一）蜂糖李种植管理与生物多样性保护的协同模式

政策支持方面：镇宁自治县成立了"蜂糖李产业发展中心"作为专职工作机构，并建立了联席会议制度；制定了产业高质量发展方案，以强有力的组织保障，集中力量推动蜂糖李产业的高质量发展。同时，积极推动标准体系的示范建设，编制了包括蜂糖李生产种植、病虫害绿色防控、采收分级等在内的7个地方标准（立地环境、生产种植、苗木繁育、病虫害绿色防控、贮藏保鲜、采收分级、加工运输），并发布了《镇宁蜂糖李种植月历》，为农户提供了标准化种植的科学指南。

生态化栽培技术培训：2024年，省农业农村厅水果专班、市农业农村局水果专班以及镇宁自治县水果专班联合对蜂糖李中心及其所在县域内的农技人员、蜂糖李种植户代表等群体进行了蜂糖李生态化栽培技术的培训，培训内容涵盖土壤管理、病虫害绿色防控、科学修剪、合理施肥等关键生态化栽培技术。通过培训，农户对生态化栽培技术的认识和掌握程度得到了提高，且在实际种植中的应用能力也得到了增强。同时，还组织专家团队深入田间地头，进行现场指导和答疑，确保每位农户都能熟练掌握并正确运用这些技术。

绿色种植理念推广：当地果农在种植蜂糖李的过程中，逐渐接受并践行了绿色种植理念，减少了化学农药和化肥的使用。在防治病虫害方面，他们更多地采用了如释放害虫天敌、使用诱虫灯等绿色防治方法，并且增加了有机肥料的施用量。这些措施不仅促进了蜂糖李的绿色生产，还保护了果园内的生物多样性，让各种生物能够在更加健康的环境中繁衍生息。

果园生态化改造：部分蜂糖李果园进行了生态化改造，在果园内合理规划建设了生态沟渠、保留了一定的自然生境斑块等，这为水生生物、两栖动物等提供了更好的栖息环境，并且通过间作套种其他适宜的农作物或者绿肥植物，进一步提升了果园内的生物多样性。

（二）蜂糖李果园的生物多样性保护成效

生态系统丰富度提升：蜂糖李果园构建起了独特的人工生态系统，果树与周边的草本植物、昆虫、鸟类等共同构成了复杂的生物群落。果园内除了蜂糖李植株外，还有各种杂草、野花等植物生长，这为众多昆虫提供了栖息场所与食物，像蜜蜂等传粉昆虫数量明显增多，进而吸引了以昆虫为食的鸟类前来觅食、筑巢，提升了整个区域内生态系统的丰富度。

促进物种多样性发展：在蜂糖李果园周边以及林下空间，一些原本生长在当地的野生植物得以更好地繁衍，部分豆科草本植物能够借助果园内相对稳定的小气候以及土壤条件扎根生长，其与蜂糖李果树在对养分等资源的利用上形成了互补关系，丰富了植物种类；许多小型哺乳动物，如松鼠等，会在蜂糖李成熟季节前来觅食，同时，一些两栖动物也会在果园周边的灌溉沟渠等水域栖息，整个果园及其周边区域成为众多动物的家园，物种多样性得到有效促进。

维护生态平衡作用：蜂糖李果园减少了人为的过度干预，特别是减少了农药的使用。果园内形成的生态系统，通过食物链和生态位等自然关系，使得各种生物之间相互制约、相互依存，从而稳定地维持了生物多样性，实现了果园生产与生态保护的协同发展。

（三）综合效益分析

经济效益：通过推广生态化栽培，蜂糖李的品质不断提升，深受市场青睐，售价较高，为当地果农带来了显著的经济收益。随着种植面积的扩大和产业链的持续拓展，涉及蜂糖李的果品加工、电子商务销售等产业链蓬勃发展，促进了当地经济的繁荣，并提升了居民的生活水平。

生态效益：蜂糖李对生物多样性的正面影响显著，体现了其生态效益，增强了区域生态系统的稳定性和服务功能。此外，它在水土保持、气候调节等方面也发挥着积极作用，使得镇宁的生态环境更加宜居。

社会效益：蜂糖李产业链涵盖了果园日常管理、果品采摘、加工包装等多个环节，其蓬勃发展吸引了众多劳动力，有效解决了部分农村剩余劳动力的就业难题。此外，它还推动了当地乡村旅游的兴起，吸引了众多游客前来体验采摘蜂糖李的乐趣，并深入了解蜂糖李的生态故事，从而提升了镇宁的知名度和影响力。

（四）经验与启示

贵州镇宁蜂糖李在维持生物多样性方面取得了显著成果，通过其自身的种植发展以及与生态保护的协同模式，实现了经济、生态、社会效益的多赢局面。这一成功案例为全国乃至全球的生态农业提供了宝贵的经验与启示。蜂糖李产业的发展模式展示了农业与生态保护如何相辅相成，共同进步，为农村地区的绿色转型提供了创新思路；证明了通过培育特色生态农业，能够促进农村经济的多元化发展，提升农民的收入水平，同时强化农村地区的吸引力和竞争力，为乡村振兴注入新的活力。这些经验与启示对于推动生态农业的发展，实现农业的绿色转型和可持续发展具有深远的意义。

三、贵州省思南县"国家水土保持生态文明综合治理工程"和"山水林田湖草沙一体化保护和修复工程"

贵州省思南县位于铜仁市西部，地处武陵山腹地、乌江流域中心地带，是乌江乃至长江上游重要的生态屏障。思南县历史遗留的废弃露天矿山较多，据统计，全县废弃砂石矿山61个、面积95.63公顷。矿山建设中对地表土层、植被造成了直接破坏，导致水土流失严重、石漠化等系列生态问题。全县地域面积2230.5平方公里，水土流失面积1320.49平方公里，占土地面积的59.2%。

历年来，思南县立足资源优势，坚持"绿水青山就是金山银山"的理念，把修复乌江生态环境摆在首要位置，以生态优先、绿色发展为导向，以改善生态环境、确保社会经济可持续发展为重点，狠抓落实水土保持生态文明建设各项基础工作，先后开展了"国家水土保持生态文明综合治理工程"和"山水林田湖草沙一体化保护和修复工程"，全面推进了水土保持生态文明建设。

（一）国家水土保持生态文明综合治理工程

贵州省思南县"国家水土保持生态文明综合治理工程"紧密关联该地区特有的自然环境和社会发展需求，旨在通过综合治理，有效控制水土流失，明显改善生态环境，为当地居民提供更加宜居的生活环境，同时也为农业发展、生态旅游等产业提供坚实的生态基础。

思南县"国家水土保持生态文明综合治理工程"在实施过程中展现了多个特点和创新之处。

（1）在宏观调控层面，推动法规配套、科学规划和机制创新。思南县根据当地的地形地貌、气候条件以及生态特征，遵循"预防为主、保护优先、全面规划、综合治理、因地制宜、突出重点、科学管理、注重效益"的水土保持原则，整合各方投资，制定了科学合理的治理方案。项目在实施过程中，强化了领导重视和机构健全，形成了政府统一管理、水土保持部门组织、多部门协作、广大群众参与的水土流失防治机制；将水土保持生态文明建设纳入国民经济和社会发展规划，建立了水土保持生态文明建设政府目标责任制；先后制定出台了一系列文件，为水土保持监督管理提供了强大的政策支持；定期或不定期地对涉及水土保持的开发生产建设项目进行检查，督促项目业主做好水土保持工作，有效遏制了生产建设项目过程中引起的水土流失。

（2）在治理手段上，工程采用了生物措施与工程措施相结合的方式，既注重了生态效益，又兼顾了经济效益。项目依托国家水土保持重点工程，通过科学规划和分类施策,实施生态清洁小流域治理,将水土保持与脱贫攻坚、城镇建设、生态旅游、特色产业发展等有机结合,形成了"多层次、多功能、多效益"的水土保持综合防护体系,实现了"水清、岸绿、景美、民富"的全面发展,有效促进了当地生态水系建设。此外,在水土保持和生态修复过程中,思南县注重科技的应用和创新,积极引入现代科技手段,如利用无人机进行巡查,以此提高了监管能力和水平,从而提高了治理效率和精度。

(3)强化宣传力度,提升公众对生态保护的认识。思南县利用每年的"世界水日""中国水周"等重要时机,广泛开展水土保持工作的宣传:通过设立咨询点、悬挂横幅、张贴标语、发放传单等多样化方式,并充分利用广播、电视、报纸等传统新闻媒体,积极报道水土保持工作,以提高公众对水土保持的意识。

思南县"国家水土保持生态文明综合治理工程"自实施以来,取得了显著的成效。截至2016年底,全县累计治理水土流失面积801.34平方公里,水土流失综合治理程度达到60%以上,坡耕地治理度62.6%,土壤侵蚀量减少63.3%,森林覆盖率提升至52%。这些数据表明,项目的实施有效减缓了水土流失,改善了生态环境,增强了生态系统服务功能。

思南县的"国家水土保持生态文明综合治理工程"展现了系统性的特征,其不仅专注于水土流失的治理,还涵盖了生态保护、生态修复、生态建设等多个领域,构建了一个综合性的生态保护与修复体系,成为贵州省生态修复的典范案例。

(二)山水林田湖草沙一体化保护和修复工程

思南县"山水林田湖草沙一体化保护和修复工程项目"包括1个修复单元、3个子项目、7个分区,主要实施河道水环境综合整治、人类活动区缓冲带、矿山生态环境修复、林业生态功能提升、农田生态功能提升、保护保育措施等6大类工程,项目总投资25102.53万元。该项目目标是实现生态系统的整体保护和系统治理,以提升生态系统自我修复能力,增强生态系统稳定性,并促进自然生态系统质量的整体改善。

该工程规划以江河湖流域、山体山脉等自然地理单元为基础,结合行政区域划分,科学合理确定工程实施范围和规模。规划中明确了生态保护红线、永久基本农田、城镇开发边界三条控制线,确保生态空间的原真性,减少人为扰动。

思南县"山水林田湖草沙一体化保护和修复工程项目"自2022年12月全面启动实施以来，紧扣《贵州省武陵山区山水林田湖草沙一体化保护和修复工程实施方案》下达的各项绩效目标任务和规划设计方案，高效推进山水林田湖草沙一体化保护和系统治理各项工作。

附图3　思南县塘头镇花盆村石场治理前后对比图（来源：贵州省自然资源厅）

据统计，目前思南县已完成石漠化治理5000亩，营造林1.96万亩，发展林下经济7.01万亩。绿色经济占地区生产总值比重达50%，土壤、空气、水质等指标全面创优；通过生态修复，累计栽种桂花树、花椒等经济林木36.43公顷、种草10.27公顷，有效提升了矿山自然抗风险能力和景观美化度；通过改善生态环境，不仅促进了生态旅游、特色农业等产业的发展，还增加了当地居民的收入，提高了居民生活质量。

思南县先后获得"全国十佳生态文明城市""美丽中国十佳旅游县""最美中国·文化魅力乡村旅游目的地城市""首批中国森林康养基地试点""最美中国魅力休闲之城""思南乌江水利风景区""中国楠木之乡""中国民间文化艺术之乡""贵州乌江喀斯特国家地质公园""贵州省历史文化名城""全国科普教育基地"等荣誉称号。

四、贵州省乡村振兴引领示范县——湄潭县

附图 4　湄潭县生态茶园（来源：遵义市生态环境局湄潭分局）

湄潭县隶属于贵州省遵义市，地处黔北山区，历史悠久，文化底蕴深厚，是贵州省历史文化名城之一。湄潭县是中国重要的茶叶生产基地，以"湄江翠片""湄潭翠芽""遵义毛峰"和"遵义红"等名茶闻名，拥有标准化生态茶园 60.74 万亩，年茶叶总产量 7.21 万吨，茶业综合收入达 180.12 亿元；湄潭县是贵州省的粮食生产大县，拥有丰富的耕地资源，主要种植水稻、玉米、小麦等；除了茶叶和粮食，湄潭县还发展了辣椒、林下经济、蔬菜等特色农业。

近年来，湄潭县依托其丰富的农业资源和良好的生态环境，以乡村振兴战略为指导，坚持绿色发展理念，大力发展茶叶、辣椒等特色产业，形成了具有地方特色的农业产业链，有效带动了农民增收致富。同时，湄潭县以改善提升农村人居环境、建设和美乡村为目标，通过实施一系列生态保护和修复工程，有效改善了乡村的自然风貌，提升了生态环境质量，农村的道路、供水、供电、通信等基

础设施得到了全面的改善和提升，这极大地改善了农民的生产生活条件，从而推进了乡村的全面振兴。此外，通过强化基层党组织建设、推进村民自治和法治建设等举措，湄潭县建立了和谐稳定的乡村治理体系，其经验多次被中央和省委文件所采纳，为中央和省委在农村工业工作上的决策提供了可靠的依据。

湄潭县在乡村建设、生态保护、产业发展等多个方面的创新实践，为全国其他地区的乡村振兴工作提供了宝贵的经验和启示。其创新点主要体现在以下几个方面：

（1）打造特色宜居环境。湄潭县积极推进"七改一增两处理"和黔北民居"七要素"全面覆盖，以"两改两治理""清理烂畜圈，乡村增内涵"为工作重点，通过持续发力，培训了450多名乡村建筑工匠，并选派农村建房协管员参与乡村建设管理。培训乡村建筑工匠450多名，选配农村建房协管员参与乡村建设管理。至今，已累计建成黔北民居超过10万栋，实施了819个村庄整治项目，创建了216个美丽乡村示范点，推动了农村人居环境的持续改善，走出了一条具有特色的美丽乡村建设之路。

（2）围绕支柱产业构筑"生态链条"。湄潭县依托茶产业，厚植"生态优势"，积极推进生态产业化和生态产品价值的实现，强化以乡镇、村庄、小流域为基本单元的"生态经济"，成功探索出一条"荒山变茶山、茶区变景区、茶山变金山"的绿色发展道路。此外，湄潭县把握住珠遵合作打造"新茶饮供应链中心"的契机，积极发展新质生产力，成功开辟了新茶饮新赛道，推动了全国新茶饮集聚区的建设，并荣获第七批全国"绿水青山就是金山银山"实践创新基地称号。

（3）垃圾处理及资源化利用。湄潭县编制了《遵义市湄潭县县域农村生活污水治理专项规划（2021—2025年）》，农村生活污水和垃圾处理实现了集中化管理，具体流程包括家庭垃圾分类、村级垃圾收集、街道转运以及县级处理。资源整合是湄潭县在打造美丽乡村的进程中所探索出的一条成功之路。通过建立"上级项目争一点、县乡财政投一点、帮扶单位助一点、受益群众出一点、社会各界捐一点、政策优惠省一点"六个一点的资金筹集模式，有效整合资源，并将其应用于农村污水处理、垃圾治理等基础设施建设，显著提升了农村的基础设施水平。

湄潭县开发了餐厨垃圾收运及资源化利用项目，采用预处理＋中温厌氧＋沼气净化及综合利用＋污水处理＋全厂除臭的方式，将餐厨废弃油脂转化为生物柴油进行再利用,将沼气提纯为锅炉提供燃料及发电,实现餐厨垃圾收运及资源化利用。项目投资约 5700 万元,日均处理能力为 50 吨。

(4)山水林田湖草沙一体化保护和修复工程。湄潭县利用自然资源部统筹推进的贵州省武陵山区"山水林田湖草沙一体化保护和修复工程"的契机,针对湄江流域的复兴河和高岩河实施河道综合整治,通过河道生态修复和治理,守护了两岸千亩良田。通过生态修复治理,复兴河的岸堤垮塌、水土流失严重等问题得到解决,高岩河完成了河道清淤、生态固岸等,恢复了水清河畅,保证了两岸农田耕地的安全,成功获得"国家水土保持示范县"称号。

(5)农村改革试验。湄潭县自 1987 年成为全国农村改革试验区以来,持续推进农村改革,土地制度"增人不增地、减人不减地"、税收制度"户户减负、均衡减负"、集体产权"四确五定"和入市改革"五明五定"等改革试验成果被写入中央文件。近年来,湄潭县积极推进农村集体产权制度改革,在全国首创"四确五定"改革路径,实现"资源变资产、资金变股金、农民变股东",全县 44.3 万农民已全部变为股东,大幅增加了财产性收入。

湄潭县坚持规划引领,遵循"人与自然和谐相处,三生空间融合发展"理念,完成"多规合一"实用性村庄规划编制 65 个,简易版"一图一表一说明"管控图则编制 46 个,共计村庄规划编制 111 个。按照"一类示范引领、二类改进提升、三类补短追赶"要求,对全县 126 个村进行分类建设,划分一类示范引领村 46 个、二类改进提升村 60 个、三类补短追赶村 20 个。同时印发了《湄潭县"四在农家·和美乡村"建设工作方案》等文件,为湄潭县乡村建设工作开展提供了依据和指导。湄潭县荣获"国际生态休闲示范县""国家生态县""中国十佳宜居县""国家环保模范城市"等称号。

(6)培养乡村居民主人翁意识。湄潭县最大限度地调动群众参与建设和美乡村、改善人居环境的积极性和主动性,实现群众由"旁观者"到"参与者"的转变。深入推进"一中心一张网十联户""寨管家"基层治理模式的有机融合,成功推选了 5438 名"寨管家"成员,构建了"3+N"工作机制,有效推动了"管水管路管环境卫生、护林护寨护生态安全、讲情讲理讲政策法治"的"三管三定"责任的落实。通过"群众会 +"模式,制定完善了《村规民约》《生活垃圾管理办法》《生活污水管理办法》等一系列制度和办法,实现了村民自我教育、自我管理、自我服务、自我发展、自我监督，使农村环境治理步入了良性发展的轨道。

湄潭县坚持"绿水青山就是金山银山"的理念，统筹推进农村人居环境整治提升，擦亮乡村振兴"底色"，不仅提升了群众的幸福感和获得感，也为全国农村人居环境改善工作提供了可借鉴、可复制的经验。